粮油质量检验

国　娜　主编　　许　颖　副主编　　宋秀娟　主审

化学工业出版社

·北京·

本书在国家标准与现代仪器分析技术相结合的基础上，由浅入深，突出行业特点，主要介绍了粮油标准化与质量管理，粮油感官分析及检验结果计算，粮油籽粒结构与化学成分，粮油样品的扦样、分样与感官鉴定，原粮、油料物理检验，成品粮的物理检验，粮油水分及灰分的测定，植物油脂物理检验，植物油脂化学检验，粮食的化学检验等粮油质量检验方法。对提高粮油质量检验人员的理论水平和操作技能，以及粮油资源的合理开发利用有所帮助。

本书可作为大专院校粮油工程、粮油储藏与检验、粮油食品营养与检验技术等专业的教材，也可作为行业培训教材，同时也可供粮油食品检验的专业技术人员阅读使用。

图书在版编目（CIP）数据

粮油质量检验/国娜主编．—北京：化学工业出版社，2011.7（2023.8 重印）
ISBN 978-7-122-11264-4

Ⅰ．粮…　Ⅱ．国…　Ⅲ．①粮食-食品检验：质量检验②食用油-食品检验：质量检验　Ⅳ．①TS210.7②TS227

中国版本图书馆 CIP 数据核字（2011）第 088405 号

责任编辑：张　彦　　文字编辑：向　东
责任校对：陈　静　　装帧设计：关　飞

出版发行：化学工业出版社（北京市东城区青年湖南街 13 号　邮政编码 100011）
印　　装：北京科印技术咨询服务有限公司数码印刷分部
787mm×1092mm　1/16　印张 16　字数 406 千字　2023 年 8 月北京第 1 版第10次印刷

购书咨询：010-64518888　　售后服务：010-64518899
网　　址：http://www.cip.com.cn
凡购买本书，如有缺损质量问题，本社销售中心负责调换。

定　　价：69.00 元

前言

长期以来，粮油质量检验工作在粮油购、销、调、存、加诸环节中起到了关键性的作用，受到广大粮油工作者的普遍重视。在粮油市场化、国际化的今天，更应对粮油质量检验工作有新的认识。强化粮油质量检验工作，不仅可以充分发挥质量检验对粮油流通的基础性作用，有效贯彻国家颁布的各项粮油质量标准，而且可以有效指导国家粮油储备，促进国家粮油安全。现阶段，我国已全面放开粮油购销市场，强化粮油质量检验工作对维护粮油流通秩序、加强粮油市场的宏观调控等更是意义重大。它是维护粮油流通秩序的需要；是确保粮油安全（供应、储存、品质）的需要；是经营主体平等竞争的需要；是解决贸易争端的需要；是粮油行政执法的需要。

为了切实做好粮油质量检验工作，确保库存粮油储存的安全、确保粮油食品质量卫生安全，自 2008 年以来，我国对粮油质量检验标准进行了重新制定和修订。为了贯彻国家粮油质量检验新标准，我们组织编写了《粮油质量检验》一书。本书涉及的粮油质量检验方法全部采用国家标准并与现代仪器分析技术相结合，由浅入深，突出行业特点，对提高粮油质量检验人员的理论水平和操作技能，以及粮油资源的合理开发利用将有所帮助。本书可作为大专院校粮油工程、粮油储藏与检验和粮油食品营养与检验技术等专业的教材，也可作为行业培训教材，同时也可供粮油食品检验的专业技术人员阅读使用。

本书主要包括以下内容：绪论，粮油标准化与质量管理，粮油感官分析及检验结果计算、粮油籽粒结构及化学成分，粮油样品的扦样、分样与感官鉴定，原粮、油料物理检验，成品粮的物理检验，粮油水分及灰分的测定，植物油脂的物理检验，植物油脂的化学检验，粮油的化学检验等。

本书由黑龙江粮食职业学院国娜主编、许颖副主编。编写分工如下：国娜编写绪论、第四章、第六章、第九章、第十章；许颖编写第三章、第五章；杨晨阳编写第七章、第八章；韩丽娟编写第一章；谭晓燕编写第二章。全书由黑龙江省粮油卫生检验监测站宋秀娟主审。

限于编者水平，书中难免存在不妥之处，敬请读者给予批评指正。

编　者

2011 年 3 月

目 录

绪论

粮油质量是国家粮食安全的重要内容，粮油质量检验是检查和保证粮油质量的必要手段，是粮食工作的基础，其政策性和社会性很强，贯穿于粮油行业的购、销、调、存、加及进出口等各环节和市场粮油流通的全过程，是建立粮油质量检测体系和开展粮油质量管理的重要组成部分。粮油质量出了问题，不仅会在经济上造成损失，也会给社会带来不安定因素。同时，粮油质量检验又是一门专业技术性很强的工作，是运用科学的方法和手段，按照规定的技术标准，对粮油及其制成品的物理特性、工艺品质、营养品质、食用品质、储藏品质及卫生指标进行测定、分析与评价的一门学科。

一、粮油质量检验的意义与目的

粮油是关系国计民生的重要物资，粮油质量是直接关系到人们身体健康和社会安定的大问题。世界各国一般都有自己的粮油质量标准，对粮油质量检验的方法还有国际标准(ISO)。我国历来对粮油质量十分重视，先后制定了各类相关的法律法规，如《粮油质量管理办法》、《中华人民共和国产品质量法》、《中华人民共和国产品质量认证管理条例》、《产品质量检验机构认证管理办法》、《粮食卫生标准》及各类粮油质量检验国家标准和检验方法。尤其是 2008 年以来，国家质量监督检验检疫局、国家标准化管理委员会对粮油质量检验标准重新进行了制定和修订，并相继发布实施，这些新标准在检验方法上正逐步与国际标准接轨，使得我国粮油质量检验的结果更具权威性，以减少粮油国际贸易中有关的质量问题。

（一）粮油质量检验的意义

强化粮食质量检测工作，不仅可以充分发挥质量检测对粮食流通的基础性作用，有效贯彻国家颁布的各项粮油质量标准，而且可以有效指导国家粮食储备，促进国家粮食安全。现阶段，我国全面放开粮食购销市场，强化粮食质量检测工作对维护粮食流通秩序，加强粮食市场的宏观调控等意义非常重大。

1. 维护市场的宏观调控

粮食是特殊的商品，但它毕竟是商品，必须遵循商品流通的一般规律和依质论价的法则。在市场经济的条件下，粮食从生产领域进入市场，经过购、销、运、存、加诸环节，从一个经营主体走到另一个经营主体，直到走上老百姓的餐桌，自始至终都离不开质量问题。在计划经济条件下，国家对粮食进行调拨，而调出调入双方的结算也是依据检化验确定的结果进行定等作价，最终确定划拨粮款的金额。就连最为原始的粮食集市贸易，买卖双方虽然没有通过检化验仪器和程序确定所要买卖粮食的质量等级，但双方总是先通过各自的感官鉴定，衡量所要买卖粮食的成色，然后达成一致、做成买卖。由此可见，不管是过去、现在还是将来，不管是计划经济还是市场经济，粮食商品的流通都离不开质量检测工作，这也是由粮食质量检测工作的基本属性决定的。

2. 确保粮食安全

粮食安全主要是指数量上满足人们生产生活的需要，也就是说“有饭吃”。但随着我国粮食综合生产能力的恢复，进出口粮食贸易的增加和人们生活水平的提高，粮食安全的内涵意义将从单纯的供应安全扩展到储存安全、品质安全和食用安全等方面。现阶段粮食安全问题不容乐观，有些现象让人触目惊心。其一，因粮源相对紧张，一些收购主体盲目抢购，导致高水、高杂粮食入仓入囤，倘若得不到及时整晒，所存粮食发热、黄变甚至霉烂，加速粮食陈化变质，造成粮食资源的损失浪费，而一些不法分子往往将部分这种粮食掺在质量好的粮食中进入流通领域，如果不对这样的粮食进行品质鉴定是很难发现的。其二，有些不法粮贩走村串户购买陈米、过夏米，然后通过抛光、染色、加香做成高档大米出售，这就是屡屡被媒体曝光的“毒米事件”，而这些经过“化妆”的高档米，大都含有黄曲霉毒素等高致癌物质，长期食用对人体的危害极大。其三，由国家大型储备库轮换出的陈粮、陈化粮，本应作为工业用粮和饲料用粮进入流通领域，但有的加工企业为了追求不法利润，将其掺在新粮中加工成面粉、大米等，如不作营养成分分析，很难发现其不法行为。种种现象说明，强化粮食检测工作对确保国家粮食资源不受损失，人们饮食卫生和身体健康的意义非常重大。

3. 确保经营主体平等竞争

随着粮食购销市场的全面放开，国有粮食企业一统天下的局面被彻底打破。多元化粮食经营主体在竞争中实现共存的局面逐步形成，规模较大的粮食企业凭借其资金、信息等多方优势占据粮食市场主动权，而规模较小的个体私营企业则凭借其灵活机动的特点占据市场的一席之地，但不管企业规模有多大或者多小都必须遵守依法经营这个底线。然而在粮食市场的实际运作过程中，情况往往并非如此。一是“小鱼吃大鱼”。如同样生产“标一米”，小的企业往往不按规定的程序操作，产品质量标准往往低于国家标准，但照样在包装袋上标明“标一米”，而大型企业受到的监管渠道多，企业为了自身的质量信誉不敢降低生产标准，其产品质量往往高于国家标准。由于大企业投入的生产成本较高，它的“标一米”价格相应比小企业高，所以消费者往往购买小企业的“标一米”而不买大企业的“标一米”，导致大企业产品销售困难，最终在竞争中败下阵来。二是在质量标识方面的恶性攀比。你能生产“标一”我就能生产“特一”，导致“非标”产品泛滥成灾。以面粉为例，国家标准出台了“特一”、“特二”、“标准”、“普通”四个等级粉，而现行市场上出现的高精粉、专用粉、自发粉等让消费者眼花缭乱。一些日处理五六十吨小麦的小机组，居然也能生产出高筋面粉、专用粉，这实在是令人难以置信。三是为了竞争需要超剂量添加强化剂。一些企业由于生产工艺落后，产品性能低劣，但为了追求产品的外观或扩大销路，不顾国家标准的科学性，盲目添加增白、增筋及营养强化物质，致使一些粮食制品成为“毒品”。因此，为了确保多元化粮食经营主体的平等、有序、良性竞争，必须强化粮食质检的监测功能，经常性地对市场中流通的粮食产品及其制成品的质量进行检查，把粮食质量体系统一到国家标准规定上来。

（二）粮油质量检验的目的

粮油质量检验的目的主要就是为粮油在收购、调运、储藏、加工、销售及进出口等业务环节中贯彻执行粮油质量安全标准提供依据，同时也为制定、修订粮油质量标准和粮油生产、加工技术管理及科学研究提供依据。

粮油质量检验的项目不同，其检验目的也不同。

1. 粮油收购、销售、调运时实施的检验

其目的是为粮油的定等作价提供依据，以贯彻优质优价的价格政策。

2. 各级储备库在粮油轮换时实施的检验

其目的是判定粮油是否符合储备粮油的入库质量标准，检查粮油的新陈程度以及储存质量指标是否适宜储存，同时为粮食分类储存提供科学依据；粮油储存时定期（如中央储备粮油每年3月和9月的质量检查）进行的粮油质量分析，其目的是探索粮食储存指标的变化规律，指导科学储粮，为"推陈储新，适时轮换"提供科学依据；不定期的粮情检测，其目的是探查局部粮情异常的原因；粮油轮出时的质量检验，是检测粮油的综合质量，同时还要对储存期间曾经使用过的熏蒸剂残留进行检测，看其是否符合相应的卫生标准，能否投放市场。

3. 加工企业进货时实施的检验

加工企业的进货检验是验证所购原料与采购合同、原料技术标准及加工工艺要求是否相符合，做出接收或拒收的处理意见，防止不合格原粮进厂。加工过程的工序检验，是检查关键工序质量控制点的确立是否准确、有效，制品的质量是否符合相关工艺的质量要求，确保资源的合理利用，防止不合格的半成品流入下道工序，确保生产出的产品达到规定的质量指标；加工企业的出厂检验（自行出厂检验或委托出厂检验）是检验各批次的产品的品种、规格、质量、标识等项目是否符合相关标准和技术要求，防止不合格产品流入市场。

4. 受质量技术监督部门、工商行政管理部门或其他政府机构委托而实施的监督检验

其目的是为了判定产品是否符合生产、销售的质量标准，为政府机构实施产品质量监督和宏观调控提供科学依据。

委托检验旨在按委托合同（或协议）的要求，为客户提供产品质量信息，一般不做综合性的结论。

5. 粮油质量测报实施的检验

其目的是对各地所生产的主要粮种（稻谷、玉米、小麦、大豆等）进行检测，调查其质量状况，按规定进行统计、汇总、上报，为领导提供决策依据，为用户提供基础数据和基础资料，以指导农业生产、育种、种植结构调整及粮食贸易等工作。

随着社会的发展，科学技术的进步以及生活水平的提高，人们对粮油质量的要求日益增强。我国加入世界贸易组织，使粮油的进出口贸易更加频繁，不同国家对进口粮油的质量都有不同的要求，而且对粮油质量检验项目的要求也越来越多，因此，粮油质量检验在粮油贸易中起到了质量评定和监督的作用。

二、粮油质量检验的基本任务

(1) 认真贯彻执行国家粮油质量标准，进行粮油质量的检验和监督。

(2) 认真贯彻国家依质论价的政策，促进粮油质量及出品率的提高。

(3) 监测病虫害、微生物及有害物质对粮油的危害和污染，以保证粮食的安全储存和合理利用，提高人们的健康水平。

三、粮油质量检验方法

粮油质量检验方法可分为感官检验、物理检验、化学检验、卫生检验和仪器分析等。

1. 感官检验

感官检验就是凭借人体各种感觉器官（耳、鼻、眼、口、手）接触粮油产生的客观感觉，根据质量标准和以往实践经验直接鉴定粮油品质的方法。具有操作简单、快速及不需仪器、药剂等优点。在粮油各业务环节的检验中，一般采用该法鉴定粮油的水分、杂质、不完善粒含量及色泽、气味、滋味等项目是否正常。

2. 物理检验

物理检验是指通过物理方法进行的反映粮油及其制品的商品外观、物理特性和工艺质量特性的检验方式，测定方法相对来说简便易行、快速，设备简单，容易普及。在现行粮油质量标准中，有很多物理检验项目是粮油检验的重要内容。物理检验与粮油加工、食品加工关系非常密切，对改进工艺操作、指导生产、保证产品质量、提高经济效益具有重要的作用。

3. 化学检验

化学检验是指依据待测物质的化学性质或本身化学组成成分的特性，通过化学分析或仪器分析的技术，完成对样品中营养物质、有害物质或添加物质等组分的分析。这类方法准确度较高，对评价粮油及产品的质量、指导生产等有重要作用。

4. 卫生检验

粮油食品卫生检验是以分析化学为基础，检测和评定粮油食品卫生品质的方法。它不仅需要丰富的化学知识、分析理论和技术做基础，而且在实际工作中还必须掌握诸如样品、毒物、规范操作等方面的相关知识。通过化学或物理化学检测方法，对于处在购、销、调、存、加和进出口等业务环节的原粮、油料及其制成品进行分析鉴定，为被检粮油的正确使用或合理利用提供可靠的科学依据。

5. 仪器分析

仪器分析是以测定物质的物理和物理化学性质为基础的分析方法。由于这类方法通常要使用特殊的仪器，故称为仪器分析法。仪器分析法用于试样组分的分析，具有操作简便而快速的特点，特别是对于含量低（如质量分数为 10^{-8} 或 10^{-9} 数量级）的组分的测定，更有独特之处，而这样的样品若采用化学方法测定则是徒劳的。另外，绝大多数分析仪器都是将被测组分的浓度变化和物理性质变化转变成某种电性能（如电阻、电导、电位、电容、电流等），因此仪器分析法容易实现自动化和智能化，使人们摆脱传统的实验室手工操作。

四、粮油质量检验的一般程序

为了评价一批粮油的质量，如水分、杂质、等级以及营养成分是否符合卫生标准等，必须对所调查的对象进行检验。检验的一般程序是：由检验的目的决定其任务，根据目的及任务制定周密的采样计划，使用适当的工具及正确的采样方法采样，通常将所采集的样品送到实验室制样，按照国家或有关的标准方法对样品进行检验，然后处理数据得到检验结果，并对结果的可靠性进行判断，得出正确的结论，再根据所得出的结论做出决策以达到检验的目的。这样的一个过程可以用以下工作流程表示。

目的 → 任务 → 采样 → 检验 → 数据处理 → 结果评价、得出结论 → 决策

实际工作中，检验部门经常遇到的情况有两种：一是由上级部门提出粮油质量检验的目的与任务，实验室按照其目的与任务进行采样直至得出结果，上级部门根据检验结果做出决策。另一种情况是由委托单位提出粮油质量检验的目的与任务，委托单位承送试样或由实验室化验员采样进行检验，将检验结果提供给委托单位，由委托单位根据检验结果来做出决策。

目的与任务的不同决定了采样方法、检测方法、数据处理、结果评价等的不同。例如，在市场的管理中，为了防止不合格的产品在市场中流通，危害消费者的利益，检验的任务是发现存在的问题，这就决定了采样的方法常是采用选择性的方法，检测的内容也常是检测某几项或某一项指标来确定产品是否合格，数据处理也往往比较简单。而对于质量检查，其任务是了解产品的一般质量情况，采用随机采样的方法，根据产品的情况决定采样的方法、数量，检测的项目也可能比较多，数据处理及结果的评价也较复杂。对于大规模的普查，采样的方法是很复杂的，必须制定科学、周密的计划，保证所采到的样品具有代表性，并选择适当的检测项目（通常检测项目较少），不至于因工作量太大而造成采样、检测、经费或时间等的困难，确保普查工作正确、顺利地进行。如对霉菌毒素的检测，采样与一般项目测定的采样是不同的；而对于样品中熏蒸剂残留的测定，样品的采集及制备也是与一般样品不同的。

实验室的工作主要是由“采样”到“结果评价，做出结论”，结果是上级或委托单位处理问题的重要依据，因此检验结果的正确性至关重要。目的、任务、采样、检测、数据处理、结论及决策等各个环节都是密切相关和有机统一的，忽视其中任何一个环节都是错误的。对于检验环节的每一个步骤都必须正确对待，这是得到正确结论的前提。检验环节中任何一步的错误都会导致检验结论的错误，因而造成决策错误。检验人员的责任是重大的，对粮油质量检验的各个步骤都应该有所了解，以保证我们所得出的结论的准确性。

五、我国粮油质量检验技术的发展概况

在人类社会的发展进程中，随着产品生产、分配、交换的社会化，粮油质量检验技术也随之得到相应的发展。

我国的粮油质量检验手段经历了由感官检验到仪器检验，由初级到高级的发展过程；检验方法及粮油技术标准经历了从无到有、由粗到细，逐步趋于合理的发展过程。

1. 粮油标准化工作取得很大成绩，粮油质量管理规章制度进一步完善

粮油标准化工作是开展粮油质量管理和质量监督的基础，粮油标准是粮油质量检验工作的依据。粮油标准化工作，经历了从无到有、从粗到细，逐步趋向于先进、合理的发展过程，现在已经有了包括原粮、油料、成品粮油、工业粮油等几大类的粮油质量标准、检验方法标准以及其他标准约 200 项。在这些标准中，有的已经达到或接近国际先进水平，有的居国内领先水平，有的则采用了国际标准或国外先进国家的标准。此外，各省、自治区、直辖市粮食部门及大型粮油加工企业还根据本地实际情况及其加工的优质新产品的实际情况，制定、修订和整理复审了一批地方标准和企业标准，做到了绝大部分粮油品种都有标准，并且质量标准和检验方法相配套，形成了我国粮油标准化体系。

2. 粮油质量检验基础理论研究获得了很大进展

几十年来，粮油各级部门及粮油科技工作者对我国主要粮种——稻谷、小麦、玉米、大

豆等的质量状况，包括物理特性、工艺质量、化学成分、食用质量等进行了全面的测定，取得了大量数据，为粮食合理储藏、加工、开发利用，为质量标准的制定、修订，为农业生产选种、育种等工作提供了有价值的参考资料和科学依据。对我国主要粮种（原粮、成品粮）储藏质量劣变指标进行了比较深入的研究，揭示了粮食在储藏过程中的一些变化规律，探索了应用线性回归模型评价粮油储藏质量劣变的情况，以预测储藏期限，评估并减少储粮损耗，为研究保粮措施等提供科学依据。

3. 粮油质量检验应用技术方面的研究得到发展

世界科学技术的发展推动了粮油质量检验应用技术的进步。粮油质量检验的新方法不断出现，老方法不断更新，检测手段由建国初期主要依靠感官检验和简单的物理检验，发展到应用化学分析、电化学分析、光谱分析、色谱分析、核磁共振检测等现代分析方法，同时，还应用了一些粮油质量专用仪器和设备对粮油的物理特性、工艺质量、食用质量等进行测定。另外，计算机在现代仪器中的应用又使检验的数据处理更加科学化、信息化，为粮油经营决策和科研提供有效的依据。

六、粮油质量检验课程的内容与学习要求

《粮油质量检验》是粮油储检与饲料加工专业的一门理论性、实践性很强的专业课程。主要包括粮油标准化与质量管理；粮油感官分析及检验结果计算；粮油籽粒结构及化学成分；粮油样品的采样、分样与感官鉴定；原粮、油料物理检验；成品粮的物理检验；粮食水分及灰分的测定；植物油脂的物理检验；植物油脂的化学检验；粮食的化学检验等。其中，实践操作训练是课程结构中的主体内容。

学生在学习《粮油质量检验》课程时，对课程内容要做到深刻理解，熟练掌握，准确判断，同时加强操作技能的训练。通过训练加深对检验方法原理和操作要点的理解，提高粮油质量检验的操作技能，并结合国家《粮油质量检验员》职业资格标准要求，参加粮油质量检验员职业资格考试，取得相关证书，以增强就业竞争能力。

第一章

粮油标准化与质量管理

【本章主要内容】

标准及标准化基础知识

粮食质量管理的相关知识

第一节　标准及标准化基础知识

【学习要求】

▲ 通过学习，了解标准、标准化术语、定义等相关知识；

▲ 掌握标准的分级、分类、代码及表示方法；

▲ 了解粮油标准制定、修订的工作程序，编写规则等有关知识；

▲ 了解粮油国家标准，技术规范，相关政策、法规、规章、规定及制度。

标准是国民经济的技术基础，是企业组织生产的依据，是规范市场秩序的重要手段。没有规矩，不成方圆，不管是生产型还是服务型企业，在市场经济中，标准就是规矩，是企业经济发展的技术基础；标准化在现代化大生产中起着非常重要的作用，也是衡量一个国家生产力技术水平和管理水平的尺度，而企业则是标准化工作的主体。

随着经济全球化的发展，我国加入世界贸易组织（WTO）以来，标准、标准化工作对我国国民经济发展起到越来越大的作用，尤其是近几年来的农业标准化，对促进我国农业生产的发展起着举足轻重的作用。我国是农业大国，农业标准化与发达国家相比差距还比较大，主要表现在：一是农产品生产、流通行业的全员标准化理念、意识不强，认识高度不够深；二是农产品标准滞后，先进性较差，不能适应国内外新形势和市场需求；三是农产品质检机构体制不顺畅，质检手段与发达国家相比还存在着较大差距；四是农产品标准体系不够完善；五是农业标准化工作的高层次人才比较缺乏。因此，加强及加快对粮油标准制定、修订和专业技术人才的培训、培养，在粮油质检员队伍中普及相关知识的工作进度已十分必要。标准是保护本国产品的重要手段，有些发达国家利用标准的差距，以标准为手段来设置贸易技术壁垒，限制其他国家农产品进入，保护本国经济利益。为此，我国政府已多次明确提出，要加快农业标准化进程，促进农产品品种结构调整，优化品种，加快农产品标准体系和质检体系建设，确保粮油食品质量安全，提高我国农产品国内外市场竞争力，化解农产品市场风险，促进农业生产发展，提高人民生活质量。粮油质检员直接从事粮油标准质量工作，责任重大，只有掌握好标准和标准化的相关知识，并能运用到工作中去，才能是一名合格的粮油质检员。

一、基本概念

标准与标准化术语是标准化体系中最基本的概念，是人们在生产实践中对标准化活动有关范畴、本质、特征的高度概括。国际标准化组织（以下简称 ISO）对“标准化”的定义是：标准化主要是对科学、技术和经济领域内重复运用的问题给出解决办法的活动，其目的为获得最佳秩序；ISO 对“标准”的定义是：标准是标准化领域用来规范和统一人类社会各项生产工作和管理活动的技术性规定。

GB/T 20000《标准化工作指南》分为五个部分，第一部分：标准化和相关活动的通用词汇（GB/T 20000.1）；第二部分：采用国际标准规则（GB/T 20000.2）；第三部分：引用文件（GB/T 20000.3）；第四部分：标准中涉及安全的内容（GB/T 20000.4）；第五部分：产品标准中涉及环境的内容（GB/T 20000.5）。现将我国《标准化工作指南》对常见术语的定义介绍如下。

（一）标准

1. 标准

GB/T 20000.1—2002《标准化工作指南　第 1 部分：标准化和相关活动的通用词汇》对“标准”的定义是：“为了在一定范围内获得最佳秩序，经协商一致制定并由公认机构批准，共同使用和重复使用的一种规范性文件。”

标准是对重复事物和概念所做的统一规定，它以科学技术和实验、实践经验的综合结果为基础，以促进最佳的共同效益为目的，经有关方面协商一致，由主管机构批准，以特定的形式发布，作为共同遵守的准则和依据。其目标是获得最佳秩序、最佳效益。

2. 标准的形式

（1）由文字表达的文本。

（2）实物标准。标准物质、标准样品都属于标准。

3. 粮油标准

粮油标准是指在粮食收购、储存、运输、加工、销售等环节中需要统一的各种技术规范、技术要求和检验方法、管理规程等，主要包括粮油及制品的产品标准（含实物标样），检验方法标准，仪器、设备和设施技术标准，规程、规范等。

（二）标准化

1. 标准化

GB/T 20000.1—2002《标准化工作指南　第 1 部分：标准化和相关活动的通用词汇》对“标准化”的定义是：“为了在一定范围内获得最佳秩序，对现实问题或潜在问题制定共同使用和重复使用的条款的活动。”

由此可见，标准化是一项制定条款的活动，即制定、发布与实施标准的活动过程。标准化活动是以科学、技术与实验的综合成果为依据的。标准化的目的是针对存在的有关问题，提出解决问题的方法，为了在一定范围内获得最佳秩序和最全面的经济效果。标准化条款的特点是“共同使用”和“重复使用”。条款的对象是研究现实的问题和潜在的问题。

2. 标准化的主要作用

(1) 可合理优化品种，组织专业化生产，是现代化生产、流通的前提条件。

(2) 可对生产、流通实施科学管理，是管理的手段、组织现代化生产的基础。

(3) 可促进产品质量、服务质量不断提高，是产品质量的重要技术保证。

(4) 可以合理地利用国家资源，节约能源，节约原材料。

(5) 可以有效地保护安全和环境。

(6) 是推广应用科研成果和新技术的桥梁。

(7) 可以防止贸易壁垒，促进技术合作，化解市场风险，促进国际、国内贸易发展，提高我国产品在国际市场上的竞争力。

标准化工作的核心是抓好标准的质量。

(三) 规范性文件

1. 规范性文件

GB/T 20000.1—2002《标准化工作指南　第 1 部分：标准化和相关活动的通用词汇》对“规范性文件”的定义是：“为各种活动或其结果提供规则、导则或规定特性的文件。”标准、技术规范、规程和法规等这类文件一般通称为规范性文件。规范性文件是由条款组成的。

2. 技术规范

技术规范是指规定产品、过程或服务应满足的技术要求的文件。

3. 规程

规程是指为设备、构件或产品的设计、制造、安装、维护或使用而推荐惯例或程序的文件。

4. 法规

法规是指由权力机构通过的有约束力的法律文件。

5. 技术法规

技术法规是指规定技术要求的法规，它或者直接规定技术要求，或者通过引用标准、技术规范或规程来规定技术要求，或者将标准、技术规范或规程的内容纳入法规中。

由此可见，强制性标准属于技术法规。“技术法规”与“技术规范”的主要区别在于，技术法规包含了技术规范内容，并经过权力机构批准、发布。

(四) 标准化和标准的基本特性

标准化和标准的基本特性是统一性、重复性、民主性、科学性和法规性。

1. 标准的本质属性是统一性

这种统一规定是作为有关各方“共同遵守的准则和依据”。根据中华人民共和国标准化法规定，我国标准分为强制性标准和推荐性标准两类。强制性标准必须严格执行，做到全国统一。国家鼓励企业自愿采用推荐性标准。推荐性标准如果经协商，并纳入有关法律、法规或经济合同中，有关各方则必须严格遵守、执行。

2. 标准的对象特征是重复性

这里讲的“重复性”指的是同一事物或概念反复多次出现的性质。例如批量生产的产品在生产过程中的重复投入，重复加工，重复检验等；同一类技术管理活动中反复出现同一概念的术语、符号、代号等被反复利用等。只有当事物或概念具有重复出现的特性并处于相对稳定时才有制定标准的必要，使标准作为今后实践的依据，以最大限度地减少不必要的重复劳动，又能扩大“标准”重复利用的范围。

3. 标准的民主性

制定标准的过程要“经有关方面协商一致”，就是制定标准要发扬技术民主，与有关方面协商一致，做到“三稿定标”，即征求意见稿——送审稿——报批稿。如制定产品标准不仅要有生产部门参加，还应当有用户、科研、检验等部门共同参加讨论研究、协商一致，这样制定出来的标准才具有权威性、科学性和适用性。

4. 标准的科学性

标准的科学性产生的客观基础是“科学、技术和实践经验的综合成果”。这就是说标准既是科学技术成果，又是实践经验的总结，并且这些成果和经验都是在分析、比较、综合和验证基础上加之规范化，只有这样制定出来的标准才能具有科学性。

5. 标准的法规性

标准文本有专门的格式和批准发布的程序，这是因为标准是一种特殊的文件，且在一定范围内具有约束性，所以，从标准的起草到批准、发布等，有一整套严格的工作程序和审批制度，充分体现了标准的法规性。

二、标准的分级、分类

（一）标准的分级

标准依据其适用领域和有效范围的不同，分为不同级别，依据《中华人民共和国标准化法》（以下简称《标准化法》）规定，我国标准分为国家标准、行业标准、地方标准、企业标准，共4级标准。

(1) 国家标准　由国务院标准化行政主管部门制定的在全国范围内统一的技术要求，称为国家标准。

(2) 行业标准　没有国家标准而又需在全国某个行业范围内统一的技术标准，由国务院有关行政主管部门制定，并报国务院标准化行政主管部门备案的标准，称为行业标准。行业标准在相应的国家标准实施后，自行废止。

(3) 地方标准　没有国家标准和行业标准而又需在省、自治区、直辖市范围内统一的工业产品的安全、卫生要求，由省、自治区、直辖市标准化行政主管部门制定，并报国务院标准化行政主管部门和国务院有关行政主管部门备案的标准，称为地方标准。

(4) 企业标准　企业生产的产品在没有或者为了严于国家标准、行业标准和地方标准而由企业自行组织制定的、作为本单位内部组织生产的依据，并按省、自治区、直辖市人民政府的规定备案（不含内控标准）的标准，称为企业标准。

这4级标准主要是适用范围不同，而不是标准技术水平高低的分级。

（二）标准的分类

为适应不同的要求，人们从不同的角度和属性对标准进行了分类，主要分类方法如下：

1. 根据法律的约束性分类

国家标准和行业标准可分为强制性标准和推荐性标准。

(1) 强制性标准　强制性标准又分为全文强制和条文强制两种形式。条文强制在标准的前言中要说明条文强制，并且强制的条款在标准中以黑体字表示或在前言中说明。

条文强制形式的标准，其内容涉及国家安全，人身健康、安全，动植物生命或财产安全，环境保护或资源合理利用。各级政府的行政法律、法规条款在标准中出现，也属于强制性条款。

《标准化法》规定，对不符合强制性标准的产品，禁止生产、销售和进口；企业和有关部门生产、经营、服务、管理中对涉及强制性标准规定的，都必须严格执行，任何单位和个人不得擅自更改或降低标准。对违反强制性标准经营、生产等造成不良后果以致重大事故者，由相关行政主管部门根据情节轻重依法给予行政处罚，直至由司法机关追究刑事责任。

强制性标准是国家技术法规的重要组成部分，它符合世界贸易组织/贸易技术壁垒协定（WTO/TBT）关于“技术法规”的定义，即“强制执行的规定产品特性或相应加工方法，包括可适用的行政管理规定在内的文件。技术法规也可包括专门规定用于产品、加工或生产方法的术语、符号、包装标志或标签要求”。为使我国强制性标准与 WTO/TBT 规定衔接，其范围要严格限制在国家安全、防止欺诈行为、保护人身健康与安全、保护动植物的生命和健康以及保护环境五个方面。

(2) 推荐性标准　推荐性标准是指导性文件、规定。WTO/TBT 对推荐性标准的定义为：“由公认机构批准的，非强制性的，为了通用或反复使用的目的，为产品或相关生产方法提供规则、指南或特性的文件。推荐性标准也可以包括或专门规定用于产品、加工或生产方法的术语、符号、包装标准或标签要求。”

推荐性标准由于是协调一致的文件，不受政府和社会团体的利益干预，能更科学地规定特性或指导生产。《标准化法》鼓励企业积极采用推荐性标准。为了防止企业利用标准欺诈消费者，要求企业采用标准一般不低于同类推荐性标准的要求，若企业用低于同类推荐性标准组织生产的，应向消费者明示其产品标准水平。

(3) 标准化指导性技术文件　标准化指导性技术文件是为处于技术发展较快的技术领域的标准化工作提供指南或信息，供科研、设计、生产、使用和管理等有关人员参考使用而制定的文件。符合下列情况时，可以制定粮油标准化指导性技术文件：

① 技术尚在发展中，需要有相应的标准文件引导其发展或具有标准价值，尚不能制定为标准的项目。

② 采用国际标准化组织以及其他国际组织（包括区域性国际组织）的技术报告项目。

2. 根据标准的性质分类

(1) 技术标准　技术标准是针对标准化领域中需要协调统一的技术事项而制定的标准。技术标准主要是事物的技术性内容。

(2) 管理标准　管理标准是对标准化领域中需要协调统一的管理事项所制定的标准。管理标准主要是规定人们在生产活动和社会生活中的组织结构、职责权限、过程方法、程序文件以及资源分配等事宜，它是合理组织国民经济、正确处理各种生产分配、提高生产效率和效益的依据。

(3) 工作标准　工作标准是对标准化领域中需要协调统一的工作事项所制定的标准。工作标准是针对具体岗位而规定人员和组织在生产经营管理活动中的职责、权限，对各种过程的定性要求以及活动程序和考核评价要求。

3. 根据标准化的对象和作用分类

(1) 基础标准　在一定范围内作为其他标准的基础而普遍通用，具有广泛指导意义的标准。例如，名词、术语、符号、代号、标志、方法等标准；计量单位制、公差与配合、形状与位置公差、表面粗糙度、螺纹及齿轮模数标准；图形符号和工程制图；产品环境条件及可靠性要求等。

(2) 产品标准　为保证产品的适用性、对产品必须达到的某些或全部特性要求所制定的标准。包括品种、规格、技术要求、试验方法、检验规则、包装、标志、运输和储存要求等。

(3) 方法标准　以试验、检查、分析、抽样、统计、计算、测定和作业等各种方法为对象而制定的标准。

(4) 安全标准　以保护人、动物和财、物等安全为目的而制定的标准。

(5) 卫生标准　为保护人的健康，对食品、医药及其他方面的卫生要求而制定的标准。

(6) 环境保护标准　为保护环境和有利于生态平衡，对大气、水、土壤、噪声、振动和电磁波等环境质量、污染管理、监测方法及其他事项而制定的标准。

三、标准的代号和表示方法

根据《国家标准管理办法》、《行业标准管理办法》、《地方标准管理办法》和《企业标准化管理办法》的有关规定，我国各级（类）标准的代号和表示方法如下：

1. 国家标准代号和表示方法

国家标准代号是以 GB（汉语拼音头两个字母，下同）表示。如 GB 1350—2009《稻谷》，表示标准名称是稻谷，标准级别是国家标准，标准序号是 1350，标准发布年代是 2009 年。例如：

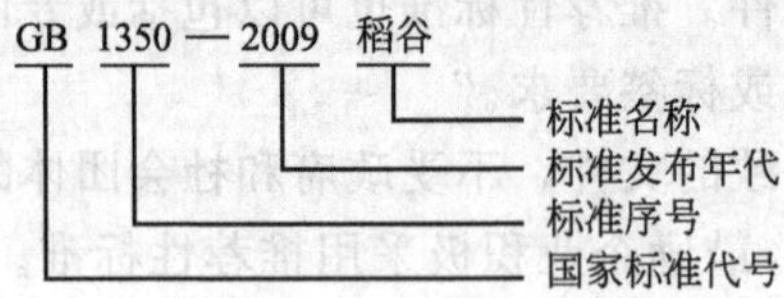

推荐性国家标准代号为 GB/T，其中 GB 表示国家标准，T 表示推荐性。如 GB/T 21719—2008《稻谷整精米率检验法》，标准名称是稻谷整精米率检验法，标准序号是 21719，标准发布年代是 2008 年。例如：

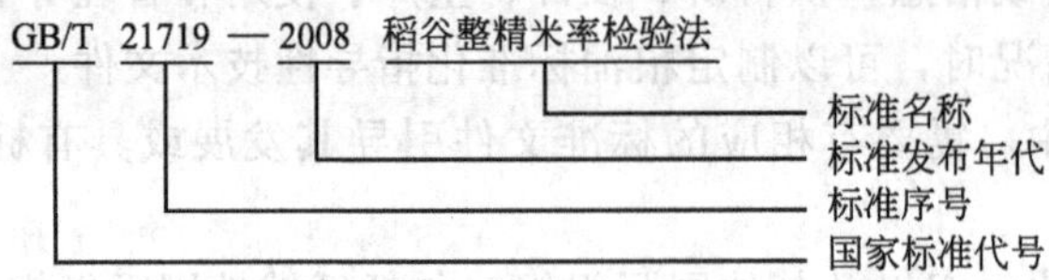

2. 行业标准

行业标准包括强制性和推荐性标准（应与国标相同）。行业标准代号由国务院标准化行业主管部门规定。不同行业标准的代号不同（见表 1-1），粮食行业标准代号以 LS 表示。

表 1-1　各行业标准的代号

行业标准名称	行业标准代号	行业标准名称	行业标准代号	行业标准名称	行业标准代号
教育	JY	化工	HG	电力	DL
煤炭	MT	交通	JT	商业	SB
地质矿产	DZ	轻工	QB	测绘	CH
新闻出版	CY	通信	YD	海洋	HY
铁路运输	TB	机械	JB	医药	YY
纺织	FZ	船舶	CB	航天工业	QJ
烟草	YC	商检	SN	旅游	LB
建材	JC	兵工民用	WJ	中医药	ZY
林业	LY	档案	DA	核工业	EJ
电子	SJ	汽车	QC	稀土	XB
石油天然气	SY	石油化工	SH	邮政	YZ
金融	JR	有色金属	YS	卫生	WS
土地管理	TD	黑色金属	YB	公共安全	GA
环境保护	HJ	物资管理	WB	包装	BB
文化	WH	城镇建设	CJ	地震	DB
体育	TY	建筑工业	JG	气象	QX
农业	NY	广播、电影、电视	GY	海关	HS
水产	SC	民用航空	MH	外经贸	WM
劳动和劳动安全	LD	航空工业	HB	粮食	LS
民政工作	MZ	水利	SL		

例 1-1：LS 1206—2005《粮食仓库安全操作规程》，表示是强制性粮食行业标准，标准名称是粮食仓库操作规程，2005 年发布的，标准序号是 1206。

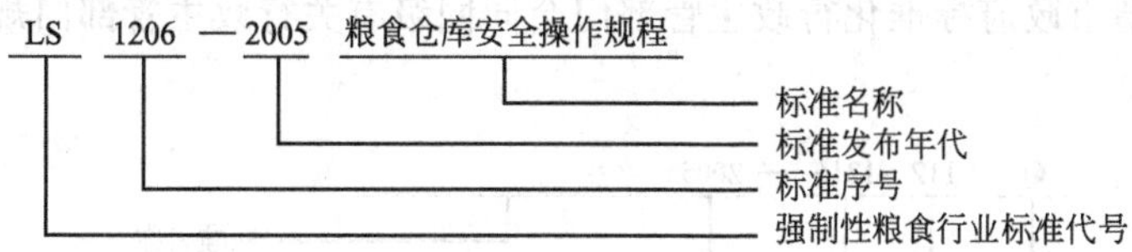

例 1-2：LS/T 1202—2002《储粮机械通风技术规程》，表示是推荐性粮食行业标准，标准名称是储粮机械通风技术规程，标准序号是 1202，标准发布年代是 2002 年。

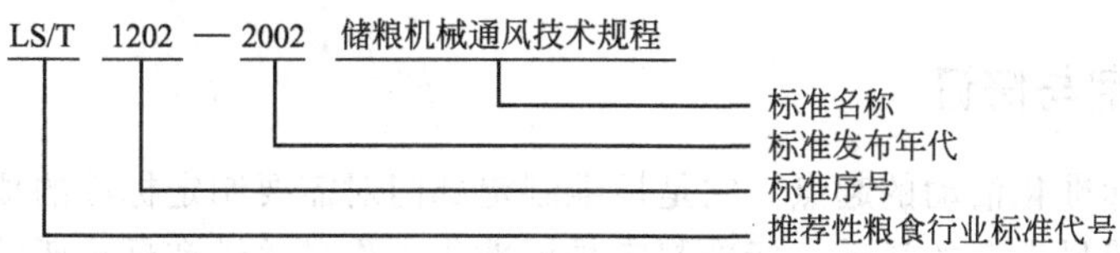

3. 地方标准

地方标准代号由“地标”汉语拼音第一个字母“DB”组合，加上省、自治区、直辖市的行政代码的前两位数（见表 1-2）和标准序号及发布年代号构成。如 DB 11/016—2005，代表北京 2005 年发布的地方标准，标准序号是 16。例如：

表 1-2 各省、自治区、直辖市的行政代码

名　称	代码	名　称	代码
北京市	11	湖北省	42
天津市	12	湖南省	43
河北省	13	广东省	44
山西省	14	广西壮族自治区	45
内蒙古自治区	15	海南省	46
辽宁省	21	重庆市	50
吉林省	22	四川省	51
黑龙江省	23	贵州省	52
上海市	31	云南省	53
江苏省	32	西藏自治区	54
浙江省	33	陕西省	61
安徽省	34	甘肃省	62
福建省	35	青海省	63
江西省	36	宁夏回族自治区	64
山东省	37	新疆维吾尔自治区	65
河南省	41		

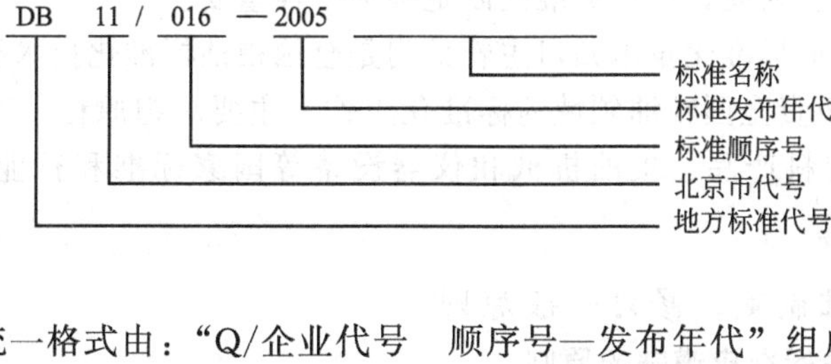

4. 企业标准

企业标准编号统一格式由：“Q/企业代号　顺序号—发布年代”组成（依据企业标准化管理办法）。

企业标准代号为“Q”（“企”的汉语拼音字头），其编号采用企业代码号、顺序号和发布年代表示。其中，企业代码号按照中央所属企业和地方企业分别由国务院行政主管部门和省、自治区、直辖市政府标准化行政主管部门会同同级有关行政主管部门规定。如某企业标准编号为：

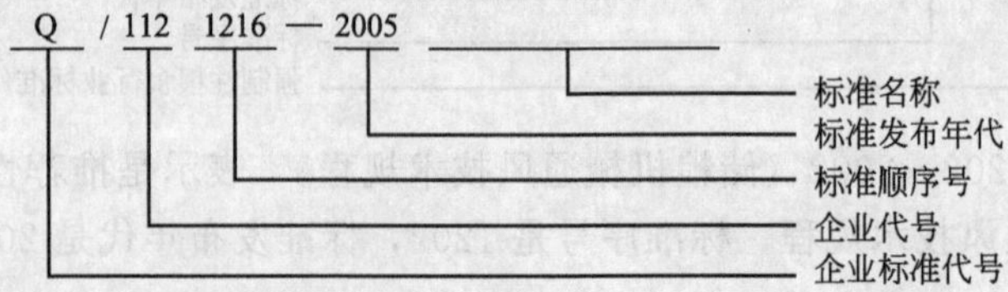

四、标准的制定与修订

制定标准是标准化活动的起点，它是标准制定部门对需要制定标准的项目编制计划、组织拟稿、审批、编号发布的活动。标准制定是标准化工作最关键和最重要的一环，是一项极其严肃而细致的工作。

（一）总则

(1) 制定和修订标准应按照《中华人民共和国标准化法》、《中华人民共和国标准化法实施条例》和国家质量监督检验检疫总局有关规定进行。国家标准由国务院标准化行政主管部门组织制定；行业标准由国务院有关行政主管部门或行业归口部门组织制定，并报国务院标准化行政主管部门备案，如粮油行业标准由全国粮油标准化技术委员会组织制定；地方标准由省、自治区、直辖市标准化行政主管部门组织制定，并报国务院标准化行政主管部门和国务院有关行政主管部门备案；企业的标准由企业制定，并需按省、自治区、直辖市政府规定，报当地政府标准化行政主管部门和有关行政主管部门备案。

(2)《中华人民共和国标准化法》规定，对需要在全国范围内统一的技术要求，应当制定国家标准。对没有国家标准，而又需要在全国某个行业范围内统一的技术要求，可以制定行业标准。对没有国家标准和行业标准，而又需要在省、自治区、直辖市范围内统一的工业产品的安全、卫生要求，可以制定地方标准。企业标准的制定由企业自主决定。

(3) 国家标准和行业标准要按照 GB/T 1.1—2009《标准化工作导则　第 1 部分：标准的结构和编写规则》要求进行标准编写。

(4) 根据《中华人民共和国标准化法》和有关规定，标准实施后，还应根据科学技术的发展和经济建设的需要定期进行复审。国家标准、行业标准、地方标准的复审期一般不超过 5 年，企业标准的复审期一般不超过 3 年。标准的复审由标准的主管部门或归口管理主管部门进行，复审可采用会议审查，也可采用函审进行。复审后要确定被复审的标准或继续有效，或修订，或废止。因此，修订标准同制定标准一样重要。

(5) 全国粮油行业标准化技术归口主管部门是全国粮油标准化技术委员会（简称粮油标委会）。粮油标委会负责全国粮油领域的标准化工作，主要承担原粮、油料、成品粮油及复制品、饲料原料和饲料产品、粮油机械和仪器设备等国家标准和行业标准的制定、修订任务。

（二）粮油标准制定、修订一般原则

1. 制定各类粮油标准应遵守的原则

(1) 要符合我国有关法律、法规和经济发展，科学技术发展的方针、政策要求。

(2) 要有利于促进粮食种植结构调整，提高产品质量，提高粮食生产综合竞争能力。

(3) 有利于促进粮食生产、流通，加强粮食市场监管，规范市场秩序，保护消费者权益，确保粮油食品安全。

(4) 要符合我国实际国情，与我国生产技术水平相适应（诸如气候、环境条件、资源条件、基础设施条件等）。

(5) 要有利于推广科学技术成果，提高经济效益；推动粮食流通领域管理水平的提高和技术进步、技术创新、产业升级和高新科技的应用。

(6) 要推进与国际标准接轨，积极采用国际标准。

(7) 要有科学试验和数据支持，要加强与重要技术标准研究的协作、进行配套试验和验证。

(8) 制定标准的过程应当公开、公正、透明。

2. 制定企业标准应遵循的原则

(1) 贯彻国家和地方有关的方针、政策、法律、法规，严格执行强制性标准。

(2) 保证安全、卫生，充分考虑市场需求，保护消费者利益，保护环境。

(3) 有利于企业技术进步，保证和提高产品质量，改善经营管理，增强企业在市场中的竞争力，提高经济效益和社会效益。

(4) 积极采用国际标准和国外先进标准。

(5) 鼓励采用推荐性国家标准、行业标准。

(6) 有利于合理利用国家资源、能源，推广科学技术成果，有利于产品的通用互换，技术先进、经济合理。

(7) 有利于对外经济合作和对外贸易。

(8) 本企业内的企业标准之间应协调一致。

3. 可以制定企业标准的几种情况

(1) 企业生产的产品没有国家标准、行业标准和地方标准时，可制定企业产品标准。

(2) 为提高产品质量、促进技术进步，制定严于国家标准、行业标准或地方标准的企业产品标准。

(3) 对国家标准、行业标准的选择或补充的标准。

(4) 设计、采购、工艺、工装、半成品等方面的技术标准。

(5) 生产、经营活动管理标准和工作标准。

原则上讲，国家鼓励企业自愿采用推荐性国家标准、行业标准。企业标准自主制定，但企业标准一般要严于国家标准、行业标准和地方标准，并必须符合强制性标准的条款要求。企业在制定标准时，要注意在同行中保持企业标准的协调一致。

（三）标准的构成要素

《标准化工作导则》规定，标准的构成要素按要素在标准中的位置来划分，分为规范性要素和资料性要素。规范性要素是指声明符合标准而应遵守的条款的要素。资料性要素是指标识标准、介绍标准、提供标准的附加信息的要素。现将标准的构成要素简介如下：

1. 规范性要素

规范性要素又分为规范性一般要素和规范性技术要素。标准名称、范围和规范性引用文件等属于规范性一般要素。术语和定义、符号和缩略语、要求、抽样、试验方法、检验规则、标志标签、包装运输、规范性附录等属于规范性技术要素。

2. 资料性要素

资料性要素又分为资料性概述要素和资料性补充要素。资料性概述要素包括封面、目录、前言和引言。资料性补充要素包括资料性附录、参考文献、索引，以及介绍其内容、背景、发展情况和该标准与其他标准的关系等所提供的附加信息，以帮助理解或使用标准的要素。资料性要素还包括：条文的注释和示例以及条文的脚注。

3. 按要素的状态可分为必备要素和可选要素

封面、前言、标准名称和适用范围是标准的必备要素，其余是标准的可选要素。

4. 标准的封面按其所包含的内容可分为上、中、下 3 部分

(1) 标准封面上部的内容包括：标准的分类号、备案号、标志、编号。

① 分类号：国家标准和行业标准按《中国标准文献分类法》给出一级类目和二级类目编号。封面左上第一行是“ICS”，这是国际标准分类号；左上第二行是中国标准文献分类号，如：“B20”。

② 备案号：除国家标准外，行业标准、地方标准和企业产品标准应在封面左上第三行注明备案号：“××××-××××”。

③ 标准的类别和标志：封面的右上第一行是标准的类别和标志，即：中华人民共和国国家标准（GB）、××××行业标准（LS）、××××地方标准（DB）、××××企业标准（Q）。

④ 编号：封面的右上第二行是标准的编号；右上第三行是所代替的标准编号。

(2) 标准封面中部的内容包括标准名称和与国际标准一致性程度的标识。标准名称应注明标准的中文名称和标准的英文名称。

(3) 标准封面下部的内容包括：标准的发布及实施日期；标准的发布部门或单位。

5. 一般标准结构的编排顺序

一般标准结构编排顺序见表 1-3。除备注中注明是必备要素的，其余构成要素为可选要素。

表 1-3　一般标准结构编排顺序

标准的构成要素类型	要素编排	备　注
资料性概述要素	封面	是必备要素
	目录	
	前言	是必备要素
	引言	
规范性一般要素	标准名称	是必备要素
	适用范围	是必备要素
	规范性引用文件	
规范性技术要素	术语和定义	
	符号和省略语	
	分类、标记、标准化项目标记	
	要求	
	扦样(试样制备)	可与试验方法合为一章
	试验方法	可与要求合为一章
	检验规则(质量评定程序)	
	标志、标签	
	包装、运输和储存	可与标识标签合为一章
	规范性附录	
资料性补充要素	资料性附录	
	参考文献	

（四）标准制定的程序

按照GB/T 16733《国家标准制定程序的阶段划分及代码》规定，国家标准制定程序的阶段划分，一般分为准备、标准立项、起草、征求意见、审查、报批、出版、复审、废止等九个阶段。特殊需要可采用快速程序。

1. 准备阶段

准备阶段的任务就是要对将要立项的新工作项目进行充分调查研究和必要的认证，并在此基础上，认真分析收集资料及标准的范围、结构、指标、相互关系等相关情况，提出工作方案、标准草案、大纲等新工作项目建议。

在此阶段，粮油标准应针对以下情况进行调查、分析、研究。

(1) 了解粮油标准有关的法律、法规，有关的技术文献和相关标准、可以直接引用的标准和有关标准编写的规定等情况。了解粮油标准化工作要求，掌握标准的编排格式及编写的基本要求，以及与相关标准的协调方式等。

(2) 了解标准内容涉及的国内外同行业企业的现状、发展方向及和标准有关的最新科技成果，了解与应用该标准有关方面的信息。

(3) 生产和工作实践中积累的有关技术数据、统计资料、相关信息。制定产品标准应到该产品的各种类型的生产企业进行深入调查研究，调查与产品标准有关的生产工艺、产品质量、实验项目、检验规则，以及包装、运输、储存等情况，并对调查后的资料、信息进行科学的综合分析、研究。特别是粮油产品质量指标的确定，要收集大量有代表性的实验数据作为科学支持，要注意分析各地的质量检验部门和企业实验室收集的实验数据、资料，按数理统计科学方法进行筛选，确定出合理的指标值，使所确定的质量指标、项目、数值等有利于促进农业生产，优化品种结构，有利于提升产品质量，有利于产、购、销等方面的经济利益，有利于确保粮油食品质量安全等。

2. 立项阶段

立项阶段的任务是提出新标准工作项目。标准立项阶段主要是对新工作项目建议进行审查、汇总、协调、确定并提出新标准项目。

拟定标准新工作项目前期，一般要对搜集到的资料进行整理、分析、对比、优选，有的还要进一步试验验证，对于国际标准或国际上的有关文件，要分析内容是否适用于我国的现状；要认真考证国际文件是否在该领域中居于先进或领先的地位，然后才能拟定新标准工作项目。

粮油国家标准由全国粮油标准化技术委员会下达标准工作项目计划，粮油行业标准由国家粮食局下达工作项目计划，粮油国家标准和粮油行业标准均由全国粮油标准化技术委员会归口。

粮油标准立项阶段由粮油标准主管部门委托各技术工作组根据下达的标准计划任务书与标准负责起草单位（即第一起草单位）签订项目协议，并指导和检查标准的起草工作，起草单位应按上述要求进行工作。

3. 起草阶段

粮油标准起草阶段是由全国粮油标准化技术委员会技术工作组根据计划任务书的要求，按照《标准化工作导则》的规定，组织标准的起草工作，并指导、督促、检查标准起草单位的全程工作，直至提出标准草案送审稿。

起草单位在充分调研、实验、验证和广泛征求意见的基础上，起草标准讨论稿，提交技术工作组；技术工作组组织专家对标准讨论稿及相关说明材料进行审议，并将审议意见及时反馈标准起草小组；起草小组再根据征集的意见对标准讨论稿进行修改，编制标准送审稿、编制说明、意见汇总处理表，提交技术工作组。标准编写应采用标准编写模板“TDS模板”编写，在标准起草工作中，必须严格按照 GB/T 1.1—2009《标准化工作导则　第 1 部分：标准的结构和编写》标准编写规则规定编写粮油标准，一般要注意以下几点。

(1) 起草粮油标准首先要注意标准的格式和规范，注意标准的严密性、逻辑性　在标准制定时不能忽略对技术内容确立依据的审查，以使标准中的技术内容令人信服。不要把个别试验室做的试验，未经过普遍验证就归纳为全国使用的试验方法；也不要把在一定范围内行之有效的经验没有经过充分验证就准备在全国范围内执行；或将一些尚不成熟的科研成果或没有进行充分验证的试验结果运用到标准中。同时还要注意标准的先进性和可操作性问题及其协调性问题。

采用其他国家标准时要注意是否牵涉到他国的专利权问题。

(2) 粮油标准的编写　粮油国家标准和行业标准的编写要按照 GB/T 1.1—2009《标准化工作导则　第 1 部分：标准的结构和编写》和起草、编写粮油标准时一般要充分考虑以下情况。

① 产品的使用要求与产品本身的基本特性，同时要考虑健康、安全、环境保护等方面的因素。

② 有关质量的要求应尽可能给出定量指标，当质量指标需要分等分级时，应根据不同的需要做出合理的分等分级规定。

③ 应根据实际需要从环境适应性、使用性能、理化性能、稳定性、健康、安全和环境保护、耗能指标、感官要求、材料要求和工艺要求等方面规定标准的性能要求。同时也可以根据需要列入其他要求。

④ 由于产品标准的技术要求需要尽可能定量表示，为此需规定其标称值（或额定值）。它是在制定标准时作为基准的给定数值，是一种理想值或计算值，所以在选择标称值时，应首先考虑采用优化系数或模数制。当规定的技术指标在一个幅度内，则规定其允许偏差范围，这时用极限值来表示。可以同时规定产品的上限和下限，也可以只规定上限或只规定下限。同时规定上、下限时也可用标称值和上、下允许偏差表示。在规定标称值和极限值时，一般应考虑测量值的分散性、测量误差和抽样误差等。

(3)“标准编制说明”及有关附件的编写　“标准编制说明”应当包括以下内容。

① 工作简况，包括任务来源、协作单位、主要工作过程、参加标准起草的主要单位或个人及所承担的工作等。

② 标准的编制原则和标准的主要内容（技术指标、参数、公式、性能要求、试验方法、检验规则等）、论据（包括技术支持的试验、统计数据）、修订标准时的新旧标准主要技术指标的对比情况。

③ 主要试验或验证的分析、综述报告，技术经济评估结论，预期的经济效益。

④ 采用国际标准和国外先进标准的情况，以及与国际、国外同类标准水平的对比，或者与测试的国外样品、样机的有关数据的对比情况。

⑤ 与有关现行法律、法规和强制性国家标准、行业标准的关系。

⑥ 重大分歧意见的处理经过和依据。

⑦ 按照标准化法的有关规定，提出强制性标准（及条款）或者推荐性标准的建议。

⑧ 贯彻标准的要求、措施和建议，包括组织措施、技术措施、过渡办法等内容。

⑨ 对需要有标准样品对照的标准，还应制备出相应的实物标准。

⑩ 废止现行有关标准的建议，及其他应予以说明的事项。

4. 征求意见阶段

征求意见阶段的任务是提出标准送审稿。

粮油国家标准、行业标准征求意见稿完成后，起草单位将征求意见稿提交全国粮油标准化技术委员会有关技术工作组，由工作组将征求意见稿及相关资料发到有关单位、专家手中，征求意见。技术工作组将征求到的意见汇总反馈或集中审议反馈信息。起草单位根据反馈信息，认真分析、消化，对征求意见稿进行修改、完善，并写出标准编制说明，附上有关附件，形成标准送审稿，由技术工作组报全国粮油标准化技术委员会秘书处，秘书处组织专家审查。

5. 审查、批准阶段

审查阶段的任务是对标准送审稿进行审查，提出标准草案报批稿。标准审查，无论是会议审查还是发函审查，一定要把标准及相关资料交到审查人手中。参加审查的专家要认真审查标准，要考虑标准实行后的各种情况。审查通过后，提出标准送审稿，并按规定提供标准报批材料，上报国家标准化管理委员会等管理部门审查。

粮油国家标准的报批材料应包括：

(1) 标准申报单；

(2) 标准报批稿；

(3) 标准编制说明及有关附件；

(4) 审查会会议纪要和会议代表名单，或函审单和函审结论表；

(5) 意见汇总处理表及对应的标准草案；

(6) 国家强制性标准的中英文通报表；

(7) 标准实施方案及实施日期的建议；

(8) 被采用的国际标准或者国外先进标准原文（复印件）和译文；

(9) 符合印刷、制版要求的插图与附图；

(10) 标准报批稿和编制说明的电子文本。

批准阶段的任务是国家标准化管理委员会等管理部门按规定程序办理审批等手续，最终提供合法的标准出版稿。

6. 标准的出版、复审、废止

这是标准发布后的后续阶段，按有关法律、法规办理。

一般标准实施周期为五年，五年后进行复审，对需要修订的标准组织修订，对无必要存在的标准予以废止。

五、粮油标准的贯彻执行

认真宣传贯彻粮油标准，确保其正确实施，主要抓好以下几点。

1. 正确理解，坚决执行粮油国家标准

标准是有关各方共同遵守的准则和依据，在标准适用范围内的有关各方都必须严格遵守和执行。强制性标准是技术法规，是国家要求必须强制执行的标准，其规定的内容必须执行，不得以任何理由和方式违反或变更，对于违反强制性标准的行为，国家将依法追究当事人的法律责任。推荐性标准，一旦纳入有关法律、法规或经济合同中，也必须严格遵守、执行，否则也有可能承担法律责任。

2. 充分认识粮油标准的重要性

各有关部门、单位的领导以及职工，尤其是粮油质量检验员，对贯彻执行粮油标准的重要性，应有足够的认识。

我国是农业大国，国家粮油标准涉及面广，政策性强，技术性强，粮油产品质量、效益等关系到亿万农民的切身利益，关系到企业的经济利益和千家万户的吃饭问题。可以说，国家粮油标准涉及国家、企业、农民、消费者等各方面利益，其作用不可低估。随着我国粮油市场的放开和经济的全球化，技术标准已成为国际市场竞争的重要手段，粮油国家标准可以起到四两拨千斤的作用。它既可以为本国的农产品构筑合理的技术保护体系，又可以破除国外的技术壁垒和一些国家对我国农产品出口的刁难、封锁，以起到保护国内农产品市场，保障粮油食品质量安全，促进农业经济持续发展，提高我国粮食在国际市场中的竞争力等作用。

3. 加强领导，积极宣传

大力做好粮油标准的宣传贯彻工作，是标准得到有效实施的重要保证。各有关部门要切实加强对标准宣传、贯彻工作的领导，要利用会议、广播、电视、学习培训等多种形式，积极宣传、贯彻粮油标准，并要广泛动员职工参与。粮油质量检验员要带头宣传，把主要粮油标准公布于粮食企业的醒目位置，工作中认真贯彻执行，使主要粮油标准落实到基层粮食企业，使有关企业和人员都知道国家粮油标准和依质论价政策，自觉执行粮油标准和国家有关政策。

4. 积极开展培训

通过各种形式，积极对各级粮油质量管理、质量检验人员、经营人员等进行标准（特别是新标准的出台）、质量知识和职业道德的学习及培训，使他们尽快掌握标准及相关知识，掌握有关检测技术，提高粮油质检队伍的整体水平，培养一批高素质的检化验人员，使他们成为粮食行业的骨干力量。粮油质量管理、质量检验人员应适时进行培训，考核合格后，持证上岗。

5. 加强对粮食质量监管

加强对粮食流通中各个环节执行标准情况的监管、督查，发现压级、压价等不执行国家标准和价格政策的情况应及时制止、纠正，对弄虚作假、以次充好、坑害消费者利益等行为，应毫不留情，秉公执法，及时依法查处，确保主要粮油国家标准的顺利实施。

6. 加强体系建设，完善设施

要加强粮油质检体系建设，完善检化验设备和实验室设施，要根据各地实际情况，配置标准规定的质量指标检验所必需的检测仪器，提高检测能力和水平，为粮油标准实施工作提供良好的硬件保证。

六、采用国际标准

采用国际标准是指将国际标准的内容，经过分析研究和试验验证，等同或修改转化为我国标准（包括国家标准、行业标准、地方标准和企业标准，下同），并按照我国标准审批发布程序审批发布。

1. 国际标准

国际标准是指国际标准化组织（ISO）、国际电工委员会（IEC）和国际电信联盟（ITU）制定的标准，以及国际标准化组织确认并公布的其他国际组织［国际计量局（BIPM）、食品法典委员会（CAC）、国际橄榄油理事会（IOOC/COI）、国际法制计量组织

(OIML)、世界卫生组织（WHO）、世界知识产权组织（WIPO/CIPR）］等制定的标准。另外还有关贸总协定/世界贸易组织（WTO）的贸易技术壁垒协定（TBT），又称对缔约国标准化工作的“标准守则”。

2. 采用国际标准的原则

采用国际标准，应当符合我国有关法律、法规，遵循国际惯例，做到技术先进、经济合理、安全可靠。有些国家的标准申请了专利权，我们应谨慎采用。制定或修订我国标准，应当以相应国际标准（包括即将制定完成的国际标准）为基础，同时需标明与相应国际标准之间的差异。对于国际标准中通用的基础性标准、试验方法标准应当优先采用。

采用国际标准中的安全标准、卫生标准、环保标准制定我国标准时，应当以保障国家安全、防止欺骗、保护人身健康和财产安全、保护动植物的生命和健康、保护环境等正当理由为目标。

采用国际标准时，应当尽可能等同采用国际标准。由于基本气候、地理因素或者基本的技术问题等原因对国际标准进行修改时，应当将与国际标准的差异控制在合理的、必要的并且是最小的范围之内。

采用国际标准，应当同我国的技术引进、企业的技术改造、新产品开发、老产品改进相结合。采用国际标准的我国标准的制定、审批、编号、发布、出版、组织实施和监督同我国其他标准一样，按我国有关法律、法规和规章执行。

采用国际标准的我国标准，在编制说明中，应当详细地说明采用该标准的目的、意义、标准的水平、我国标准同被采用标准的主要差异及其原因等。

3. 采用国际标准的程度

我国标准采用国际标准的程度，分为等同采用和修改采用。

(1) 等同采用　指与国际标准在技术内容和文本结构上相同，或者与国际标准在技术内容上相同，只存在少量编辑性修改。

(2) 修改采用　指与国际标准之间存在技术性差异，并清楚地标明这些差异及解释其产生的原因，允许包含编辑性修改。修改采用不包括只保留国际标准中少量或者不重要的条款的情况。修改采用时，我国标准与国际标准在文本结构上应当对应，只有在不影响与国际标准的内容和文本结构进行比较的情况下才允许改变文本结构。

4. 采用国际标准的程度代号

我国标准采用国际标准的程度代号为：IDT——等同采用（identical）；MOD——修改采用（modified）。根据国际标准制定的我国标准，应当在封面标明，在前言中叙述该国际标准的编号、名称和采用程度；在标准中引用采用国际标准的我国标准，应当在“规范性引用文件”一章中标明对应的国际标准编号和采用程度，标准名称不一致的，应当给出国际标准名称。我国标准采用国际标准程度的具体标注方法应遵守 GB/T 20000.2《标准化工作指南　第 2 部分：采用国际标准的规则》。

5. 编号表示方法

采用国际标准的我国标准的编号表示方法如下。

(1) 等同采用国际标准的我国标准采用双编号的表示方法　示例：GB/T ×××××—2009/ISO ×××××：2006。

上述双编号方法仅适用于等同采用国际标准。对于修改和非等效的国家标准，只使用国家标准编号，不可使用上述双编号方法。

(2) 修改采用国际标准的我国标准，只使用我国标准编号 在采用国际标准时，应当按GB/T 1.1《标准化工作导则 第1部分：标准的结构和编写》的规定起草和编写我国标准。在等同采用ISO/IEC以外的其他组织的国际标准时，我国标准的文本结构应当与被采用的国际标准一致。

6. 非等效关系

我国标准与国际标准的对应关系除等同、修改外，还包括非等效关系。非等效不属于采用国际标准，只表明我国标准与相应国际标准有对应关系。非等效指与相应国际标准在技术内容和文本结构上不同，它们之间的差异没有被清楚地标明。非等效还包括在我国标准中只保留了少量或者不重要的国际标准条款的情况。非等效关系（not equivalent）代号为：NEQ。

第二节 粮食质量管理的相关知识

【学习要求】

▲ 通过学习，了解GB/T 19000族标准质量管理体系要求、特点、质量管理原则等相关知识；

▲ 了解全面质量管理的概念、特点、方法，并能运用这些先进理念、方法解决实际工作中的问题。

在当今国内外市场竞争日益激烈的形势下，质量在国家可持续发展战略中的地位和作用已显得越来越重要。质量直接反映一个国家经济、科技、文化和管理水平，代表一个国家的形象和一个民族的精神。可以说，质量是经济发展的脉搏，是企业的生命，质量管理则是企业管理的核心。企业要在市场竞争中求生存、求发展，必须要加强质量管理，必须要有科学的经营理念和质量管理方法，GB/T 19000族标准是我国等同采用ISO 9000系列国际标准而制定的一组密切相关的质量体系和质量管理标准，它是质量管理的导则，是企业科学管理的指南，它为成功运作和领导一个组织提供了一种系统、透明、科学的管理方式，是当今世界较为先进的质量管理方式。学习、掌握GB/T 19000族标准基础知识和粮油质量管理相关规定及其技术规范，对提高企业的质量管理水平和检测技术水平，提高企业市场竞争力等都十分重要。

一、ISO 9000族标准和GB/T 19000族标准简介

（一）ISO 9000族标准

国际标准化组织（ISO）1987年发布ISO 9000系列标准，即ISO 9000《质量管理和质量保证标准——选择和使用指南》等6项国际标准，通称为ISO 9000系列标准。根据ISO有关规则，1994年国际标准化组织对此标准进行了第一次修订发布，提出了ISO 9000族标准概念，这样1994年ISO 9000族国际标准ISO 8402《质量管理和质量保证标准——选择和使用指南》扩展到16项。2000年又第二次修订，并发布了2000版ISO 9000族标准，国际质量管理机构已正式采用2000版ISO 9000族标准，其中核心标准有4项，即ISO 9000、ISO 9001、ISO 9004、ISO 19011；其他标准有1项，即ISO 10012；技术报告有6项，即ISO 10006、ISO 10007、ISO 10013、ISO 10014、ISO 10015、ISO 10017；另有两本小册

子：一是质量管理原理——选择和使用指南；二是小型企业的应用。

（二）GB/T 19000族标准

GB/T 19000族标准等同采用了2000版ISO 9000族标准，这是一组与质量管理体系有关的标准，又称2000版GB/T 19000族标准。这是我国吸收了世界范围内质量管理和质量体系认证实践的新进展和新成果，为了更好地满足使用者的需要和期望而制定的质量管理体系标准。这组系列标准的文件结构中，核心标准有4项，这4项标准是我国企事业单位进行质量管理和质量体系认证的主要依据。2008年，质量管理体系国家标准根据ISO 9000族标准的作了相应的修改和完善。GB/T 19000—2008在其基础知识方面，对其文字做了仔细的推敲，旨在更加准确地表达标准的意图；增加了合同、审核计划、审核范围三个重要的术语；对一些原有的术语做了文字或编排位置上的调整；为了区分不同的能力，对“能力”增加了新的注解内容。其中GB/T 19000—2008《质量管理体系基础和术语》、GB/T 19001—2008《质量管理体系　要求》、GB/T 19015—2008《质量管理体系　质量计划指南》三项修订后的国家标准已于2009年2月26日正式出版发行，其中GB/T 19001—2008《质量管理体系　要求》和GB/T 19000—2008《质量管理体系基础和术语》两项国家标准已分别于2009年3月1日、2009年5月1日实施。

GB/T 19000族《质量管理体系》国家标准的适时修订，适应了我国经济发展大局，为我国持续提高产品质量，不断增强产品安全性能，乃至以质量管理应对全球性的经济危机提供了有力的技术依据和管理模式，必将对广大企业产生重要的影响。

现将2008版GB/T 19000族标准简介如下。

1. GB/T 19000—2008《质量管理体系　基础和术语》

该标准表述了构成GB/T 19000族标准主体内容的质量管理体系的基础，并规定了质量管理体系相关术语。此标准适用于：

① 通过实施质量管理体系寻求优势的组织；

② 对供方能满足其产品要求寻求信任的组织；

③ 产品的使用者；

④ 就质量管理方面所使用的术语需要达成共识的人员和组织（如供方、顾客、监管理机构）；

⑤ 评价组织的质量管理体系或依据GB/T 19001的要求审核其符合性的内部或外部人员和机构（如审核员、监管机构、认证机构）；

⑥ 对组织质量管理体系提出建议或提供培训的内部或外部人员和机构；

⑦ 制定相关标准的人员。

2. GB/T 19001—2008《质量管理体系　要求》

本标准为有下列需求的组织规定了质量管理体系要求：

① 需要证实其具有稳定地提供满足顾客要求和适用的法律法规要求的产品的能力；

② 通过体系的有效应用，包括体系持续改进过程的有效应用，以及保证符合顾客要求和适用的法律法规要求，旨在增强顾客满意。

本标准规定的所有要求是通用的，旨在适用于各种类型、不同规模和提供不同产品的组织。通过组织有效地实施体系，包括质量管理体系、管理职责、资源管理、产品实现及测量、分析和改进，使顾客满意。

3. GB/T 19004—2008《质量管理体系　业绩改进指南》

该标准提供了改进质量管理体系业绩的指南，包括持续改进过程，提高业绩，使组织的顾客及其他相关方满意。

4. GB/T 19011—2003《质量和（或）环境管理体系审核指南》

该标准提供了审核质量管理体系和环境管理体系的基本原则、审核方案的管理、审核的实施以及对审核员资格要求等。

（三）2008 版 GB/T 19000 族标准的主要特点

1. 能适用于各种组织的管理和运作

2008 版 GB/T 19000 族标准使用了过程导向的模式，替代了以产品（质量环）形式过程为主线的 20 个要素，以一个大的过程描述所有的产品，将过程方法用于质量管理，将顾客和其他相关方的需要作为组织的输入，再对顾客和其他相关方的满意程度进行监控，以评价顾客或其他相关方要求是否得到满足。这种过程方法模式可以适用于各种组织的管理和运作。

2. 能够满足各个行业对标准的需求

2008 版 GB/T 19000 族标准简化了其本身的文件结构，取消了应用指南标准，强化了标准的通用性和原则性。

3. 简明扼要、通俗易懂、易于使用

GB/T 19001—2008《质量管理体系 要求》和 GB/T 19004—2008《质量管理体系 业绩改进指南》这两个标准都从管理职责，资源管理，产品实现，测量、分析和改进 4 个过程来展开阐述对质量管理体系的要求，角度不同、结构相似，方便了组织的选择和使用。在标准的术语部分，将分散的术语和定义，用概念图的形式，分为 10 个主题组，用分析与构造的方法，将有关概念之间的关系按逻辑关系将其前后连贯，以帮助使用者比较形象地理解各术语及其定义之间的相互作用和关系，并全面掌握它们的内涵。

4. 减少了强制性的形成文件的程序的要求

2008 版 GB/T 19000 族标准只明确要求建立针对 6 方面的活动制定程序文件，在确保控制的原则下，组织可以根据自身的需求决定制定多少文件；虽然它减少了文件的强制性要求，但却强调了质量管理体系有效运行，保证运行效果，从而体现 GB/T 19000 族标准注重组织的控制能力、证实能力和质量管理体系的实际运行效果，而不只是用文件化来约束组织的质量管理活动。

5. 将质量管理与组织管理过程联系起来

2008 版 GB/T 19000 族标准强调过程方法的应用，即系统识别和管理组织内所使用的过程，特别是这些过程之间的相互作用，将质量管理体系的方法作为管理过程的一种方法。

6. 强调对质量业绩的持续改进

2008 版 GB/T 19000 族标准将持续改进作为质量管理体系的基础之一。持续改进最终目的是提高组织的有效性和效率。它包括改善产品的特征、特性，提高过程有效性和效率。持续改进的基本活动包括：测量分析现状、建立目标、寻找解决办法、评价解决办法、实施解决方法、测量实施结果，必要时纳入文件等。

7. 强调持续的顾客满意是推进质量管理体系的动力

顾客满意是指顾客对某一事项已满足其要求和期望的程度的意见。这个定义的关键词是顾客的需求和期望。由于顾客的需求和期望在不断地变化，是永无止境的，因此顾客满意是相对的、动态的，这就促使组织持续改进其产品和过程，以达到持续的顾客满意。

8. 具有更好的兼容性

环境管理体系和质量管理体系两类标准的兼容性主要体现在定义和术语统一、基本思路和方法一致、建立管理体系的原则一致、管理体系运行模式一致以及审核标准一致等方面。

9. 强调了GB/T 19001标准作为要求标准和GB/T 19004标准作为指南标准的协调一致性，有利于组织的持续改进

GB/T 19001标准旨在为评定组织满足顾客要求、法律法规要求和组织自身要求能力提供依据。它规定了使顾客满意所需的质量管理体系的最低要求。提高组织效率的最好方法是在使用GB/T 19001标准的同时，使用GB/T 19004标准中所给出的原则和方法，使组织通过不断的改进，提高整体效率，增强竞争力。

10. 考虑了所有相关利益的需求

每个组织都会有几种不同的相关方，除顾客外，组织的其他相关方，包括组织的员工、所有者或投资者、供方或合作伙伴、社会等；针对所有相关方的需求实施并保持持续改进其业绩的质量管理体系，可使组织获得成功。

（四）GB/T 19000族标准提出的8项质量管理原则

为促进质量目标的实现，成功地领导和运作一个组织，并保持持续改进其业绩的管理体系，GB/T 19000—2008提出8项质量管理原则，以便管理者采用一种系统和透明的方式进行管理。8项质量管理原则如下。

1. 以顾客为中心

组织依存于其顾客，因此，组织应理解顾客当前和未来的需求，满足顾客要求，并争取超越顾客期望。

众所周知，顾客是企业生存的基础，企业在激烈的市场竞争中必须赢得顾客的满意，其产品才能在市场中占有更多份额，企业才有更多利润，因此，企业的各项工作应以顾客为中心来展开。在满足顾客基本要求的基础上，进一步提高顾客的满意度，力争达到给顾客一些意外的惊喜，才能使顾客对企业十分满意。

2. 领导作用

领导者将本组织的宗旨、方向和内部环境统一起来，并创造使员工能够充分参与实现组织目标的环境。

领导者是企业最高管理层决策者，在企业的质量管理中起着决定性的作用。为营造一个良好的环境，最高决策者应建立质量方针和质量目标，确保关注顾客要求，确保建立和实施一个有效的质量管理体系，使质量保证、质量管理的各项活动有效开展；这些领导的重视、支持、积极参与、提供资源、策划未来、激励员工、协调活动，创造使员工能够有充分参与的动力和环境，领导起到了十分关键的作用。

3. 全员参与

各级人员是组织之本，只有他们的充分参与，才能使他们的才干为组织带来最大的收益。全体员工是组织的基础，全员关注和参与质量活动，质量管理才能取得更好的效果。

4. 过程方法

将相关的资源和活动作为过程进行管理，可以更高效地得到期望的结果。任何利用资源并通过管理，将输入转化为输出的活动，均可视为过程。识别和管理组织所应有的过程，特别是这些过程之间的相互作用，就是“过程方法”。

过程方法的目的是获得持续改进的动态循环，并使组织的总体业绩得到显著的提高。

“PDCA”的方法即为：计划、实施、检查、处理循环办事，可适用于所有过程。

5. 管理的系统方法

针对设定的目标，识别、理解并管理一个由相互关联的过程所组成的体系，有助于提高组织的有效性和效率。

所谓系统，就是“相互关联或相互作用的一组要素”。系统的特点之一就是通过各分系统协同作用，互相促进，使总体的作用往往大于各分系统作用之和。

所谓系统方法，实际上可包括系统分析、系统工程和系统管理三大环节。在质量管理中采用系统方法，就是要把质量管理体系作为一个大系统，对组成质量管理体系的各个过程加以识别、理解和管理，以实现质量方针和质量目标。

6. 持续改进

持续改进是组织的一个永恒的目标，是“增强满足要求的能力的循环活动”。为了改进组织的整体业绩，组织应不断改进其产品质量，提高质量管理体系及过程的效率，以满足顾客和其他相关方日益增长和不断变化的需求与期望。只有坚持持续改进，组织才能不断进步。

7. 基本事实的决策方法

对数据和信息的逻辑分析或直觉判断是有效决策的基础。也就是说，决策需要领导者针对工作目标，用科学的态度，以事实或正确的信息为基础，通过合乎逻辑的科学分析，做出正确的决断。

8. 互利的供方关系

通过互利的关系，增强组织及其供方创造价值的能力。组织与供方的互依、互利的关系可增强双方创造价值的能力。随着生产社会化的不断发展，一个产品往往是通过多个组织分工协作来完成的。因此，绝大多数组织都有其供方。供方提供高质量的产品原料、元件，是组织为顾客提供高质量产品的保证之一。组织与供方的合作与交流是非常重要的。

二、全面质量管理

（一）全面质量管理的基本概念

全面质量管理是指一个组织以质量为中心，在全员参与和协作的基础上，通过质量体系的运行，不断改进其产品和服务质量、活动质量和目标质量，达到顾客满意，谋求长期经济效益和社会效益的一种管理。

① 全面质量管理所指的一个组织是具备自身职能和独立经营管理的企事业单位；

② 全面质量管理依靠的对象是企事业单位中的全体职工；

③ 全面质量管理强调全员参与、建立有效的质量体系，并不断改进；

④ 全面质量管理经营目标是不断地满足顾客（或用户）明文规定或隐含的需要；

⑤ 全面质量管理要达到的目的是谋求顾客、企业、职工、协作单位长期受益。

（二）全面质量管理的特点

1. 全面质量的管理

即把质量、成本、数量、交货期和服务有机地协调起来，进行综合管理，也就是要对企业中与产品质量直接和间接有关的所有部门都进行管理。

2. 全过程的管理

即包括产品质量形成的全过程。凡是对产品质量有影响的部门和工作，都要运用全面质量管理的思想和方法，做好预防、控制和改进工作。

3. 全员参加的管理

产品质量好坏，受到企业内部与产品质量有关部门工作的影响，涉及这些部门的全体人员。因此，从企业领导到每一个职工都要通过不同的形式参加质量管理活动，为提高产品质量做贡献。

4. 以用户为主的观点

衡量产品质量的好坏，不能单看是否符合技术标准，而应以用户的评价来衡量，按照用户需要的质量特性组织生产，也就是生产用户满意的产品。

5. 以预防为主的观点

要尽可能把故障消除在发生之前，通过工序控制、统计等手段，减少各环节产生不良品、不合格品，不要等待最终产品检验把关才发现问题。

6. 以数据说话的观点

全面质量管理强调用数据和事实来分析、处理和解决各种问题，对企业生产经营活动中的各种现象，都要经过调查并收集反映客观规律的各种数据进行分析整理，去粗取精，去伪存真，从中找出解决问题的着眼点，制定并采取有效措施加以解决。

7. 按 PDCA 循环办事的观点

P、D、C、A 分别是计划、实施、检查、改进的英文的第一个字母。

(1) P (Plan) 计划阶段　根据顾客的要求以社会经济效益为目标，通过市场研究，制定技术经济指标，研究设计质量目标，确定达到目标的具体措施和方法。

(2) D (Do) 实施阶段　按照已制定的计划和设计内容，认真扎实去实施，以实现设计质量。

(3) C (Chick) 检查阶段　对照计划和设计内容，检查执行情况和效果，及时发现设计和实施过程中的问题。

(4) A (Action) 改进阶段　总结经验，吸取教训，把肯定的东西纳入标准，进入新的 PDCA 循环。

三、粮油质量管理

(一) 粮油质量管理工作的重要性

中国是粮食生产和消费大国，粮食质量关系人民安康、社会稳定和经济发展。粮油质量管理工作直接关系国家、企业和消费者的利益。

1. 民以食为天

在计划经济时代，粮食比较短缺，粮食工作的重点是数量。改革开放以来，我国粮食供需情况发生了很大变化，粮食总量平衡，略有节余，人们迫切需要改善饮食结构和粮油食品质量。国以人为本，民以食为天，食以安为先，只有用全面质量管理的方式做好粮食生产、流通环节的质量管理工作，才能确保粮油食品质量安全。

2. 质量是企业的生命

市场经济规律告诉我们，市场的竞争是质量的竞争，是质量和效益的最佳结合。随着粮食流通体制改革的不断深化，粮油购销市场已全面放开，粮食经济已步入了市场经济轨道，粮油企业要在市场竞争中求生存、求发展，必须顺应市场经济规律，依靠质量取胜。企业要以粮食最终使用品质和最佳使用用途为目标，开展全面质量管理工作，在粮食品种、质量、安全上下工夫，争取质量和效益的最佳结合，使企业的粮油产品不但在国内市场畅销，而且在国际市场上占有更多份额，以促进我国农业经济快速发展。因此，加强粮油质量管理在市场经济中有着四两拨千斤的作用。

3. 加强粮油质量管理是依法治国的需要

粮食流通管理条例的发布，赋予了粮食行政管理部门质量管理的职责，明确了粮油质量管理工作的任务。粮食行政管理部门不但要对本部门经营的粮油质量监管负有行政职责，而且也承担对全社会粮食收购、储存和政策性粮油供应的粮食质量和原粮卫生进行监管的职责，并对全社会的粮油经营者做好粮油质量管理工作负有指导责任。

（二）做好粮油质量管理和检验工作

1. 强化质量意识，加强质量管理，加快质检体系建设

要做好粮油质量工作，首先要提高认识，统一思想，树立质量法制观念和强化全民质量意识，明确工作目标；其次，质量管理部门和质检机构按有关规定，建章立制，各行其职，依法行政，按章办事，牢固树立质量意识、服务意识，加强质量管理，积极开展科学的质量管理活动；第三，要加快质检体系建设，按国家有关规定建立、健全粮油质量管理和检测体系，并确保质量体系有效运行；第四，要领导带头，全员参与，从我做起，持续改进，开展全面的质量管理，充分发挥粮油质量管理和检验人员的重要作用，不断提高工作质量，努力做好粮油质量管理和检验工作。

2. 加强粮油企业质量管理工作

① 企业领导要成为企业产品质量和信用的第一责任者。

② 要健全以质量否决权为核心的责任制，加强技术基础工作，建立健全质量管理机构，认真宣传、贯彻 GB/T 19000—2008《质量管理体系　基础和术语》标准，建立有效的质量管理体系，大力推行科学的质量管理方法，继续深入推行全面质量管理。

③ 凡引进技术的产品，必须全部采用国际标准。凡新开发的产品，都必须有标准，没有标准的一律不准生产；提倡企业制定更为严格的内控产品标准。

④ 要严格执行标准和有关规定，促进产品质量不断提高。

⑤ 要加强产品质量检验工作，实施生产全过程的质量控制。

⑥ 定期对质检人员培训、考核，持证上岗，配备一定数量的专职质量检验员，配置满足产品检测要求的仪器、设备等设施，实验室要符合检验工作规定要求。

3. 粮油流通环节的质量管理

粮油收购、储存、加工、调运、销售各环节的质量管理和检验工作必须严格执行《农产品质量安全法》、《粮食流通管理条例》等法律、法规和有关规定，认真贯彻执行国家标准，严格管理、严格责任、确保粮油质量安全。具体应做好以下工作。

(1) 做好收购粮油品种、质量调查、品种品质测报工作　在粮油入库之前，要开展质量检验员培训，学习粮油国家标准和有关政策、规定，掌握政策，熟悉业务，做到对收购粮油准确验质、定等、作价；要组织专业人员，深入田间、晒场、农户家调查了解粮油品种、质量、卫生情况，并分区域、分类型、分品种进行抽样化验，对检测结果进行科学分析，并及时将检测结果、品种、质量信息提供给领导，反馈给基层收购站点，以便领导对当年粮食形势做出正确判断决策，为粮食购销企业确定合理的收购价格提供参考。

(2) 收购、储存环节的粮油质量管理　在粮油收购工作中，要动员群众对不符合国家质量标准的粮油进行整理，及时晒干扬净，整理合格后再出售。订单收购的粮油必须履行订单合同的质量、品种、价格等条款。

① 入库的粮油质量应符合安全储粮的质量要求，不符合安全储粮质量要求的，如高水分粮要及时整晒，以清除隐患，确保储粮安全；不得将高水分等不安全粮油入仓储存。要按

粮油品种、质量、新陈等情况分级储存，分别处理，防止混杂。粮食入库后，要及时组织储检人员进行全面的质量检查、检测，分仓、分垛、建立完整的质量信息档案，并定期检查粮情、粮质，做好记录。要积极采取措施，延缓粮油品质陈化，防止粮食发热、霉变、虫害等情况发生。

② 储备粮油质量必须要达到有关文件规定的质量要求，一般要求达国家标准规定的中等质量，并是当年新粮（油），储备粮油品种也必须是储备粮油计划规定的品种，不得擅自变动，并确保储备粮油数量真实。

③ 储粮场所严禁存放有毒有害、有异味或污秽的物品，以防污染粮食。对污染、霉变、不符合卫生标准的粮油，严禁食用，必须按规定妥善处理，对发生安全事故的应将事故情况和处理情况及时报告上级主管部门。

④ 粮油出库时，必须进行质量检验，并按国家粮食行政管理部门规定的统一格式准确填写粮油出库检验报告单。检验报告单（或复印件）要随货同行。

(3) 粮油调运质量管理 国家按政策、计划调运粮油时，调出方要坚持好粮外调的原则，一般调出粮油应不低于国家规定的中等质量水平；高水分粮、霉变粮、虫粮或不符合食品卫生标准的粮油，不准外调。要严格执行粮油运输、包装等有关标准、规定，加强粮油调运环节的质量管理，减少不必要的粮食损耗。粮油调运收发双方发生质量争执时，本着实事求是、互相谅解的原则，进行协商、会检或仲裁解决。

(4) 粮油加工产品质量管理

① 粮油加工要根据最终产品用途选择粮食品种，并结合工厂的实际情况，如工艺、设备、操作人员技术水平、场地条件等因素来考虑。从原粮到成品粮，加工的每个环节都离不开质量管理和检验。企业的合格产品来之于每个环节、每道工序的质量管理和检验的严格把关。粮油加工厂必须按照国家标准和生产工艺质量要求实行全面的质量管理，建立严密、协调、有效的质量保证体系。厂内检验机构要有独立行使监督、检验的职权，以保证产品质量符合国家质量标准和有关规定、符合贸易合同规定要求。

② 原料进厂时要进行抽样检验，如与原单位的检验结果不符，应以会检或仲裁结果为准；凡质量不符合加工工艺要求的原粮，加工厂有权拒绝接收和加工。

③ 在加工过程中，坚持依质定率的原则，在保证加工精度、提高纯度和符合卫生条件的前提下，提高出品率。每道工序的生产人员要严格遵守操作规程，并与检验人员密切配合，有效控制、掌握粮油制品和副产品的质量情况，一旦出现质量偏差，要立即查明原因，采取措施，确保产品质量符合要求。

④ 产品出厂前，由厂内质量检验机构进行抽样检验。凡不符合质量标准和食品卫生标准的产品，必须回机再加工或进行其他有效的工艺处理，直至合格后方能出厂，并由检验人员签发质量合格证。

(5) 粮油经营企业质量管理

① 经营企业在进货前应调查和掌握有关生产厂家的产品质量和信誉；进货时，对产品进行严格验收，确认产品的质量；门市部在销售成品粮油时，要附质量合格证。对于与合格证不相符及不合格的粮油，经营企业有权拒收，或者根据不合格情况实行降等或减价销售，但对人体健康有影响的粮油，不准以减价方式销售，应报有关主管部门妥善处理。

② 经营企业要切实做好粮油商品储存管理工作，尽可能保持原有的品质，严防污染、霉变。对已霉变污染的粮油要严格分开存放，防止扩大损失，并报上级粮食部门及时妥善处理。

③ 在粮油销售过程中，要陈列样品。接受群众监督，虚心听取群众意见，及时改进工作。如发现粮油霉烂变质或被异物污染，应立即停止供应；已售给群众的允许退换。严禁弄虚作假、以次充好继续销售。凡由于供应不合格粮油造成事故的单位或个人，要查明原因，追究相应的法律责任。

（三）粮油质量检验工作

1. 粮油质量检验是粮油质量管理不可分割的重要环节，是粮油质量体系的基础工作

质量检验结果是判断粮油质量是否合格的科学依据。因此，粮油质量检验工作十分重要。首先要加强质量检测体系的建设，形成国家、省、市、县四级粮油质检机构。其次，粮油经营企业应按国家规定，配备有资质的粮油检验人员，并有符合要求的实验室工作场所和满足产品检测要求的仪器、设备等。

2. 粮油质量检验工作是一项政策性和技术性强、涉及范围广的工作，牵涉到国家、企业、农民、消费者等各方面的利益

粮油质量检验人员必须严格贯彻执行国家质量标准和有关规定，每一个步骤都应严格按规程操作，工作程序按质量体系文件运行，确保检测数据的真实、可靠、准确、公正，这是粮油质量检验工作的重中之重。检验人员要忠于职守，秉公办事。检验时要认真操作，做好原始记录，要如实填写检验凭证，并对检验结果负责。

3. 做好粮油质量检验工作

对粮油质量进行监督检验的依据是粮油质量标准和粮油、食品卫生标准，采用的方法为国家统一颁布的粮油质量检验方法和食品卫生检验方法。

粮食质量检验机构要规范检验行为，严格检验规程和检验方法，依法对粮油质量进行检验，并对检验数据和检验结果负责。

4. 要认真贯彻执行粮油质量标准、食品卫生标准及有关规章制度，严格把好粮油质量关

对正常储存年限内的粮食的销售和出库，要进行粮食质量标准中各项指标检验；在储存期间使用过化学药剂并在残效期内的粮食，应增加药剂残留量检验；色泽气味不正常或有霉变发生的粮食，应增加相关卫生指标的检验。正常储存年限内的粮食的质量检验，可由粮食收购、储存企业自行检验，并出具检验报告，也可委托具有资质的粮食检验机构检验和出具检验报告。

粮食出库时，应当进行质量检验，出具质量检验报告，检验报告应当随货同行，报告有效期一般为3个月。检验报告中应当标明粮食品种、等级、代表数量、产地和收获年度等；检验报告样式应符合国家粮食行政管理部门的统一规定；检验报告复印件经销售方代表签字、加盖公章后生效。

第二章

粮油感官分析及检验结果计算

【本章主要内容】

感官分析

原始记录规范

有效数字及运算规则

第一节 感官分析

【学习要求】

▲ 通过学习，了解感官分析的任务、分类及感官分析的基础知识；

▲ 掌握感官分析常用方法。

一、概述

食品感官分析是利用人的内、外感觉器官和一定的方法，以语言、文字、符号作为分析数据，在一定的条件下对食品的感官质量特性（如色泽、风味、气味、组织结构、硬度等）进行评价的方法，其目的是为了评价食品的可接受性和鉴定食品质量。

人的内感觉器官是指人体内部能产生各种感觉的各类器官的总称；外感觉器官是指人们的五官和皮肤。此外，感官分析中并不排除某些感觉放大器使用的可能性，如放大镜、显微镜等，其目的是为了提高人的感官分辨能力。

（一）感官分析的发展

感官分析是随着粮油、食品加工业的形成而发展的。因粮油、食品的特殊性需要，对其质量的分析除了分析粮油、食品的安全性和理化指标外，还需对粮油、食品的外观可接受性进行客观的评价，即感官分析。最初这一工作是由一些感觉敏感、经验丰富且具有一定权威的专家担任。当专家们意见有分歧时，一般采取少数服从多数的简单方法得出最后的结果，这就是原始的感官评定。这种根据经验和权威性选择评价人员的方法弊病多，如不同人的感官和嗜好性及评价标准不同，往往导致判断结果误差大；专家的评定与普通消费者之间有一定的差异等。为了克服这些不足，使感官评定科学化，人们逐步将生理学、心理学和统计学等方面的成果引入到感官分析工作中，从而发展成为今天的现代感官分析。

一般认为现代感官分析始于20世纪40年代，它是继三角试验和差别法的发展而兴起的。至今已经历了几十年的发展，逐步形成了一个较为完善和规范化的学科。近几年来，随着计算机的普及和应用，使得感官分析的应用、结果处理更为方便、快速。随着电子技术、生物技术、仿生技术的发展，它必将得到进一步的完善和提高。

我国在引进、消化吸收国外一些感官分析方法的基础上，建立了较为系统的感官分析方法标准。

（二）粮油、食品感官分析的主要任务

(1) 市场调查　调查实际消费者和潜在消费者对粮油、食品感官质量的要求。

(2) 新产品的研究　对新产品的感官性质、接受性进行评价。

(3) 确定生产规范　分析比较操作人员、设备、原辅料、工艺、环境及时间对粮油、食品感官质量的影响程度，为制定原辅料、半成品和成品的感官质量标准及其相应的工艺标准和操作规程等提供依据。

(4) 为制定原辅料、半成品和成品的质量管理标准化提供依据。

(5) 商标和包装设计。

(6) 市场产品的检查及评优。

（三）粮油、食品感官分析的分类

粮油、食品感官分析根据粮油、食品质量特性的不同，分为分析型检查和偏爱型检查两类。粮油、食品的质量特性有两种类型，即粮油、食品的固有质量特性和粮油、食品的感官质量特性。前者不受人的主观影响而存在，例如，粮油、食品的色、香、味、形、质是粮油、食品本身所固有的，与人的主观变化无关，对粮油、食品固有质量特性的分析称为分析型感官评价；后者受人的感知程度与主观因素的影响，是依赖人的心理、生理的综合感觉去判别的，对粮油、食品感觉质量特性的分析称为偏爱型感官分析。

1. 分析型感官评定

这一类感官评定是将人的器官作为一种测量分析仪器来测定物品的质量特性或鉴别物品之间的差异等。如质量检验、产品评优等。

由于这类试验是将人作为仪器使用，因此为降低人们感觉之间的差异对评判结果的影响，提高实验的重现性，获得高精度的测定结果，进行此类试验应注意以下几点：

① 评价基准标准化，关键在于制作标准样本，使评价基准统一、标准化；

② 试验条件规范化；

③ 评价员经适当的选择和培训，使其维持在一定的水平。

2. 偏爱型感官分析

这一类试验以物品作为工具，来测定人的感官特性。如市场调查中的感官检验。

这类检验无需统一的标准和条件，而是依赖人们的生理和心理上的综合感受。

但这类试验易受人群（生活环境、风俗习惯、评判观点、知识水平、性别、人种、年龄等）的影响，因此在取得实验结果时必须要注意试验的群体，以避免错误地或不恰当地应用试验结果。

（四）粮油、食品感官分析与其他食品分析方法间的关系

由于感官分析是利用人的感官进行的试验，而人的感官状态很难保持稳定，受到环境、

自身、感情等很多因素的影响，致使感官分析结果不易量化，感官分析误差难以消除，感官分析不能精确确定粮油、食品的生物学价值，有时还不能确定引起某种感觉的真正原因。所以，人们一直在寻求用物理、化学手段来代替感官分析的途径，目前已经取得了一定的进展。许多年以前仅能用感官感知、语言描述的标准，现在可以用相应的理化方法来测定，使容易产生误差的语言表达转化为可用精确数字来表示的方式。例如，油脂色泽的测定，已由早期的语言描述发展到现今可以用比色计进行测量，用数据进行表示的方法。随着理化分析方法的发展，仪器制造业的突破，将逐渐有更多的理化方法与分析型感官分析相对应。那么是否随着当今多功能、高灵敏度、微机化的精密仪器的应用会降低感官分析的重要性，甚至取而代之呢？回答是否定的。一方面理化分析法操作复杂、费时费钱，不如感官分析法简单实用；另一方面，一般理化分析方法还达不到感官方法的灵敏度，并且仪器分析法在进行与粮油、食品香气、滋味有关的化合物分离时，容易发生分解、转化成另外的化合物等，更为重要的是，仪器分析方法判断粮油、食品感官质量的基础是人的感官检验。虽然许多仪器分析手段，如色谱分析、气相色谱-质谱联用分析技术、流变学特性分析用于研究粮油、食品的感官质量，但由于感官质量是反映粮油、食品与人的感觉器官的关系，那么最终感官质量的评定仍是以人的感官为基础进行最终的鉴别。总之，随着粮油、食品工业的发展，在粮油、食品的感官质量评定中，感官分析将会发挥越来越重要的作用。

二、感官分析的基础知识

（一）感觉的概念

1. 感觉

任何事物都是由许多属性组成的。如一块面包有色泽、形状、滋味、组织结构等属性。不同属性通过刺激不同感觉器官反映到大脑，从而产生不同的感觉。简言之，感觉是个别感官刺激效应。这些各种感觉的综合就能产生对一种物质的认识，即知觉。知觉是单一或多种感官效应所形成的整体意识。感觉虽是一种低级的反映形式，但它是外界信息输入大脑的基础和前提。

感觉的敏感性因人而异，受先天和后天因素的影响，在不利条件下，感觉的敏感性会降低或丧失。反之，如果人的某些感觉通过训练或强化则会得到特别的发展，使敏感性增大。如评价员的选择与培训就是据此进行的。

2. 感觉阈限

当外界事物刺激人的感觉器官时，必须要有适当的强度，刺激强度太大或太小均不能产生感觉。

感觉阈限是指从刚能引起感觉到刚好不能产生刺激强度的一个范围，可通过多次的试验得出。

敏感性是感觉器官感受、识别或区别一种或多种刺激的能力。

每种感觉既有绝对敏感性和绝对感觉阈限，又有差别敏感性和差别感觉阈限。

(1) 绝对感觉阈限　刚刚能引起感觉的最小刺激量和刚刚能导致感觉消失的最大刺激量，分别称为绝对感觉阈限的下限和上限。低于下限的刺激称为阈下刺激，高于上限的刺激称为阈上刺激。阈上刺激和阈下刺激均不能引起相应的感觉。如人眼仅对 380～780nm 之间的可见光产生感觉，而在紫外光区和红外光区均不能引起视觉。

(2) 差别感觉阈限　对刺激的强度可感觉到差别的最小值。

3. 感觉的基本规律

人的感觉器官在不同的感觉之间会产生一定的影响，有时发生相差作用，有时发生相抵效果。在同一类感觉中，不同刺激对同一感受器的作用又可引起感觉的适应、掩蔽、对比等现象。在感官分析中，对这种感官与刺激之间的相互作用、相互影响应引起充分的重视。

(1) 感官适应现象 由于受连续的或重复刺激而使感觉的敏感性暂时改变的现象。如："入芝兰之室，久而不闻其香；入鲍鱼之肆，久而不闻其臭"即是典型的嗅觉适应。一般情况下，强刺激的持续作用使敏感性降低，相反微弱刺激的持续作用会使敏感性提高。

(2) 对比效应 各种感觉都存在对比现象，如在舌头的一边舔上低浓度的食盐溶液，另一边舔上极淡的蔗糖溶液，即使蔗糖的浓度在阈下，也会感到甜味，即对比效应提高了对两个同时的或连续的刺激的差别的反应。在感官分析中应尽量避免对比效应的产生。如品尝每一种食品前都要彻底漱口。

(3) 协同效应和拮抗效应 协同效应是指两种或多种刺激的综合效应，它导致感觉水平超过预期的每种刺激各自效应的叠加，又称相乘效果。例如，在1%食盐溶液中添加0.02%谷氨酸钠，在另一份5%食盐溶液中添加0.02%的肌苷酸钠，二者分开品尝时，都只有咸味而无鲜味。但两者混合后再品尝就有强烈的鲜味。这就是谷氨酸钠和肌苷酸钠之间的协同作用。

与协同效应相反，拮抗效应也是两种或多种刺激的综合效应，但导致感觉水平低于预期的每种刺激各自效应的叠加，又称相抵效应。

(4) 掩蔽效应 由于同时进行两种或两种以上的刺激而降低了其中某种刺激的强度或使该刺激的感受发生改变。例如，当两个强度相差较大的声音同时传到双耳的，我们只能感觉到其中的一个声音。

(二) 感官分析的种类

按检验所利用的感觉器官，感官分析可分为视觉检验、嗅觉检验、味觉检验和触觉检验。

1. 视觉检验

通过被检验物作用于视觉器官所引起的反应来对粮油、食品进行评价的方法称为视觉检验。

在感官检验中，视觉检验占重要位置，几乎所有产品的检验都离不开视觉检验。在市场上产品能否得到消费者的欢迎，往往取决于"第一印象"——视觉印象。视觉检验即用肉眼观察粮油、食品的形态特征。如观察色泽可判定油脂的透明度，通过透光感可判断液态食品的清澈与混浊，把瓶装液体倒过来，可检验有无沉淀物和夹杂物，据此判断食品是否受到了污染或变质。如果面粉的色泽呈灰白色或深黄色、发暗、色泽不均，则可以判定该面粉为劣质面粉。在进行粮食不完善粒、杂质含量测定时，也需要通过视觉进行判定。

视觉检验不宜在灯光下进行，因为灯光会给粮油、食品造成假象，给视觉检验带来错觉。检验时应从外向里检验，先检验整体外形，再检查内容物，然后再给予评价。

2. 嗅觉检验

通过被检物作用于嗅觉器官而引起的反应来评价粮油、食品的方法称为嗅觉检验。

嗅觉是辨别各种气味的感觉。人的嗅觉非常灵敏，有时用一般方法和仪器不能检测出来的轻微变化，用嗅觉检验可以发现。如油脂开始酸败，其理化指标变化不大，但敏感的嗅觉可以觉察到哈喇味；微生物感染时，可明显地闻到一种霉味。

气味是由粮油、食品中散发出来的挥发性物质，它受温度的影响较大。温度低时挥发慢，气味轻；反之则气味浓。因此，在进行嗅觉检验时，可把样品稍加热，或取少许样品于洁净的手掌上摩按，再嗅验。

嗅觉器官长时间受气味浓的物质的刺激会感到疲劳，灵敏度降低，因此，检验时应按轻气味到浓气味的顺序进行，检验一段时间后，应休息一会儿。

3. 味觉检验

通过被检物作用于味觉器官所引起的反应来评价粮油食品的方法称为味觉检验。

味觉是由舌面和口腔内味觉细胞（味蕾）产生的，基本味觉有酸、甜、苦和咸四种，其余味觉都是由基本味觉组成的混合味觉。味觉还与嗅觉、触觉等其他感觉有联系。味蕾的灵敏度与粮油、食品的温度有密切关系，味觉检验的最佳温度为20～40℃，温度过高会使味蕾麻木，温度过低也会降低味蕾的灵敏度。

味觉检验前不要吸烟或吃刺激性较强的食物，以免降低感觉器官的灵敏度。检验时取少量被检食品放入口中，细心品尝，然后吐出（不要咽下），用温水漱口。若连续检验几种样品，应先检验味淡的，后检验味浓的，且每品尝一种样品后，都要用温水漱口，以减少相互影响。对已有腐败迹象的粮油、食品，不要进行味觉检验。

4. 触觉检验

通过被检物作用于触觉感受器官所引起的反应来评价食品的方法称为触觉检验。

触觉检验主要是借助手、皮肤等器官的触觉神经来检验某些粮油、食品的弹性、韧性、紧密程度和稠度等，以鉴别其质量。如对谷物可以抓起一把，凭手感评价其水分；对面包按压，根据它的弹性可判断其品质和新鲜程度。此外，在品尝粮油、食品时，除了味觉外，还有脆性、黏性、弹性、硬度、冷热、油腻性和接触压力等触感。

进行感官检验时，通常先进行视觉检验，再进行嗅觉检验，然后进行味觉检验及触觉检验。

三、感官分析基本要求

（一）评价员的选择

1. 评价员的种类

评价员是指参加感官分析的人员。如前所述，感官分析根据不同的目的，可以分为两大类，即分析型感官分析与偏爱型感官分析。因此，从事感官分析的评价员也相应分为分析型评价员和偏爱型评价员。

分析型评价员的任务是检出样品与标准之间，或样品与样品之间的差异，以及差异的程度和客观评价样品特性等工作。具体如下：

① 分析影响粮油、食品感官质量的各种因素；

② 为制定原辅料、半成品、成品的感官质量标准，确定工艺流程、工艺参数、操作规程及开发新产品、改进质量等提供信息；

③ 判断工艺是否处于受控状态，原辅料、半成品、成品是否符合感官质量标准。

理化分析的精度在很大程度上取决于检测仪器的先进水平；感官分析的精度则在很大程度上取决于评价员的素质。评价员感官分析的经验或接受培训的程度都会对分析结果产生很大的影响，因此需要专门的选择与培训。

2. 评价员的基本条件

① 具有从事感官分析的兴趣，这是选择评价员的前提条件。

② 身体健康，不能有任何感觉方面的缺陷。

③ 各评价员之间及评价人员本人要有一致的和正常的敏感性。哪怕是微小的刺激与变化，也能感知和鉴别。

④ 个人卫生条件（状况）较好。

⑤ 具有所检验产品的专业知识，并对所检验的产品无偏见。应确定评价员对某些产品有无厌恶感，尤其是对将来可能被评价的产品，避免检验结果的偏向性。

⑥ 感觉器官不易疲劳。在对粮油、食品重复检验时，有再次复现原结果的能力。

为了保证评价质量，要求评价员在感官分析期间具有正常的生理状态。在分析期间不能饥饿或过饱，在检验前 1h 内不抽烟，不吃东西，但可以喝水，不使用有气味的化妆品。身体不适时不能参加评价工作。

除以上基本条件外还要求评价员有一定的表达和描述能力及一定的理解和分析能力。

3. 评价员的选择与培训

选择评价员时应在评价产品的真实环境中进行。以将要评价的产品作为检验样品，检验方法应与评价员将要使用的检验方法一致，经过重复操作、选择正确回答比例高的人员，并判断其水平。对于评价员应进行定期考核。

筛选检验可在以下三个基础上进行：

① 确定是否有感觉缺陷；

② 确定感官灵敏度；

③ 估计评价员描述和表达感官知觉的潜在能力。

对此敏感性检验常被用于选择与培训评价员。具体方法如下。

(1) 阈检验 用于确定评价员的不同阈值。例如，刺激阈、识别阈、差别阈和最大阈。

① 刺激阈 又称觉察阈，是指引起感觉所需要的感官刺激的最小值。这时不需要识别出是一种什么样的刺激。

② 识别阈 感知到的可以对感觉加以识别的感官刺激的最小值。

③ 差别阈 可感知到的刺激强度差别的最小值。

④ 最大阈 一种强烈的感官刺激的最小值，超过此值则不能感知刺激强度的差别。

(2) 稀释检验 用于确定可感觉到的混入粮油、食品中的其他物质的最低量。

(3) 评价员培训内容

① 学习评价员工作规则。

② 熟悉感官试验常用的方法、要求和注意事项。

③ 熟悉评价程序。检验样品的次序为：外观→气味→风味→质地。评价气味应注意吸气要短而浅，不能长而深。吸气次数不要过多，以免嗅觉混乱和疲劳。

④ 熟悉常遇的气味、滋味及有关的评价尺度和描述方法。

（二）检验的物理条件

1. 环境

试验环境条件在感官分析中所处的地位是不可低估的。感官分析应在专门的检验室内进行。理想的感官评定室应由试验区、样品制备区、休息区、洗涤室及办公室五部分组成。制备区和检验区是最基本的组成部分，二者要分开。试验区应设在比较安静的环境内，噪声小，应低于40dB；恒温恒湿，温度为21～25℃，相对湿度为60%；换气要充分，避免残留气味的干扰；应控制光的色彩和强度。检验室空间不宜太小。应给评价员创造一个安静、舒适的环境。

2. 器具与用水

与样品接触的容器应表面无吸附性，并对检验结果无影响。通常使用的容器应方便、清洁、白色或无色，并确保其无味、无臭。所有重复使用的用具和器皿必须彻底冲洗干净并消毒，外观上应一致，不影响评价员的判断，应尽量使用已规定的标准化的容器。

感官分析用水质量要保证，可使用蒸馏水、矿泉水、过滤水或凉开水。

3. 被检样品

被检样品是被检产品的一部分。

(1) 抽样 应按有关的抽样标准进行抽样，在无标准的情况下，有关方面应协商一致，最重要的是要使被检样品具有代表性，以保证抽样结果的合理性。

(2) 样品的制备 总的原则是保证提供给检验人员的样品要均匀，数量适当，并能充分反映产品的性能。

样品的制备方法应根据样品本身的情况以及所关心的问题来定。

样品制备时的温度应遵循以下原则：

① 温度应是试验食物最好吃时的温度；

② 易检出品质间差异的温度；

③ 易在试验中保持的温度；

④ 不易产生感官疲劳的温度；

⑤ 不使样品变性的温度。

在样品量上，同次试验提供给评价员的样品应尽可能一致，至少相差不明显。样品量要适中。过少，不足以满足要求；过多，会导致疲劳。

还应注意片状产品检验时不应将其均匀化，但应尽可能使分给每位评价员的同种产品具有一致性。

对于风味作差别检验时，应掩蔽其他特性，以避免可能存在的交互作用。样品制备过程中应保持食品的风味，不受外来气味和味道的影响。

对于那些不适合直接品尝的产品，检验时应使用某种载体进行稀释。理想的载体应没有强的风味，不影响样品性质。

(3) 样品的分发 样品应先编码，最好使用随机的3位数字编码，并随机地分发给评价员，避免因分发次序的不同而影响评价员的判断。在同次试验中，每位评价员的样品编码最好各不相同，以防评价员之间相互讨论。

一次评价样品数目不宜过多，具体数目将取决于检验的性质及样品的类型。评价样品时要有一定的时间间隔，以防止评价员产生疲劳和适应性。

制备样品的工作人员在工作时，不能使用有浓烈气味的化妆品和洗涤剂。

周一、周末、刚上班或快下班时不宜进行感官试验，一般选在饭后2～3h内进行，因为这时评价员的敏感性较高，避免过饱或者饥饿状态。

(三) 检验方法

1. 方法的选择

在选择适宜的方法之前，首先要明确检验的目的。一般检验的目的有两种：一种是描述产品；另一种是区分两种或多种产品，包括确定差别、确定差别的大小、确定差别的方向和确定差别的影响。

当检验目的确定后，还要考虑置信度、样品的性质以及评价员等因素。

2. 检验方法的分类

感官分析的试验方法很多，根据试验目的可分为以下三类。

(1) 差别检验　两种或两种以上样品进行比较的检验方法，用以确定两种或两种以上的样品之间就某一个指标或数个指标或综合评价方面是否存在感官差异，以得出样品之间是否存在显著差异的结论。其结论的分析评判要用到统计学上的检验方法。

(2) 标度和类别检验　用于估计差别的顺序或大小，或者样品应归属的类别或等级。在使用该检验时，要求评价员对两个以上的样品进行评价，并回答哪个样品好，哪个样品差，它们之间的差异大小等。

(3) 分析或描述性检验　描述性检验是检验人员用合理的、清楚的文字对粮油、食品的某些指标作准确的描述，以评价粮油、食品质量的方法。描述检验有颜色描述、外观描述、风味（味觉、气味）描述、组织（硬度、黏度、脆度、弹性和颗粒性等）描述和定量描述。

进行描述性检验时，先根据不同的感官检验项目（风味、色泽和组织等）和不同特性的质量描述制定出分数范围，再根据具体样品的质量情况给予合适的评分。

四、感官分析常用方法

本教材只介绍差别检验、标度和类别检验。

（一）差别检验

差别检验是感官分析中应用最多的一类试验，主要有成对比较检验、三点检验、二-三点检验、五中取二检验和“A”-“非 A”检验五种类型。这里主要介绍前三种类型。

1. 成对比较检验

(1) 方法简述　该方法是为了在某些规定的特性基础上进行比较，而成对地给出样品的一种差别检验方法。样品对中，一个样品来自于样品 A，另一个样品来自于样品 B，即被检验的成对样品是 AB 或 BA，而不是 AA 或 BB。

检验时把样品成对地提供给评价员，检验多对样品时，每次仅提供一对。要求评价员回答：每对样品中哪个更……，如甜，两个样品中更喜欢哪一个。前者是关于两种样品之间具体差别的方向及确定这种方向，后者是关于偏爱两种样品中的哪一种。

在检验中，为避免使评价员从提供样品的方式中得出有关样品性质的结论，可随机选取 3 位数组成样品编码，而且每位评价员之间所得的样品编码应尽量不重复。

(2) 方法的特点及应用　该方法具有简单、评价员不易产生疲劳等优点。适合于确定两样品之间是否存在某种差别，差别的方向如何；确定是否偏爱两种样品中的某一种（即偏爱型检验）。另外还可用于选择与培训评价员。但在样品数目较多时，两两配对，样品量会变得非常庞大。因此，该法不适合大批样品的检验。在给出的结果上是样品间的相对好坏。

(3) 结果分析　成对比较检验的数据处理可通过查表法得出概率值，再与显著性水平（一般取值 0.05）比较后得出结论。

例如，用两点检验法对两种配方的面包进行口感检验，样品编码一个为 A，另一个为 B。

回答表参考例

姓名＿＿＿＿＿　组＿＿＿＿＿　　＿＿年＿＿月＿＿日

1. 请评价您面前的两个样品，两个样品中哪个更松软适口，请在空格上填入适当的样品编码。

＿＿＿＿＿样品更松软适口

2. 两个样品中您更喜欢哪一个？　　更喜欢＿＿＿＿＿＿＿＿

3. 请说出您选择的理由。

结果分析：有效问答表数为30。问题1为差别检验，统计有效问题表样品A的正解数为19。查表2-1（二项分布显著性表），19＜21（双边），19＜20（单边），即两种样品在5%显著水平没有显著差别。问题2为偏爱检验，样品A的正解数为20，即有20人偏爱A，10人偏爱B。在没有理由认为A或B应被偏爱时，即检验是双边的时，查表2-1（双边），则样品A的正解数20＜21，即得出这两种面包没有哪一种更被偏爱的结论。另外，如果有先验知识，A被偏爱，则该检验是单边的，查表2-1（单边），则A的正解数等于表中数据20，说明在5%显著水平时，对A产品有明显的偏爱。

表 2-1　二项分布显著性（$\alpha=5\%$）

评价员数	成对比较试验（双边）	三点检验	二-三点检验和成对比较试验（单边）	五中取二检验
5	—	4	5	3
6	6	5	6	3
7	7	5	7	3
8	8	6	7	3
9	8	6	8	4
10	9	7	9	4
11	10	7	9	4
12	10	8	10	4
13	11	8	10	4
14	12	9	11	4
15	12	9	12	5
16	13	9	12	5
17	13	10	13	5
18	14	10	13	5
19	15	11	14	5
20	15	11	15	5
21	16	12	15	6
22	17	12	16	6
23	17	12	17	6
24	18	13	17	6
25	18	13	18	6
26	19	14	18	6
27	20	14	19	6
28	20	14	19	7
29	21	15	20	7
30	21	15	20	7
31	22	16	21	7
32	23	16	22	7

续表

评价员数	成对比较试验（双边）	三点检验	二-三点检验和成对比较试验(单边)	五中取二检验
33	23	17	22	7
34	24	17	23	7
35	24	17	23	8
36	25	18	24	8
37	25	18	24	8
38	26	19	25	8
39	27	19	26	8
40	27	19	26	8

2. 三点检验

(1) 方法简述 向评价员同时提供一组3编码的样品，并说明其中有2个是相同的，要求评价员选出其中的单个样品。为保证3个样品排列的顺序出现的次数相等，可采用以下的6个组合：

BAA　ABA　AAB　ABB　BAB　BBA

(2) 方法特点和应用 该法适用于检验差别微小的2个样品或分析人员较少的场合，也可用来选择、培训和考核评价员。但在评价大量样品时不经济，易产生疲劳效应。另外，两种完全一致的样品难于保证。该法不适于偏爱型检验。

(3) 结果分析 例如，用三点检验法判断2批花生油在气味、滋味、色泽等方面是否有差别，评价人员10人，A：第一批花生油；B：第二批花生油。

方法：把10名评价员分为2组，每组各5人，把A、B试样随机排列组合成2组（如ABB和AAB)，并分发给两个分析组，让评价员选出第一批花生油味。评价结果见表2-2。

表 2-2 评价结果

试料组合	N_1 或 N_2	正解数
ABB	5	5
AAB	5	2
合计	10	7

因为正解等于7，与表2-1的临界值正好相等。因此，在5%显著水平上，可以得出两批花生油在感官质量上有差异的结论。

3. 二-三点检验

(1) 方法简述 先将对照样提交给分析人员，让分析人员对其特征充分记忆后，再提供2个已编码的样品，其中有一个与对照样相同，要求评价员选出与对照样相同的样品。

(2) 方法特点和应用 该方法实际上仍是成对比较，常用于成品检验，确定被检样品与对照样之间是否存在差异。在评价员很熟悉对照样的情况下该法更适宜。

(3) 结果分析 例如，在有30名评价员参加的检验中，有22张表回答正确。查表2-1临界值为20，正确答案>20。那么在5%显著水平上，2种样品可以被区分。

（二）标度和类别检验方法

标度和类别检验方法主要有排序、分类、评分等几种类型。这里分别介绍排序法和评分法。

1. 排序法

比较数个样品，按指定指标的强度或程度排列一系列样品的分类方法。这种方法只将样品排定次序而不估计样品之间差别的大小。

(1) 方法简述 检验之前，评价员对被评价的指标、准则和要求要有一致的理解。例如，对哪些特性进行排列，在评价气味之前要先摇晃等。检验时，评价员得到全部被检样品后，按规定的要求将样品排成一定顺序，然后再做进一步的调整，并限制在规定时间内完成。进行感官刺激的评价时，可以让评价员在不同的评价之间使用水、淡茶或无味面包等，以恢复原感觉。

(2) 方法的特点及应用 此检验方法可用于消费者的可接受性检验及确定偏爱的顺序，选择产品；确定由于不同原料、加工、处理、包装、储藏等环节对产品感官特性造成的影响。另外，在对样品做更精细的感官分析之前，可先用此法进行筛选检验。

(3) 结果分析 排序检验法的结果分析方法较多，常用的有秩和检验法及查表法两种，又以查表法具有统计过程比较简单的特点而广泛应用。但其准确度不如秩和检验法。

注： 秩次：观察值由小到大排列后得到的秩序号，当几个数据大小相同时，取平均秩次作为其秩次。

秩和：用秩次代替原始数据求和得到。

秩和检验：用秩和进行假设检验的方法。

查表法举例：

顺序检查问答表例

姓名：__________ 日期：__________ 产品：__________

请根据您的评定结果，将它们的编码按照颜色由浅至深向右排列起来

颜色最浅————————————→最深

□ □ □ □

首先将每一检验中的每一个特性和每个评价员对每个特性的评价记录下来，以秩次表示样品在每个答案表中所排列的次序。

有 A、B、C、D 4 个样品，6 个评价员的评价结果汇总于表 2-3。

表 2-3 实验结果汇总

评价员 \ 样品 \ 秩次	1	2	3	4
1	A	B	C	D
2	B=C	A	D	
3	A		B=D=C	
4	A	B	D	C
5	A	B	C	D
6	A	C	B	D

当每个评价员对每个样品排出的秩和中有相同秩次时，用等号表示，计算时取平均秩次。转换成表 2-4。

表 2-4 各样品的秩次

评价员 \ 秩次 \ 样品	A	B	C	D	秩和
1	1	2	3	4	10
2	3	1.5	1.5	4	10
3	1	3	3	3	10
4	1	2	4	3	10
5	1	2	3	4	10
6	1	3	2	4	10
每个样品的秩和 R_p	8	13.5	16.5	22	60

根据评价员人数（6 人）和样品数（4 个）查顺序检验法检查表（表 2-5）。5%显著水平时临界值为：

上段　9～21　$\min R_i=9$　$\max R_i=21$

下段　11～19　$\min R_i=11$　$\max R_i=19$

① 上段用于检验样品间是否有显著差异。首先把每个样品的秩和 R_p 和上段的最大值 $\max R_i$ 和最小值 $\min R_i$ 相比较，如果所有样品的秩和都在上段的范围内则接受原假设，即样品间没有显著差异；若样品秩和$\geqslant\max R_i$或$\leqslant\min R_i$，那么就可以说明样品间有显著差异。如本例 $R_D=22>\max R_i=21$，$R_A=8<\min R_i=9$，可以说明在 5%显著水平这 4 个样品之间有显著差异。

② 下段用来检验样品间的差别程度。当利用上段鉴定样品间有差别之后，可进行下段检验。

如果有几个样品的秩和 R_p 在下段范围之内，那么这几个样品就可以归为一组，表明组内样品间无显著性差异。

如果某样品的秩和落在下段范围之外，又分落在上限之外和在下限之外。在上限之外即 $R_p\geqslant\max R_i$ 可分为一组；在下限之外，即 $R_p\leqslant\min R_i$ 可分为一组。组内样品无显著差异，本例中 R_B 和 R_C 分别为 13.5 和 16.5，落在下段范围 11～19 内，可分为一组；$R_A=8<\min R_i=11$，因此，样品 A 单独为一组；$R_D=22>\max R_i=19$，样品 D 单独为一组。因此，A、B、C、D 4 个样品可分为 D、BC、A 三组。

2. 评分法

评分法是最常用的一种粮油、食品感官分析方法。要搞好粮油、食品感官质量的评分，并非易事。首先要有一个好的评分标准；二是要有较高水平的评价员；三是评分程序要合理；四是评分结果的处理办法要先进。

(1) 评分法分类　粮油、食品感官分析中采用的评分方法大致分为 3 种。

① 直接评分法　此法先将产品中需要做感官分析的项目一一列出，然后按其性质与内容的主次关系进行归并。性质相互独立不能归属的主要项目称为“母项”，从属于母项的各项内容称为“子项”。从而组成感官分析的指标体系。

将产品各母项均能完全符合评分标准的评分之和定为 100 分。各母项按其在产品质量中的地位分别赋以不同的分值 X。例如，某产品感官分析的母项有 A、B、C、D 4 项，每个母项的分值为 40、24、20、16，显然，$\sum X_i=40+24+20+16=100$。对于子项，同样按其在母项中的地位，分别赋予分值。如 A 项的满分值为 40，它由 a、b、c、d 4 个子项组成，赋予子项的分值分别为 15、12、8、5，故有 15+12+8+5=40。

表 2-5 顺序检验法检查表（$\alpha=5\%$）

评价员数（J）	样品数（P）													
	2	3	4	5	6	7	8	9	10	11	12	13	14	15
2	…	…	…	…	…	…	…	…	…	…	…	…	…	…
	…	…	…	3～9	3～11	3～13	4～14	4～16	4～18	5～19	5～21	5～23	5～25	6～26
3	…	…	…	4～14	4～17	4～20	4～23	5～25	5～28	5～31	5～34	5～37	5～40	6～42
	…	4～8	4～11	5～13	6～15	6～18	7～20	8～22	8～25	9～27	10～29	10～32	11～34	12～36
4	…	5～11	5～15	6～18	6～22	7～25	7～29	8～32	8～36	8～40	9～43	9～47	10～50	10～54
	…	5～11	6～14	7～17	8～20	9～23	10～26	11～29	13～31	14～34	15～37	16～40	17～43	18～46
5	…	6～14	7～18	8～22	9～26	9～31	10～35	11～39	12～43	12～48	13～52	14～56	14～61	15～65
	6～9	7～13	8～17	10～20	11～24	13～27	14～31	15～35	17～38	18～42	20～45	21～49	23～52	24～56
6	7～11	8～16	9～21	10～26	11～31	12～36	13～41	14～46	15～51	17～55	18～60	19～65	19～71	20～76
	7～11	9～15	11～19	12～24	14～28	16～32	18～36	20～40	21～45	23～49	25～53	27～57	29～61	31～65
7	8～13	10～18	11～24	12～30	14～35	15～41	17～46	18～52	19～58	21～63	22～69	23～75	25～80	26～86
	8～13	10～18	13～22	13～27	17～32	19～37	22～41	24～46	26～51	28～56	30～61	33～65	35～70	37～75
8	9～15	11～21	13～27	15～33	17～39	18～46	20～52	22～58	24～64	25～71	27～77	29～83	30～90	32～96
	10～14	12～20	15～25	17～31	20～36	23～41	25～47	28～52	31～57	33～63	36～68	39～73	41～79	44～84
9	11～16	13～23	15～30	17～37	19～44	22～50	24～57	26～64	28～71	30～78	32～58	34～92	36～99	38～106
	11～16	14～22	17～28	20～34	23～40	26～46	29～52	32～58	35～64	38～70	41～76	45～81	48～87	51～93
10	12～18	15～25	17～33	20～40	22～48	25～55	27～63	30～70	32～78	34～86	37～93	39～101	41～109	44～116
	12～18	16～24	19～31	23～37	26～44	30～50	33～57	37～63	40～70	44～76	47～83	51～89	54～96	57～103
11	13～20	16～25	19～36	22～44	25～52	28～60	31～68	34～76	36～85	39～93	42～101	45～109	47～118	50～126
	14～19	18～26	21～34	25～41	29～48	33～55	37～62	41～69	45～67	49～83	53～90	57～97	60～105	64～112
12	15～21	18～30	21～39	25～47	28～56	31～65	34～74	38～82	41～91	44～100	47～109	50～118	53～127	56～136
	15～21	19～29	24～36	28～44	32～52	37～59	41～67	45～75	50～88	54～90	58～98	63～105	67～113	71～121
13	16～23	20～32	24～41	27～51	31～60	35～69	38～79	42～88	45～98	49～107	52～117	56～126	59～136	62～146
	17～22	21～31	36～39	31～47	35～56	40～64	45～72	50～80	45～89	59～97	64～105	69～113	74～121	78～130

续表

评价员数(J)	样品数(P) 2	3	4	5	6	7	8	9	10	11	12	13	14	15
14	17～25	22～34	26～44	30～54	34～64	38～74	42～84	46～94	50～104	54～114	57～125	61～135	65～145	69～155
	18～24	23～33	28～42	33～51	38～60	44～68	49～77	54～86	59～95	65～103	70～112	75～121	80～130	85～139
15	19～26	23～37	28～47	32～58	37～68	41～79	46～89	50～100	54～111	58～122	63～132	67～143	71～154	75～165
	19～26	25～35	30～45	36～54	42～63	47～63	53～82	59～91	64～101	70～110	75～120	81～129	87～138	92～148
16	20～28	25～39	30～50	35～61	40～72	45～83	49～95	54～106	59～117	63～129	68～140	73～151	77～163	82～174
	21～27	27～37	33～47	39～57	45～67	51～77	57～87	63～97	69～107	75～117	81～127	87～137	93～147	100～156
17	22～29	27～41	32～53	38～64	43～76	48～88	53～100	58～112	63～124	68～136	73～148	78～160	83～172	88～184
	22～29	28～40	35～50	41～61	48～71	54～82	61～92	67～103	74～113	81～123	87～134	94～144	100～155	107～165
18	23～31	29～43	34～56	40～60	46～80	51～93	57～105	62～118	68～130	73～143	79～155	84～168	90～180	95～193
	24～30	30～42	37～53	44～64	51～75	58～86	65～97	72～108	79～119	86～130	93～141	100～152	107～163	114～174
19	24～33	30～46	37～58	43～71	49～84	55～97	61～110	67～123	73～136	78～150	84～163	90～176	96～189	102～202
	25～32	32～44	39～56	47～67	54～79	62～90	69～102	76～114	84～125	91～137	99～148	106～160	114～171	121～183
20	26～34	32～48	39～61	45～75	52～88	58～102	65～115	71～129	77～143	83～157	90～170	96～184	102～198	108～212
	26～34	34～46	42～58	50～70	57～83	65～95	73～107	81～119	98～131	97～143	105～155	112～168	120～180	128～192
21	26～37	32～52	38～67	45～81	51～96	57～111	63～126	69～141	75～156	82～170	88～185	94～200	100～215	106～230
	26～37	33～51	41～64	48～78	55～92	68～105	70～119	78～132	85～146	92～160	100～173	107～187	115～200	122～214
22	27～39	34～54	40～70	47～85	54～100	60～116	67～131	74～146	80～162	86～178	93～193	99～209	106～224	112～240
	28～38	35～53	43～67	51～81	58～96	66～110	74～124	82～138	90～152	98～166	106～180	113～195	121～209	129～223
23	28～41	36～56	43～72	50～88	57～104	64～120	71～136	78～152	85～168	91～185	98～201	105～217	112～233	119～249
	29～40	37～55	45～70	53～85	62～99	70～114	78～129	86～144	95～158	103～173	111～188	119～203	128～217	136～232
24	30～42	37～59	45～75	52～92	60～108	67～125	75～141	82～158	89～175	96～192	104～208	111～225	118～242	125～259
	30～42	39～57	47～73	56～88	65～103	78～119	80～134	91～149	99～165	108～180	117～195	126～210	134～226	143～241
25	31～44	39～61	47～78	55～95	63～112	71～129	78～147	86～164	94～181	101～199	109～216	117～233	124～251	132～268
	32～43	41～59	50～75	59～97	68～107	77～123	86～139	95～155	101～171	113～187	123～202	132～218	141～234	150～250

续表

评价员数(J)	样品数(P)													
	2	3	4	5	6	7	8	9	10	11	12	13	14	15
26	33～45	41～63	49～81	57～99	66～116	74～134	82～152	90～170	98～188	106～206	114～224	122～242	130～260	138～278
	33～45	42～62	52～78	61～95	71～111	80～128	90～144	100～160	109～177	119～193	128～210	138～226	147～243	157～259
27	34～47	43～65	51～84	60～102	69～120	77～139	86～157	94～176	103～194	111～213	120～231	128～250	137～268	145～287
	35～46	44～64	54～81	64～98	74～115	84～132	94～149	104～166	144～183	124～200	134～217	144～234	154～251	164～268
28	35～49	44～68	54～86	63～105	72～124	81～143	90～162	99～181	108～200	116～220	125～239	134～258	143～277	152～296
	36～48	46～66	56～84	67～101	77～119	88～136	98～154	108～172	119～189	129～207	140～224	150～242	161～259	171～277
29	37～50	46～70	56～89	65～109	75～128	84～148	94～167	103～187	112～207	122～226	131～246	140～266	149～286	158～306
	37～50	48～68	59～86	69～105	80～123	91～141	102～159	113～177	124～195	135～213	145～232	156～250	167～268	178～286
30	38～52	48～72	58～92	69～112	78～132	88～152	97～173	107～193	117～213	127～233	136～254	146～274	155～295	165～315
	39～51	50～70	61～89	72～108	83～127	95～145	106～164	117～183	129～201	140～220	151～239	163～257	174～276	185～295
31	39～54	50～74	60～95	71～115	81～136	94～157	101～178	112～198	122～219	132～240	142～261	152～282	162～303	172～324
	40～53	51～73	63～92	75～111	86～131	98～150	110～169	122～188	133～208	145～227	157～246	169～265	180～285	192～304
32	41～55	52～76	62～98	73～119	84～140	95～161	105～183	116～204	126～226	137～247	147～269	158～290	168～312	179～333
	41～55	53～75	65～95	77～115	65～134	102～154	114～174	126～194	138～214	151～233	163～253	175～273	187～293	199～313
33	42～57	53～79	65～100	76～122	87～144	98～166	109～188	120～210	131～232	142～254	153～276	164～298	174～321	185～343
	43～56	55～77	68～97	80～118	93～138	105～159	118～179	131～199	143～220	156～240	169～260	181～281	194～301	206～322
34	44～58	55～81	67～103	78～126	90～148	102～170	113～193	124～216	136～238	147～261	158～284	170～306	181～329	192～352
	44～58	57～79	70～100	83～121	96～142	109～163	122～184	135～205	148～226	161～217	174～268	187～289	201～309	214～330
35	45～60	57～83	69～106	81～129	93～152	105～175	117～198	129～221	141～244	152～268	164～291	176～314	187～338	199～361
	46～59	59～81	72～103	86～124	99～146	113～167	126～189	140～210	153～232	167～253	180～275	191～289	207～318	221～339
36	46～62	59～85	71～109	84～132	96～156	109～179	121～203	133～227	145～251	157～275	170～298	182～322	194～346	206～370
	47～61	61～83	74～106	88～128	102～150	116～172	130～194	144～216	158～238	172～260	186～282	200～304	214～326	228～348
37	48～63	61～87	74～111	86～136	99～160	112～184	125～208	137～233	150～257	163～281	175～306	188～330	200～355	213～379
	48～63	63～85	77～108	91～131	105～154	120～176	134～199	149～221	163～244	177～267	192～289	206～312	221～334	235～357
38	49～65	62～90	76～114	89～139	102～164	116～188	129～213	142～238	155～263	168～288	181～313	194～338	207～363	219～389
	50～64	64～88	791～11	941～34	109～157	123～181	138～204	153～227	168～250	183～273	198～296	213～319	227～343	242～366

评分只对子项打分，母项的得分与产品的总分都是在计算子项得分后得到的。为此，对每个子项，都要规定其获得满分和扣分的条件及标准。在进行感官分析时，子项完全符合评分标准，就给满分值；当存在缺陷时，按缺陷的严重程度规定扣分办法。

当产品每个母项的得分计算出来以后，累加每个母项的得分就是这个产品的总评分。

② 加权系数法　此法先将需要评分的各母项、子项分别按其在产品、母项中的重要程度，确定其加权系数 b_i 和 a_i。母项的加权系数是对产品来确定的，各母项加权系数之和 $\sum b_i=1$；子项的加权系数是对母项来确定的，各子项加权系数之和 $\sum a_i=1$。

在评分时，按子项的实际情况，对照评分标准要求，在 0～100 分之间评给分 X_i。然后按式(2-1) 计算母项的得分 X_i：

$$X_i=b_i\sum a_i x_i \tag{2-1}$$

再累加各母项的得分，就得该产品的总得分 N。按式(2-2) 计算 N：

$$N=\sum b_i\sum a_i x_i \tag{2-2}$$

③ 分档评分法　由于评价员的经验与掌握评分标准的程度不同，往往出现评分的跳动很大。为了提高评分的灵敏度，减少评分的误差，将母项或子项的赋分值再按质量要求分档，或是一个固定值，或规定一个给分的范围。

例如，稻谷储存品质分析的蒸煮品尝评分，就是在气味、滋味、色泽、米粒外观结构 4 个母项中，按感官质量好次分成 2～4 档，每档给出一定的分值范围，以便于评价员打分。

上述 3 种评分办法中，当安全、卫生质量的缺陷严重到使产品丧失使用价值或对人体有害时，则不论项目得分多少，总分一律为 0 分。

(2) 评分标准　食品感官分析按评分目的分为合格检查与产品评优。评分的目的不同，评分标准的侧重和评分方法也有所不同。要减少评分误差，使评出的分数能在很大程度上反映出产品质量的本来面貌，制定合理的评分标准至关重要。

一个好的评分标准应具备如下特点：评分规则明确具体，而不是含义不清或伸缩性大；能方便、正确地衡量和掌握产品质量水平的高低、优劣及缺陷严重程度；能将被检产品的实际水平检查出来；能使样本间的差异，即使较微小的差异也能通过评分反映出来。制定评分标准时要认真、全面地进行考虑；以后在评分实践中，还需用统计方法来检验标准本身的质量，并不断加以完善。

(3) 异常分值的剔除　在对粮油、食品感官质量进行评分时，经常会发生个别分值明显地偏离大多数评分员所给分值的情况，这种分值称为异常分。异常分是脱离客观实际的分值，应予剔除。

在一些粮油、食品感官质量评比中机械地把一组分值中的最高分和最低分作为异常分剔除，这是不恰当的。

有些评分标准明确规定了异常值的舍弃方法。如稻谷蒸煮评尝试验规定“个别分值误差超过平均值 10 分以上的数据应舍弃，舍弃后重新计算平均值。”如果评分标准没有规定异常值的舍弃办法，则以 Q 检验法来判定可疑值是否舍弃。

第二节　原始记录规范

【学习要求】

▲ 了解原始记录的重要性和基本属性，掌握原始记录的填写要求。

粮油质量检验的原始记录，是检验工作原始性的记载，是实验室的第一手资料，是撰写试验报告、判定产品质量的重要依据，是执行粮油标准和产品质量法的具体体现，是质量保证体系运行的有效性的最重要的客观证据，同时也是分析人员技术水平高低的一种反映。认真做好原始记录，是保证检验数据准确可靠的重要条件，使报出的检验结果具有可追溯性。

一、原始记录的原始性、真实性和可追溯性

原始记录的本质特征是原始性、真实性和可追溯性，即全部数据应是第一手资料。因此，不允许转抄、誊写、任意涂改。有的操作人员将滴定结果、天平称量的读数等先写在小纸片上或手心（背）上，然后再转抄到原始记录表（簿）上，这样实际上已经不是第一手数据了。有的将写错的数据用橡皮擦擦涂、小刀刮、涂改液涂改或干脆撕掉重抄，这些做法只是为了保持原始记录的表面整洁，而忽略了原始记录的原始性、真实性和可追溯性，是一种原则性的错误。

二、原始记录表（簿）的填写要求

(1) 填写原始记录应使用钢笔或中性笔，不允许用圆珠笔或铅笔填写。字迹要端正、清晰、易于辨认。

(2) 记录测定结果的有效数字位数应与所用计量器具的测定精度一致，即保留一位不确定数字，举例如下。

① 常量滴定管和移液管记录至毫升为单位的小数后 2 位数字；2mL 以下的微量滴定管其读数应记录至毫升为单位的小数点后 3 位数字。

② 100～1000mL 容量瓶应记录至小数点后 1 位数字；50mL 以下的容量瓶应记录至小数点后 2 位数字。

③ 分析天平的称量结果应记录至小数点后 4 位数字（以克为单位）。

(3) 测定结果的计算值比标准的指标值多保留一位有效数字。报出的结果应是经数据处理和修约后的最终特定值，其数值与标准的指标值有效数字位数保持一致。

(4) 数字运算和修约规则应符合本章第三节的规定。

(5) 原始记录必须使用法定计量单位，已废除的或非法定计量单位严禁在原始记录中出现。

(6) 原始记录表（簿）中所有空格均应填写，如有的项目未进行检验，则应在空格中画一斜线。

(7) 书写出现错误时，应按规定方法进行改正，即在要更改的数据上画横线（要保留原记录的字迹清晰可辨），再在其上方或近旁书写正确的数字，同时更改人应在更改处盖上更改人的印章或签字。

第三节　有效数字及运算规则

【学习要求】

▲ 了解有效数字的基本概念，掌握数字修约规则和有效数字的运算规则。

一、有效数字的概念

粮油质量检验结果的误差包括测量误差和运算误差。为了取得准确的分析结果，不仅要

精确测量、正确记录，而且要按运算规则进行运算。

实验时测得的结果不仅表示数值的大小，而且反映检测的准确程度。例如，用分度值为 0.001g 和分度值 0.0001g 的天平称取试样，其测得值分别为 0.500g 和 0.5000g。从数学的角度来看，这两个数值是相同的。但从分析测量的角度来看，两个数代表的意义却有所不同。因为它们不仅反映了砝码质量的大小，而且反映了测量的准确程度。0.500g 表示测量的绝对误差为±0.001g，相对误差为±0.001/0.500×100＝±0.2%；0.5000g 表示测量的绝对误差为±0.0001g，相对误差为±0.0001/0.5000×100＝0.02%。两个数的区别在于测量精度不同，有效数字的位数不同，0.500 是 3 位有效数字，0.5000 是 4 位有效数字。

1. 有效数字的概念

所谓有效数字，就是能够测量到的数字，它包括全部准确值及第一位可疑值。有效数字保留的位数，应根据分析方法和仪器的准确度来确定，测得的数值只保留最末一位可疑值，其余数字均为准确值。对于可疑值，除非有特别说明，通常理解为末位数有±1 或±0.5 单位的误差。

2. 数字中的“0”有两种意义

一是作为小数点定位；二是作为有效数字。

(1) 数字前的“0”不是有效数字。如 0.0001，其有效数字为 1 位，只能说明数字 1 在小数点后第 4 位。

(2) 数字中间的“0”是有效数字。如 205.02 和 62.300，其有效数字为 5 位。

(3) 如果“0”在小数点后则均为有效数字。

3. 有关数字“0”的归纳

(1) 数字之间的“0”和末位的“0”都是有效数字。

(2) 数字两端的“0”只起定位作用。

(3) 以“0”结尾的正整数，有效数字的位数不确定。

表 2-6 为各数值的有效数字位数。

表 2-6 各数值的有效数字位数

2.4002	24002	5 位有效数字	0.05	3×10^4	1 位有效数字
0.1012	10.32%	4 位有效数字	3600	1000	有效数字不确定
0.0322	3.22×10^{-2}	3 位有效数字	pH4.70		2 位有效数字
32	0.00042	2 位有效数字			

以上数据中，“0”在数字中位置不同，它所起的作用也不同：“0”在数字中间和数字末尾是有效数字，而第一位有效数字前面的“0”只起定位作用，如 0.0322 只有 3 位有效数字；3600 这样的数字，有效数字位数不确定，它可能是 2 位、3 位或 4 位有效数字，它可分别写成 3.6×10^3、3.60×10^3、3.600×10^3。

分析化学中的 pH、pM、pC 等对数值，如 pH4.70，其有效数字位数仅取决于小数点后数字（对数尾数）的位数，因整数的位数（对数首数）只与真数 10 的方次有关。将 pH4.70 换算为 H^+ 的浓度时，H^+ 的浓度也只能保留 2 位有效数字，即 $[H^+]=2.0\times10^{-5}$ mol/L。

分析化学中还会遇到一些有关计量的运算，如：$M\left(\frac{1}{2}H_2SO_4\right)=\frac{1}{2}M(H_2SO_4)$，分母中的“2”是非测量所得到的数值，是自然数，它的有效数字位数不是 1 位，可视为无限位有效位数。

二、数字修约

各测量值或通过运算后的结果的有效数字位数确定之后，就要将它后面多余的数字进行舍弃。舍弃多余的数字就称作“数字修约”。

1. 修约间隔

修约间隔是确定修约保留位数的一种方式。修约间隔的数值一经确认，修约值即应为该数值的整数倍。

2. 指定位数

(1) 指定修约间隔

① 指定修约间隔为 10^{-n}（n 为正整数），或指明将数值修约到 n 位小数。

② 指定修约间隔为 1，或指明将数值修约到个数位。

③ 指定修约间隔为 10^{-n}（n 为正整数），或指明将数值修约到 10^n 数位，或指明将数值修约到“十”、“百”、“千”……位数。

(2) 指定将数值修约成 n 位（n 为正整数）有效位数。

3. 数字修约规则

数字修约规则又称为数字的进舍规则。过去，人们习惯用“四舍五入”的数字修约规则。该规则的最大缺点是见“5”就进，必然使修约后的测量值系统偏高。按国家标准 GB 8170—2008《数值修约规则与极限数值的表示和判定》之规定，采用“四舍六入五留双”的数字修约规则，逢“5”时有舍有入，由“5”的舍入所引入的误差本身可自相抵消。

(1) 拟舍弃数字的最左一位数字小于 5 时，则舍去，即保留各位数字不变。

例如，将 12.1498 修约到一位小数，则拟舍弃数字是“498”，其最左一位数字是“4”，它小于 5，则舍去 498，保留个位数字，即 12.1。

(2) 拟舍弃数字的最左一位数字大于 5，或者是 5，而其后跟有并非全部为 0 的数字时，则进 1，即保留的末位数加 1。

例如，将 1268 修约成 3 位有效位数，得 127×10。

又例如，将 12501 修约到“千”位数，得 13×10^3。

(3) 拟舍弃数字的最左一位数字为 5，而右面无数字或皆为 0 时，若所保留的末位数字为奇数（1，3，5，7，9）则进 1，为偶数（2，4，6，8，0）则舍弃。

例如，修约间隔为 0.1，对 1.05 进行修约。修约间隔为 0.1，意味着拟修约的数应在小数点后第一位，根据本规则拟舍弃数字的最左一位数为 5，其右无数字，所保留的末位数字为偶数“0”，则“5”舍弃，得 1.0。

又例如，将 31500 修约到“千”位数，得 32×10^3。

(4) 负数修约时，先将其绝对值按如上规则修约，然后在修约值前加上负号。

例如，将−0.0365 修约成两位有效位数，得−0.036。

(5) 不允许连续修约。拟修约数值应在确定修约位数后一次修约获得结果，而不得按以上规则多次连续修约。例如，修约间隔为 1，对 15.456 进行修约。正确的修约 15.456→15；不正确的修约 15.456→15.46→15.5→16。

为便于记忆，将“数字修约歌”附于后，以供参考。

四舍六进一，　　五后为零看偶奇，
遇五看仔细，　　五前为奇则进一，
五后非零则进一，　　五前为偶应舍弃。

三、有效数字运算规则

1. 加减法

加减法运算中，保留有效数字的位数，以小数点及位数最少的为准，即以绝对误差最大的为准。例如：

$$0.0141+25.74+2.86743=28.62$$

第一法		第二法	
	0.0141		0.01
	25.74		25.74
	+2.86743		+2.87
	28.62153		28.62

在上面3个数值中，25.74中的“4”已是可疑值，有±0.01的误差，因此最后的结果也只能保留到小数点后第2位。上述两种计算方法中，第二法是正确的，第一法是不正确的。

2. 乘除法

乘法运算时，保留有效数字的位数，以有效数字位数最少的数值为准，即以相对误差最大的为准。例如：

$$0.0141\times25.74\times2.86743=1.04$$

这3个数值的相对误差分别为：

$$\frac{\pm0.0001}{0.0141}\times100=\pm0.7$$

$$\frac{\pm0.01}{25.74}\times100=\pm0.04$$

$$\frac{\pm0.00001}{2.86743}\times100=\pm0.0003$$

上述第一个数相对误差最大，应以它为准，计算结果保留3位有效数字，其结果为1.04。

粮油检验过程需要对测量值进行计算处理，报告正确的检验结果。

在粮油质量检验中常采用双试验的平均值报告检验结果，因此在计算平均值前应根据各检验项目检验方法中精密度的要求判定双试验测定值是否可用，如相对相差符合该项目标准规定的允许差要求，说明双试验测定值可以计算平均值，作为分析结果，否则应重新测定。

分析结果可以用于判定粮油质量，对照国家粮油质量标准中的质量要求，判定产品质量是否合格，或对照有关合同要求判定测定结果是否达到合同指标要求。

第三章

粮油籽粒结构与化学成分

【本章主要内容】

粮油籽粒结构

粮食的主要化学成分

第一节　粮油籽粒结构

【学习要求】

▲ 通过学习，了解主要粮种的形态、结构以及各部分的主要作用；

▲ 掌握主要粮种的分类方法。

一、稻谷

1. 稻谷的形态和结构

稻谷是由颖（稻壳）和颖果（糙米）两部分构成的，一般为细长形或椭圆形。稻谷籽粒的形状结构如图 3-1 所示。稻壳包括内颖（内稃）、外颖（外稃）、护颖和颖尖（伸长即为芒）4 部分，即为稻谷加工后所得砻糠（俗称大糠）。内、外稃各有一瓣，呈船底形，彼此通过两个钩状结构连接，包裹着颖果起着保护颖果的作用。护颖位于稻谷的基部内、外稃的外面，左右各一片呈针状，一般比内稃短小。内、外稃表面生有针状或钩状的茸毛，粳稻的茸毛密而长，籼稻的茸毛稀而短。外稃的尖端一般有芒，内稃的尖端一般无芒，也有的稻谷内、外稃均无芒或均有芒，均有芒的稻谷为双芒畸形稻。稻谷芒多，不仅增加了谷壳的重量，而且在加工过程中易堵塞机器，增加清理难度，影响清理效果。

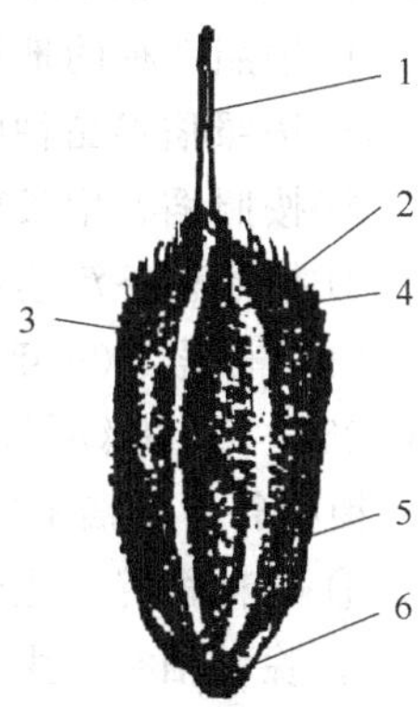

图 3-1　稻谷籽粒结构

1—芒；2—外颖；3—内颖；4—茸毛；5—脉；6—护颖

稻谷加工去壳后的颖果部分称为糙米，其形态与稻粒相似，一般为细长形或椭圆形。糙米由果皮、种皮、糊粉层、胚和胚乳所组成。其中稻壳占稻谷籽粒的18%～20%，作为胚乳的保护组织，含有大量的粗纤维和矿物质（硅），质地坚硬；果皮和种皮占稻谷籽粒的1.2%～1.5%，含有较多的纤维素、脂肪、蛋白质和矿物质；糊粉层占稻谷的4%～6%，糊粉层含有丰富的脂肪蛋白质和维生素等，营养价值比果皮、种皮和珠心层高，但细胞壁较厚，不易消化；胚乳占稻谷籽粒的66%～70%，由含淀粉的细胞组织组成，细胞内充满淀粉粒，淀粉粒之间填充蛋白质。胚乳含蛋白质和脂肪较少，但却是稻谷籽粒中最有价值的部分；胚占稻谷籽粒的2%～3.5%，含有较多的脂肪、蛋白质和维生素B_1等，营养价值高。近年来，上海和浙江等地培育巨胚稻，巨胚稻的胚比普通稻米的胚芽重2～3倍；糙米中蛋白质、脂肪、纤维素和烟酸等营养成分的含量明显高于普通稻米，是举世公认的高营养稻米。巨胚稻的糙米可作保健食品原料，制成适合小孩、老人和病人的天然保健食品，如婴儿米粉、速溶米糊等。

糙米有胚的一面叫腹面，为外稃所包；无胚的一面称为背面，为内稃所包。糙米两侧各有两条沟纹，其中较明显的一条在内、外稃勾合的相应部位，另一条与外稃脉迹相对应。背脊上也有一条沟纹称为背沟，糙米共有纵向沟纹5条。纵沟的深浅因品种不同而异，对碾米工艺影响较大。沟纹深的稻米加工时不易精白，对出米率也有一定的影响。

糙米继续加工，碾去皮层和胚（即细糠），基本上只剩下胚乳，就是我们平时食用的大米。糙米的胚乳有角质和粉质之分。胚乳中的淀粉细胞腔中充满着晶状的淀粉粒，在淀粉的间隙中填充有蛋白质。若填充的蛋白质较多，其胚乳结构紧密，组织坚实，米粒呈透明状，称为角质胚乳。粉质胚乳多位于米粒腹部和中心，当位于米粒腹部时称为“腹白”，位于米粒中心时称为“心白”。不同品种的稻谷，其米粒腹白和心白的有无及大小各不相同。同种稻谷，由于生产条件的不同，腹白和心白的有无及大小也有差异。一般粳稻腹白较少，籼稻中的早籼稻腹白较多。生长条件差、肥料不足的稻谷，其腹白或心白比生长条件好、肥料充足的稻谷大。腹白和心白组织松散，淀粉粒之间空隙较多，内部充满空气，呈不透明白粉状，质地脆，加工时易碾碎，影响出米率。

2. 稻谷的分类

我国稻谷品种繁多，分布极广，全国各地都有种植，品种达6万种以上。因此，稻谷的分类方法也有多种。

(1) 根据种植地形、土壤类型、水层厚度和气候条件，大致可将稻谷分为5种类型：即灌溉稻、无水低地稻、潮汐湿地稻、深水稻和旱稻。具体可分为：

① 按照栽种的地理位置、土壤水分不同将稻谷划分为水稻和陆稻（旱稻）2类；

② 按照稻谷品种的不同可分为籼稻和粳稻2个亚种；

③ 按照稻谷生长期的长短不同，可以分为早稻、中稻和晚稻3类；

④ 按照稻谷淀粉性质的不同，稻谷又可分为黏稻（非糯稻）与糯稻2类。

(2) 根据2009年国家质量技术监督检验检疫总局、国家标准化管理委员会批准发布的GB 1350—2009《稻谷》的规定，稻谷按其收获季节、粒形和粒质分为早籼稻谷、晚籼稻谷、粳稻谷、籼糯稻谷和粳糯稻谷5类。

① 早籼稻谷　生长期较短、收获期较早的籼稻谷，一般米粒腹白较大，角质部分较少。

② 晚籼稻谷　生长期较长、收获期较晚的籼稻谷，一般米粒腹白较小或无腹白，角质部分较多。

③ 粳稻谷　粳型非糯性稻的果实，糙米一般呈椭圆形，米质黏性较大，胀性较小。

④ 籼糯稻谷　籼型糯性稻的果实，糙米一般呈长椭圆形或细长形，米粒呈乳白色，不

透明或半透明状，黏性大。

⑤ 粳糯稻谷　粳型糯性稻的果实，糙米一般呈椭圆形，米粒呈乳白色，不透明或半透明状，黏性大。

二、小麦

1. 小麦籽粒的形态构造

小麦籽粒（见图 3-2）是单种子果实，植物学名为颖果。成熟的小麦籽粒多为卵圆形、椭圆形和长圆形等。卵圆形籽粒的长宽相似；椭圆形籽粒中部宽，两端小而尖。研究表明，籽粒越接近圆形，越易磨粉，其出粉率越高，副产品越少。成熟的小麦籽粒表面较粗糙，皮层较坚韧而不透明，顶端生有或多或少的茸毛，称作“麦毛”，麦毛脱落形成杂质。麦粒背面隆起，胚位于背面基部的皱缩部位，腹面较平且有凹陷称为“腹沟”，腹沟两侧为颊，两颊不对称，剖面近似心脏形状。小麦具有腹沟是其最大的特征，腹沟的深度及沟底的宽度随品种和生长条件的不同而异。腹沟内易沾染灰尘和泥沙，对小麦清理造成困难，且腹沟的皮层不易剥离，对小麦加工不利。腹沟愈深，沟底愈宽，对小麦的出粉率、小麦粉质量以及小麦的储藏影响也愈大。

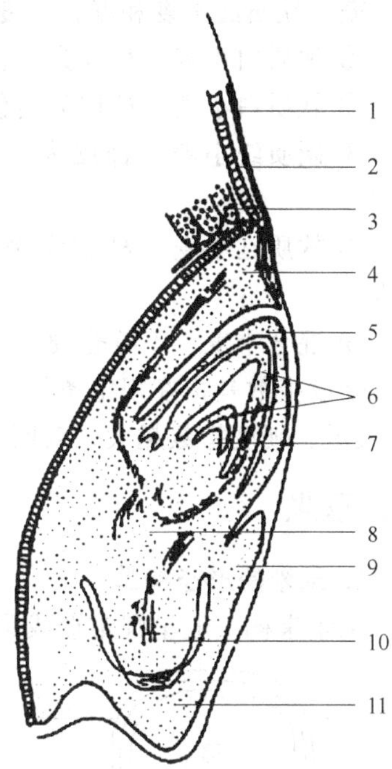

图 3-2　小麦籽粒结构

1—果皮与种皮的愈合层；2—糊粉层；3—淀粉储藏细胞；4—盾片；5—胚芽鞘；6—幼叶；7—胚芽生长点；8—胚轴；9—外胚叶；10—胚根；11—胚根鞘

小麦的胚乳也有角质和粉质两种结构。角质与粉质胚乳的分布或大小，因品种或栽培条件的不同也存在差异，有的麦粒胚乳全部为角质，有的全部为粉质，也有的同时有角质和粉质两种结构，其粉质部分常常位于麦粒背面近胚处。我国南方冬麦区的麦粒较大，皮厚、角质率低，含氮量低，出粉率也较低；而北方冬麦区的麦粒小，皮薄、角质率高，含氮量高，出粉率也较高。胚乳的结构对麦粒的颜色、外形、硬度等都有很大影响，它不仅是小麦分类的依据，而且与制粉工艺和小麦粉品质有着密切的关系。

2. 小麦的结构

小麦由果皮、种皮、外胚乳、胚乳及胚组成。

果皮由皮下组织、横列细胞层及管状细胞层所组成；种皮是由两层斜向而又互相垂直交叉排列的长形薄壁细胞组成，外层细胞无色透明，称为透明层。内层细胞含有色素，称为色素层。麦粒所呈现的颜色取决于种皮内层细胞所含色素的颜色，白皮小麦内层细胞无色；红皮小麦内层细胞含有红色或褐色物质；外胚乳珠心的残余，很薄，且没有明显的细胞结构；胚乳由糊粉层和淀粉细胞两部分组成，占麦粒总质量的 80%～90%。糊粉层是胚乳最外的一层方形厚壁细胞，排列紧密而整齐。淀粉细胞是位于小麦糊粉层内侧的大型薄壁细胞，内部充满淀粉粒。在硬质胚乳中，淀粉粒分散于蛋白质中而被其包围；在粉质胚乳中，淀粉粒相互挤压成多边形而被较少的蛋白质所包围。胚位于颖果背面的基部，有一面紧接于胚乳，它的另一面为种皮和果皮所覆盖，由子叶、胚根、胚轴、胚芽四部分组成。

3. 小麦的分类

小麦作为绿色高等植物，属于单子叶植物纲、禾本科、小麦属。目前我国种植的小麦大多属于普通小麦。其分类主要根据播种期、皮色或粒质进行。

(1) 按播种期可将小麦分为冬小麦和春小麦。

(2) 按皮色可将小麦分为红皮小麦和白皮小麦。

(3) 按粒质可将小麦分为硬质小麦和软质小麦。角质率达 70%以上的小麦为硬质小麦；粉质率达 70%及以上的小麦为软质小麦。

(4) 根据 2008 年国家质量技术监督检验检疫总局、国家标准化管理委员会批准发布的 GB 1351—2008《小麦》的规定，小麦按其皮色和粒质分为硬质白小麦、软质白小麦、硬质红小麦、软质红小麦和混合小麦 5 类。

① 硬质白小麦　种皮为白色或黄白色的麦粒不低于 90%，硬度指数不低于 60 的小麦。

② 软质白小麦　种皮为白色或黄白色的麦粒不低于 90%，硬度指数不高于 45 的小麦。

③ 硬质红小麦　种皮为深红色或红褐色的麦粒不低于 90%，硬度指数不低于 60 的小麦。

④ 软质红小麦　种皮为深红色或红褐色的麦粒不低于 90%，硬度指数不高于 45 的小麦。

⑤ 混合小麦　不符合硬质白小麦、软质白小麦、硬质红小麦和软质红小麦规定的小麦。

硬度指数是指在规定条件下粉碎小麦样品，留存在筛网上的样品占试样的质量分数，用 HI 表示。硬度指数越大，表明小麦硬度越高，反之表明小麦硬度越低。

三、玉米

1. 玉米的形态构造

玉米果穗一般呈圆锥形或圆柱形，果穗上纵向排列着玉米籽粒。籽粒的形态随玉米品种类型的不同而有差异，常呈现扁平形，靠基部的一端较窄而薄，顶部则较宽厚，并因品种类型不同有圆形、凹陷（马齿）形、尖形（爆裂形）等，如图 3-3 所示。在谷类粮食中，以玉米的胚为最大，占全粒质量的 10%～12%。玉米籽粒的颜色一般为金黄色或白色，也有的品种呈红、紫和蓝等颜色。黄色玉米的色素多包含在果皮和角质胚乳中，红色玉米的色素仅包含在果皮中，蓝色玉米的色素仅存在于糊粉层中。

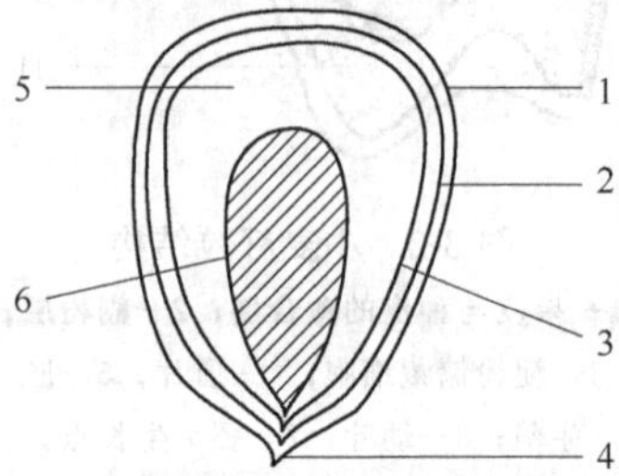

图 3-3　玉米籽粒的结构

1—果皮；2—种皮；3—糊粉层；4—根帽；5—胚；6—胚乳

2. 玉米的结构

玉米籽粒由皮层（果皮、种皮）、胚乳和胚组成。果皮包括外果皮、中果皮、横列细胞和管状细胞；种皮、外胚乳极薄，没有明显的细胞结构。玉米皮层的特点是果皮较厚，果皮中含有色素，由于所含色素颜色不同，而使籽粒显现不同的颜色；胚乳位于皮层内，占籽粒重量的 80%～85%，由糊粉层和淀粉细胞两部分组成。糊粉层由单层近方形的细胞组成，壁较厚，细胞内充满淀粉粒，含有大量蛋白质。胚由胚芽、胚根和子叶（小盾片）等组成。胚中脂肪含量很高，约为 35%，占全粒脂肪总量的 70%以上。一般谷物胚中不含淀粉，而玉米子叶所有细胞中都含有淀粉，胚芽、胚芽鞘及胚根鞘中也含有淀粉，这是玉米胚的特点。

3. 玉米的分类

(1) 根据玉米籽粒外部形态和内部结构以及玉米籽粒中直链淀粉和支链淀粉的比例，可将玉米分为硬质型、马齿型、半马齿型、糯质型、爆裂型、粉质型、甜质型和有稃型 8 个类型。

(2) 按照玉米粒色可将玉米分为黄玉米、白玉米。当混入本类玉米超过 5.0%的称为混合玉米。

(3) 按照玉米生育期长短可将玉米分为早熟品种、中熟品种、晚熟品种三类。

(4) 按照用途可将玉米分为食用、饲用及食饲兼用三类。

(5) 根据 2009 年国家质量技术监督检验检疫总局、国家标准化管理委员会批准发布的 GB 1353—2009《玉米》的规定，玉米按其种皮颜色分为黄玉米、白玉米、混合玉米三类。

① 黄玉米　种皮为黄色或略带红色的籽粒不低于 95%的玉米。

② 白玉米　种皮为白色或略带淡黄色或略带粉红色的籽粒不低于 95%的玉米。

③ 混合玉米　不符合黄玉米或白玉米要求的玉米。

在上述这些玉米中，目前我国产量较大、储藏数量较多的主要是硬质型、马齿型和半马齿型三种。硬质型玉米，由于角质胚乳较多，组织结构紧密，外部坚硬，故吸湿性相对较差，抗霉菌侵害能力强，储藏性能好。马齿型玉米胚部大，脂肪含量高，粉质胚乳也较多，粒质结构较疏松，因而吸湿性较强，抗霉菌侵害能力差，储藏性能不如硬质型好，但产量高。半马齿型玉米，角质胚乳和粉质胚乳的含量及组成等均介于硬质型和马齿型之间，其储藏性能也介于二者之间。在生产上应用广泛的品种还有粉质型玉米及甜玉米等品种。

四、大豆

1. 大豆种子的形态构造

大豆为豆科植物。大豆种子的形状因品种不同可有球形、扁圆形、椭圆形和长椭圆形等。一般大粒种多为球形，中粒种多为椭圆形，小粒种则多为长椭圆形，如图 3-4 所示。大豆种子的种皮表面光滑，有的则有蜡粉或泥膜，因此对种子具有一定的保护作用。种皮外侧面有明显的种脐，种脐的上端有一凹陷的小点，称为合点。种脐下端有一小孔为珠孔（或称发芽口），是水分进入种子的主要途径，珠孔下端有一个突起，称为幼茎透视处。种脐区域为胚与外界之间空气交换的主要通道。

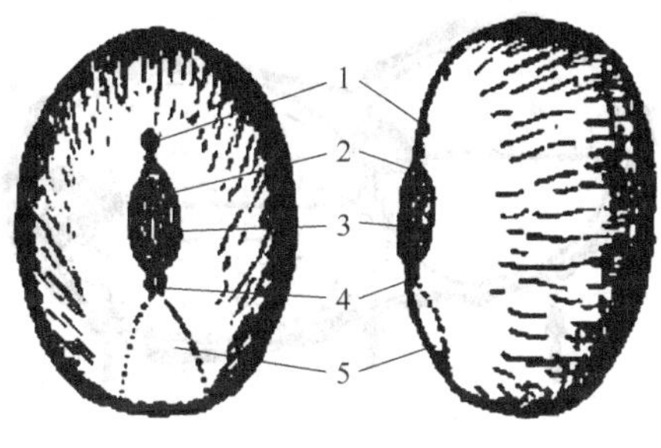

图 3-4　大豆籽粒结构

1—会点；2—脐；3—脐结处；4—珠孔；5—幼茎透射处

2. 大豆种子的结构

与禾谷类籽粒大不相同，大豆是双子叶无胚乳的种子，由种皮和胚（子叶、胚芽、胚轴、胚根）两部分组成，子叶发达。

大豆种皮约占籽粒质量的 8%，表面光滑有光泽，由角质化的多层细胞组成，较坚韧。有少数品种的种皮局部破裂，也可以因为暴晒等引起种皮龟裂。有裂纹的大豆不耐藏。还有些品种的种皮特别坚硬（硬皮种），因不易吸水而使发芽率降低。

大豆的胚由子叶、胚芽、胚根、胚茎组成。子叶占整个大豆籽粒质量的 90%，是大豆营养物质的主要储存处。胚芽、胚根和胚茎只占整大豆籽粒质量的 2%。大豆子叶充满了糊粉粒和脂肪滴，糊粉粒中含有较多的蛋白质，一般不含淀粉，但也有某些品种含有少量淀粉。

3. 大豆的分类

大豆一般常根据其种皮的颜色和籽粒的大小进行分类。

(1) 按大豆籽粒的大小可分为大粒、中粒和小粒三类，其大小可通过重量法或种粒大小指数来表示。重量法用百粒重来表示，百粒重在 20g 以上者为大粒；14～20g 者为中粒；14g 以下者为小粒。种粒大小指数是种子长（以 mm 计）、宽（以 mm 计）、厚（以 mm 计）之积，其值在 300 以上者为大粒，150～300 者为中粒，150 以下者为小粒。

(2) 根据 2009 年国家质量技术监督检验检疫总局、国家标准化管理委员会批准发布的 GB 1352—2009《大豆》的规定，大豆按皮色分为黄大豆、青大豆、黑大豆、其他大豆和混合大豆五类。

① 黄大豆　粒色为黄色、淡黄色，脐色为黄褐、淡褐或深褐色的籽粒不低于 95% 的大豆。

② 青大豆　种皮为绿色的籽粒不低于 95% 的大豆。按其子叶的颜色分为青皮青仁大豆和青皮黄仁大豆两种。

③ 黑大豆　种皮为黑色的籽粒不低于 95% 的大豆。按其子叶的颜色分为黑皮青仁大豆和黑皮黄仁大豆。

④ 其他大豆　种皮为褐色、棕色、赤色等单一颜色的大豆，及双色大豆（种皮为两种颜色，其中一种为棕色或黑色，并且其覆盖粒面 1/2 以上）等。

⑤ 混合大豆　不符合黄大豆、青大豆、黑大豆和其他大豆规定的大豆。

五、花生

1. 花生的形态构造

花生果是荚果。有普通形、葫芦形、串珠形和曲棍形等形状，表面有凸凹不平的网络，一般呈淡黄色。果仁一般有花生仁 2～3 粒，少的只有 1 粒，多的可达 7 粒，花生籽粒结构见图 3-5。

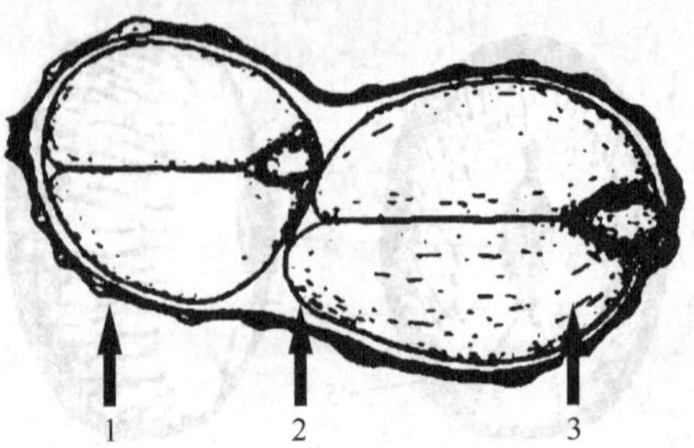

图 3-5　花生籽粒结构

1—花生壳；2—花生种皮；3—花生子叶

花生仁是花生果脱去果壳后的种子。种子着生在荚果的腹缝线上，成熟的种子大体可分为椭圆形、圆锥形、桃形和三角形四种。含多枚种子的荚果其种子因受挤压而形状改变。花生种子表面有一层光滑的种皮，其上面分布着许多维管束，种皮很薄，包在种子的最外边，对种子的保护性能很差，在成熟及收获期后的干燥过程中，不易形成硬实。种皮颜色大体可分为深红、红、褐和淡红四种，以淡红色为最多，褐色次之。

2. 花生种子的结构

花生种子由种皮和胚两部分组成，无胚乳。种皮最外边有一层表皮细胞，向内有较厚的一层薄壁细胞，维管束就分布在这一层内，靠近薄壁细胞为一层内壁细胞，靠近子叶的一层为珠心层。花生的种皮结构与一般豆科植物不同，没有栅状细胞和柱状细胞，因此很易脆裂。

胚中主要有两片肥大的子叶，内裹胚芽、胚茎和胚根。两片子叶包在种皮里面，肥厚而具有光泽，呈淡黄白色或象牙色，子叶主要由很多薄壁细胞构成，内含脂肪、淀粉粒及其他内含物，外面是一层子叶表皮细胞层。正常花生的子叶呈洁净的乳白色，而“走油”变质时，子叶变成半透明的蜡质状态，色泽也较深暗。

3. 花生的分类

根据 2008 年国家质量技术监督检验检疫总局、国家标准化管理委员会批准发布的 GB/T

1532—2008《花生》的规定将花生分为花生果和花生仁。

六、油菜籽

1. 油菜籽的形态

油菜为十字花科的作物，主要产地是长江流域，油菜的种子称为油菜籽（又称菜籽），含油量为35%～42%，是一种重要的油料作物。

油菜籽一般呈球形或近似球形，也有的呈卵圆形或不规则的菱形，籽粒很小。芥菜型品种每千粒重1～2g；白菜型品种每千粒重2～3g；甘蓝型品种每千粒重3～4g。种皮较为坚硬，并具有各种色泽，种皮颜色有淡黄、深黄、金黄、褐色、紫黑和黑色等多种。种皮上有网纹，黑色种皮的网纹较明显。种皮上还可以见种脐，与种脐相反的一面有一条沟纹。

2. 油菜籽的结构

油菜籽属于双子叶无胚乳种子。成熟的种子由种皮、胚和胚乳的遗迹三部分组成。种皮由珠被发育而成，油菜籽脱去种皮即为胚。胚是种子的主要部分，包括两片肾形的子叶、胚根、胚茎、胚芽，均由薄壁组织细胞组成。种子的大部分为子叶所充满，子叶呈黄色。内部细胞富含颗粒状油滴。胚芽上有两个叶原基（出苗后长出第一、二两片真叶）和一个茎生长点，胚根在种子萌发后长成主根。种子的状况与出苗好坏、幼苗的壮弱及菜籽的出油率有很大关系。

3. 油菜籽的分类

（1）根据植物特征，将油菜籽分为白菜型、芥菜型和甘蓝型。甘蓝型油菜籽中硫苷含量较低。

（2）根据2006年国家质量技术监督检验检疫总局、国家标准化管理委员会批准发布的GB/T 11762—2006《油菜籽》的规定，参照芥酸和硫苷的含量，将油菜籽分为普通油菜籽和双低油菜籽。

双低油菜籽是指油菜籽的脂肪酸中芥酸含量不大于3.0%，粕（饼）中的硫苷含量不大于35.0μmol/g的油菜籽。

七、高粱

1. 高粱种子的形态

高粱籽粒是带壳的颖果，基部有两片护颖，护颖厚而隆起，表面光滑，尖端附近有的有茸毛，常有红、黄、黑和白等多种颜色。高粱的米粒大部分露在护颖外面。脱去壳的高粱米一般为圆形、椭圆形或卵圆形。胚位于种子腹部的下端，长达籽粒的一半。高粱米也有红、黄、白和褐等多种颜色。

2. 高粱种子的结构

高粱籽粒的稃壳由外表皮、中表皮、海绵薄壁组织及内表皮组成。果皮的外层组织角质化，比较坚硬，有利于储藏。果皮中有数层薄壁细胞含有淀粉粒。外胚乳有加厚的细胞壁。胚乳中有角质和粉质之分，一般胚乳外围为角质，中部为粉质。胚由盾片、胚芽、胚轴及胚根四部分组成。

3. 高粱的分类

高粱品种很多，分类方法不一。

（1）根据高粱用途不同分为以下三类。

① 食用高粱　籽粒大，饱满充实，粒形扁平，品质较佳，可供食用。

② 糖用高粱　籽粒品质差，其茎秆含有较多糖，可用于制糖。

③ 帚用高粱　品质最差，穗长而有较多枝梗，脱粒后穗可做帚把。

(2) 根据高粱谷壳和谷皮颜色不同分为以下五类。

① 黄壳高粱　谷壳及谷皮呈黄褐色，籽粒大而重，品质优良，为良好的酿酒原料。

② 红壳高粱　谷壳及谷皮呈红褐色，品质较黄壳高粱差，作酿酒原料和饲料。

③ 黑壳高粱　谷壳黑色，谷皮红褐色，籽粒有红褐色斑点，粒小。

④ 白高粱　籽粒白色或灰白色，含丹宁极少，适于制高粱粉或淀粉。

⑤ 蛇眼高粱　谷壳黑色，谷皮淡褐色，籽粒有褐色斑点，粒细长，两头尖，供食用。

(3) 根据高粱米粒的黏性分为黏性与糯性两类。

(4) 根据 GB 8231—2007《高粱》的规定，根据高粱的外种皮色泽分为三类。

① 红高粱　种皮色泽为红色的颗粒。

② 白高粱　种皮色泽为白色的颗粒。

③ 其他高粱　上述两类以外的高粱。

八、芝麻

1. 芝麻种子的形态

芝麻为胡麻科一年生草本植物。芝麻的果实是一种蒴果，成熟时沿缝线开裂，种子脱落。一个蒴果可结籽 50～100 粒，甚至更多。蒴果的长度和颜色随环境条件和遗传基因的不同而从绿到深紫色不等。芝麻种子很小，扁平，一般呈椭圆形、卵圆形或梨形。长 3～4mm、宽 1.6～2.3 mm，千粒重随品种不同差异较大。芝麻种子一面的中央有一条纵向脉纹，是种脊，种子边缘突出成棱角。种子表面有光滑和粗糙之分，颜色有白、黄、褐、紫和黑等颜色，各色又有深浅之分。以表面光滑的黄色芝麻品质最好，含油量最高，白色次之，表面粗糙、呈褐黑色的芝麻含油量最低。

2. 芝麻种子的结构

芝麻是双子叶有胚乳种子。种子最外面为种皮，中间为胚乳，内部有两片丰满的子叶。种皮包括外表皮、薄壁组织和内表皮三层组织；种子两个扁平面上的胚乳各有五层细胞，两侧只有两层细胞。胚乳细胞很小，细胞内充满糊粉粒，还可看到脂肪滴；子叶细胞较大，细胞内充满糊粉粒，也可看到脂肪滴。

3. 芝麻的分类

根据 GB/T 11761—2006《芝麻》的规定，芝麻按种皮颜色分为以下四类。

(1) 白芝麻　种皮为白色、乳白色的芝麻在 95%及以上。

(2) 黑芝麻　种皮为黑色的芝麻在 95%及以上。

(3) 其他纯色芝麻　种皮为黄色、黄褐色、红褐、灰等颜色的芝麻在 95%及以上。

(4) 杂色芝麻　不属于以上三类的芝麻。

第二节　粮食的主要化学成分

【学习要求】

▲ 通过学习，了解粮食的化学成分的组成、分布以及不同粮种中各成分的含量。

粮食是由不同的化学物质按一定的比例组成的。粮食中的各种化学成分，不仅是粮食籽粒本身生命活动所必需的物质，而且也是人类的营养源泉。了解粮食的化学成分及其在籽粒中的分布，对于按不同用途来确定其利用价值，选择合理的加工方式、保证产品质量和提高出品率、采取有效的储藏措施、保持储粮品质等方面均具有重要的实际意义。

一、粮食化学成分分布

粮食中的化学成分主要有糖类、脂肪、蛋白质、维生素、矿物质和水分等。不同种类和品种的粮食，其含量相差很大。一般来讲，谷类粮食的化学成分以淀粉为主，种子具有发达的胚乳，大部分化学成分储存在胚乳中，常用作人类的主食；豆类含有较多的蛋白质，常作为副食；油料作物含有大量的脂肪，主要用于制油；豆类与油料作物一般具有发达的子叶，绝大部分化学成分储存在子叶内；大豆中除含有较多的蛋白质外，其脂肪的含量也较多，因此，既可作副食，又可作油料；薯类粮食的化学成分以淀粉为主，主要用于生产淀粉和发酵产品。各种粮食及油料籽粒的化学成分见表 3-1。

粮食中各种化学成分除了其含量随着粮食种类和品种的不同而不同外，其分布也很不平衡，在不同部位之间的含量相差很大。一般纤维素、矿物质主要分布在粮食的皮壳中，蛋白质、脂肪和糖类等营养成分则集中在胚和胚乳中。谷类粮食中，淀粉主要分布在胚乳中，脂肪主要分布在胚和糊粉层内，糊粉层内蛋白质的含量也很丰富。油料中的蛋白质、脂肪和淀粉分布在子叶内。以稻谷、小麦籽粒为例，其各部分的化学成分见表 3-2 和表 3-3。

表 3-1　各种粮食及油料籽粒的化学成分　　单位：%

种类		成分					
		水分	蛋白质	碳水化合物	脂肪	纤维素	灰分
禾谷类	小麦	13.5	10.5	70.3	2.0	2.1	1.6
	精白粉	13.0	7.2	77.8	1.3	0.2	0.5
	标准粉	12.0	9.9	74.6	1.8	0.6	1.1
	大麦	14.0	10.0	66.9	2.8	3.9	2.4
	黑麦	12.5	12.7	68.5	2.7	1.9	1.7
	荞麦	14.5	10.9	61.0	2.8	9.0	1.9
	稻谷	14.0	7.3	63.1	2.0	9.0	4.6
	籼米(标二)	14.0	6.9	76.0	1.7	0.4	1.0
	粳米(标二)	13.0	8.2	75.5	1.8	0.5	1.0
	玉米	14.0	8.2	70.6	4.6	1.3	1.3
	高粱	12.0	10.3	69.5	4.7	1.7	1.8
	粟	10.6	11.2	71.2	2.9	2.2	1.9
豆类	大豆	10.2	36.3	25.3	18.4	4.8	5.0
	豌豆	10.9	20.5	58.4	2.2	5.7	2.3
	绿豆	9.5	23.8	58.8	0.5	4.2	3.2
	蚕豆	12.0	24.7	52.5	1.4	6.9	2.5
	赤豆	14.0	19.4	58.0	0.5	5.1	3.0
	花生仁	8.0	26.2	22.1	39.2	2.5	2.0
油料	芝麻	5.4	20.3	12.4	53.6	3.3	5.0
	向日葵	7.8	23.1	9.6	51.1	4.6	3.8
	油菜籽	7.3	19.6	20.8	42.2	6.0	4.2
	棉籽仁	6.4	39.0	14.8	33.2	2.2	4.4
	油茶仁	8.7	8.7	24.6	43.6	3.3	2.6
薯类	甘薯	67.1	1.8	29.5	0.2	0.5	0.9
	马铃薯	79.9	2.3	16.6	0.1	0.3	0.8
	木薯	69.4	1.0	28.0	0.2	0.8	0.6

表 3-2　稻谷籽粒各部分的化学成分　　单位：%

种类	成分					
	水分	粗蛋白质	粗脂肪	粗纤维	灰分	无氮抽出物
稻谷	11.68	8.09	1.80	8.89	5.02	64.52
糙米	12.16	9.13	2.00	1.08	1.10	74.53
胚乳	12.4	7.6	0.3	0.4	0.5	78.8
胚	12.4	21.6	20.7	7.5	8.7	29.1
米糠	13.5	14.8	18.2	9.0	9.4	35.1
稻壳	8.49	3.56	0.93	39.05	18.59	29.38

表 3-3　小麦籽粒各部分的化学成分（以干基计）　　单位：%

籽粒部分	质量比例	蛋白质	脂肪	淀粉	糖分	戊聚糖	纤维	灰分
完整籽粒	100.00	16.07	2.24	63.07	4.32	8.10	2.76	2.18
内胚乳	87.60	12.91	0.68	78.93	3.54	2.72	0.15	0.45
胚	3.24	37.63	1.04	0	25.12	9.74	2.46	2.36
糊粉层	6.54	53.16	8.16	9	6.82	15.64	6.41	13.93
果皮和种皮	8.93	10.56	7.46	0	2.59	51.43	23.73	4.78

二、粮油籽粒的主要化学成分

（一）糖类

糖类化合物是生物体的重要组成物质。所有生物体在生命活动过程中都要消耗能量，糖是生命活动主要的能量来源。粮食中的糖类对人类营养、食用品质以及粮食储藏特性等方面都具有很大的影响。

糖类是指由碳、氢、氧三种元素组成的多羟基醛类或多羟基酮类及其失水缩合后形成的产物。

一般根据糖类物质水解的情况，将其分为单糖、低聚糖和多糖三大类。

1. 单糖

单糖是不能再进一步水解的糖，是构成低聚糖和多糖的基本单位，如葡萄糖、果糖、甘露糖、半乳糖、核糖、脱氧核糖等。单糖易溶于水，它可不经消化液的作用，直接被人体吸收利用。低聚糖和多糖在人体内必须分解成单糖后，才能被人体吸收利用。

2. 低聚糖

低聚糖是能够水解为2～10个单糖分子的糖。根据所产生的单糖分子数目，又可以分为双糖、三糖、四糖等。粮食中最重要的低聚糖是双糖，如蔗糖、麦芽糖等。

蔗糖水解后即生成葡萄糖和果糖的等量混合物——转化糖，转化糖甜度较高。粮食中的蔗糖含量很少，主要集中在胚部。小麦胚中蔗糖含量为16.2%，黑麦胚为22.9%，玉米胚为11.4%。新鲜粮食中蔗糖含量比陈粮高。

麦芽糖是饴糖的重要成分。正常的粮食籽粒中无游离态的麦芽糖存在，只有在谷物发芽时，储藏性的淀粉在麦芽糖酶的作用下才产生大量的麦芽糖，特别是在大麦芽中麦芽糖的含量较高。

3. 多糖

能够水解为多个单糖分子的糖。它是由许多单糖分子失水缩合形成的大分子聚合物。粮食中存在的糖主要是多糖，其中最重要的是淀粉和纤维素。

淀粉在植物种子中分布广泛，同时也是禾谷类粮食籽粒中最主要的储藏物质。淀粉在粮粒内以淀粉粒的形式存在。淀粉粒呈白色，有圆形、椭圆形和多角形等多种形状，表面有轮纹。不同粮食的淀粉粒其形状、大小都不同。

淀粉分子因结构的不同而分为直链淀粉和支链淀粉。直链淀粉分子卷曲呈螺旋形，支链淀粉分子呈树枝状。直链淀粉遇碘呈蓝色，支链淀粉遇碘呈红紫色。不同种类、不同品种的粮食，其直链淀粉与支链淀粉的相对含量并不相同。一般粮食的淀粉中直链淀粉占20%～25%，支链淀粉占75%～80%，糯米、糯玉米、糯高粱、黍子等糯性粮食几乎不含直链淀粉。

纤维素和半纤维素均是构成细胞壁的基本成分，在细胞壁的机械物理性质方面起着重要的作用。粮食中的纤维素和半纤维素主要存在于皮层中，它们的存在和性质对粮食加工及产品质量有很大的影响。纤维素和半纤维素都不能被人体消化吸收，对人体无直接营养意义。但它们能促进肠胃蠕动，刺激消化腺体分泌消化液，帮助消化其他营养成分。纤维素还有预防肠癌和减少冠心病发生的作用。

（二）脂类

粮食中的脂类包括脂肪、类脂和一些脂肪伴随物。一般谷类粮食脂肪含量较少，油料中脂肪含量较高。例如，芝麻含脂肪50%～53%，花生含脂肪38%～51%，菜籽含脂肪30%～45%，棉籽含脂肪14%～25%，大豆中脂肪的含量也较丰富，一般为17%～20%。

1. 脂肪

脂肪是脂肪酸与甘油的化合物，又称甘油酯。脂肪酸是脂肪分子中的主要成分，组成脂肪的脂肪酸有饱和脂肪酸和不饱和脂肪酸两类，通常植物脂肪中含不饱和脂肪酸多。粮食脂肪中主要的不饱和脂肪酸有油酸、亚油酸、亚麻酸等。脂肪的性质可用酸值、皂化值、碘值等来表示。

粮食中脂肪的含量虽然较低，但在储藏过程中易分解，这不仅会影响粮食的安全储藏，而且对粮食食用品质、蒸煮品质、烘焙品质都有很大影响。脂肪在储藏过程中的变化主要有两条途径，一是氧化作用；另一种是水解作用。温度对其的影响较大，高温可加速脂肪的分解。一般低水分粮，尤其是成品粮，脂肪的分解以氧化为主，而高水分粮则是以水解为主，中等含水量的粮食两种脂解作用可交互或同时发生。

2. 类脂

类脂是指在结构上与脂肪相似，在溶解特性上与脂肪相同的一类化合物。磷脂和蜡是粮食中两种最重要的类脂。

磷脂是细胞原生质的组成成分，主要积累在原生质表面，与原生质的透性有很大的关系。磷脂可以限制种子的透水性，并有良好的阻氧化作用，有利于种子生活力的保持。粮食中的含磷物质主要是磷脂。大豆中磷脂含量丰富，一般占干重的2.8%。油菜籽中磷脂占干重的1.5%，大麦为0.74%，小麦为0.65%，糙米为0.64%，玉米为0.28%。磷脂一般集中在粮粒的胚中。

蜡是高级一元醇与高级脂肪酸合成的酯，分子两端都是非极性的长链烃基，不溶于水，而溶于油脂或脂溶剂（如乙醚、丙酮、苯、氯仿等），但溶解度比油脂小。粮食果皮和种皮的细胞壁中含有蜡，它可增加皮层的不透水性和稳定性，对粮粒起保护作用。蜡在人体及动物消化道中不能被消化，故无营养价值。在造纸、皮革、纺织、绝缘材料、文化用品、润滑油等方面，蜡都有广泛的用途。

3. 脂肪伴随物

脂肪伴随物在结构上与脂肪并不相似，但在溶解特性上却与脂肪相同。粮食中的脂肪伴随物主要有色素、植物甾醇及某些脂溶性维生素等。

食用植物油呈现各种颜色，主要是由于色素溶于油中所致。主要的脂溶性色素有叶绿素、叶黄素、胡萝卜素和棉酚等。青豆油、亚麻油及从不成熟的种子中制取的油常呈绿色，是因为含有较多的叶绿素；棕榈油呈红色，是因为含有胡萝卜素；毛棉油呈现深棕色或红褐色，是因为含有棉酚。棉酚是一种有毒物质，能引起烧热病，并能损害生殖机能。

粮食中的植物甾醇主要有豆甾醇、麦角甾醇和油菜甾醇等，存在于粮食的胚中。例如，小麦全粒中含植物甾醇0.031%～0.07%，而麦胚中的含量为0.2%～0.5%。含胚大的玉米粒中，植物甾醇的含量达1.0%～1.3%。植物甾醇本身不能被人体吸收利用，但它具有抑制人体吸收胆固醇的作用，所以多吃植物油，可以在一定程度上降低人体血液中的胆固醇。麦角甾醇经紫外光的照射，可转变为维生素 D_2，这对人体的健康有利。

（三）蛋白质

蛋白质是一类天然的高分子含氮化合物，广泛存在于动植物体内，是构成动植物细胞原生质的主要成分。蛋白质主要由碳、氢、氧、氮四种元素构成，另外还含有少量的硫、磷、铁等元素。每种纯净的蛋白质都可以被酸、碱或蛋白酶水解，其水解的最终产物是氨基酸，这说明氨基酸是组成蛋白质的基本单位。

研究发现，构成蛋白质的氨基酸有20余种。这些氨基酸中，有的在人体内不能自行合成或合成的量不能满足机体的需要，必须从食物中获得，否则会影响机体的正常生长和健康，这些氨基酸称为必需氨基酸。必需氨基酸有赖氨酸、苯丙氨酸、缬氨酸、蛋氨酸、色氨酸、亮氨酸、异亮氨酸和苏氨酸八种。

蛋白质是粮食中重要的营养成分之一。粮食中蛋白质的含量差异很大，一般谷类粮食含蛋白质在15%以下，豆类和油料蛋白质可高达30%～40%。粮食籽粒中的大部分蛋白质是储藏蛋白，属简单蛋白质，主要以蛋白体或糊粉粒的形态存在于细胞内，只有极少数的蛋白质才是复合蛋白质（脂蛋白和核蛋白）。在粮食品质（营养品质、食用品质）的评价中，蛋白质的质和量占有很重要的地位。

粮食及油料中的蛋白质分为清蛋白（水溶性蛋白）、球蛋白（盐溶蛋白）、醇溶蛋白（溶于70%的乙醇）和谷蛋白（溶于稀酸或稀碱）。

粮食和油料中蛋白质的含量随粮油种类、品种、土壤及栽培条件等的不同而异，而且各类蛋白质的含量也不相同（见表3-4）。

表 3-4 粮油籽粒中各类蛋白质的相对含量 单位：%

种 类	蛋白质总量	清蛋白	球蛋白	醇溶蛋白	谷蛋白
大米	8～10	2～5	2～8	1～5	85～90
红皮硬质春小麦	10～15	5～10	5～10	40～50	30～40
大麦	10～16	3～4	10～20	35～45	35～45
燕麦	8～20	5～10	50～60	10～15	5
黑麦	9～14	20～30	5～10	20～30	30～40
玉米	7～13	2～10	10～20	50～55	30～45
大豆	30～50	少量	85～95	极少量	极少量
芝麻	17～20	<4	80～85	极少量	极少量
绿豆	19～26	<1	80～85	少量	少量

如表3-4中所示，禾谷类籽粒中的蛋白质主要是醇溶蛋白和谷蛋白，其中以玉米的醇溶蛋白和大米的谷蛋白最为显著，燕麦中的球蛋白含量最多。豆类和油料中蛋白质大多数为球

蛋白。小麦的特点则是胚乳中醇溶蛋白和谷蛋白含量几乎相等，且这两种蛋白能形成面筋，为小麦面筋的主要成分，是决定小麦面团黏弹性的重要因素，其中醇溶蛋白与面筋的延伸性（黏性）有关，是面包（馒头等食品）体积膨胀的主要因素之一；麦谷蛋白吸水后则与面团的弹性（韧性）有关。清蛋白主要是酶蛋白，与醇溶蛋白一样，可以用来鉴别小麦等粮食作物的品种。大米中的球蛋白在储藏过程中起重要作用，它不仅影响米的营养价值，而且与米饭的风味有很大的关系。

从营养价值来看，小麦的营养价值较稻米低，稻米蛋白的生理价为75%，消化率为97%，净利用率为72%；小麦蛋白质的生理价为52%，消化率为100%，净利用率仅为52%，且小麦蛋白中，赖氨酸含量较大米低（见表3-5），其他谷类粮食也是如此，所以赖氨酸是禾谷类粮食的第一限制性氨基酸。

表3-5 粮油籽粒中必需氨基酸的含量 单位：%

氨基酸种类	最适比	小麦	玉米	稻谷	菜豆	花生	大豆	豌豆
苏氨酸	4.3	2.8	3.2	3.5	3.4	2.8	3.7	4.1
缬氨酸	7.0	3.8	4.5	5.4	3.9	4.0	5.0	4.1
异亮氨酸	7.7	3.4	3.4	4.0	4.1	3.5	4.5	3.4
亮氨酸	9.2	6.9	12.7	7.7	5.2	6.2	7.5	5.3
苯丙氨酸	6.3	4.7	4.5	4.8	3.9	4.9	5.2	3.2
赖氨酸	7.0	2.3	2.5	3.4	4.7	3.1	6.0	5.4
蛋氨酸	4.0	1.6	2.1	2.9	1.9	1.1	1.6	1.2
色氨酸	1.5	1.0	0.6	1.1	1.0	1.1	1.5	0.8

油料和豆类则不同，籽粒中普遍缺乏蛋氨酸，其中，花生蛋白质的赖氨酸、苏氨酸和蛋氨酸较低，大豆籽粒中赖氨酸含量丰富，营养价值最高。

（四）维生素

维生素是一类具有生物活性的小分子有机化合物。这些物质虽不能为机体提供大量的能量和构成组织的物质材料，但它却是生物体进行物质代谢，维持正常生理功能必不可少的一类营养素。同时维生素也是酶的重要组成部分。人体如果缺乏某些维生素或者维生素供应不足时，酶的功能就会受到影响，代谢失调，甚至导致发育不良、生长停止。

粮食是多种维生素的主要来源。粮食中的维生素主要集中在胚、糊粉层及皮层中；大豆则集中在子叶中。

（五）水分

水分是粮食中重要的化学成分之一，它不仅影响粮食籽粒的生理变化，而且影响粮食的加工、储藏及粮食食品的制作。水分过高，粮食不易保管，容易发热霉变，适量的水分可保证粮食加工及食品制作的顺利进行及产品品质。正常情况下，谷类粮食含水量为13%～14%，油料为7%～8%。

水分在粮食籽粒中有两种不同的存在状态：一是游离水；二是结合水。

游离水又称自由水，一般禾谷类粮食水分达到14%～15%时，开始出现游离水。游离水存在于粮粒的细胞间隙和毛细管中，具有普通水的一般性质，即0℃结冰，100℃沸腾，能作溶剂，是粮食进行生物化学反应的介质。游离水在粮食籽粒内很不稳定，可在环境温度和湿度的影响下自由出入于粮食籽粒内外。粮食水分的变化主要是指游离水的变化。

结合水又称束缚水，存在于粮食的细胞内，与粮食中的淀粉、蛋白质等亲水性大分子有机化合物以氢键的形式结合，因此性质稳定，不易散失。不具有普通水的性质，在温度低于

－25℃时也不结冰，几乎不能作溶剂。一般来说，含糖和蛋白质较多的粮食，结合水较多；含脂肪多的粮食，结合水较少。

游离水与结合水在粮食籽粒中同时存在，两者之间并无截然的分界线，其差别只在于它们与吸附物质之间作用力的强弱不同。就谷类粮食而言，如果水分在13.5%以下，可以看做全部是结合水，此时粮粒的生命活动很微弱，而且微生物不能利用结合水进行生长发育，粮食也不会发热霉变。随着粮食含水量的增高，游离水也会增加，粮食的生命活动就不断增强。高水分粮食生命活动很旺盛，不仅消耗营养成分，造成干物质减少，而且还放出热量和水分。因此，游离水较多的粮食，容易发热生霉。

粮食样品在105℃的温度下维持一段时间，其绝大部分结合水都能挥发出来。因此，我们平时用烘干法测得的粮食水分，是指游离水和结合水的总和。

（六）矿物质

矿物质即无机物，是粮食中除去碳、氢、氧、氮四种元素以外的其他元素的统称。由于粮食经过高温灼烧后，发生一系列变化，有机成分挥发逸去，而无机物大部分为不挥发性的残渣被留在灰中，故矿物质又称为灰分。粮食中的矿物质主要有K、P、S、Mg、Ca、Mn、Na、Si等，除少数以无机盐形式存在外，多数与有机化合物结合存在。谷类粮食中的矿物质主要分布在壳、皮、糊粉层及胚中，所以加工精度愈高，矿物质含量则愈少。

我国主要粮食的灰分含量为1.5%～5.5%。一般带壳的禾谷类粮粒（如稻谷、燕麦）的灰分比不带壳的禾谷类粮粒（如玉米、小麦）要高；大粒（如蚕豆）比小粒（如油菜籽）要低；皮薄（如花生）的灰分比皮厚（如大豆）者低；粒小而壳厚者（如芝麻）其灰分甚高。

灰分在粮油籽粒各部位的分布情况是不平衡的。粮粒中一般以壳、皮及糊粉层所含灰分为最多，胚次之，内胚乳最少，而胚乳中心部分比胚乳外层更少（见表3-6）。

表3-6　主要粮食的灰分含量及其元素成分（以干物计）　单位：%

粮种	总灰分	灰分的化学成分							
		K_2O	Na_2O	CaO	MgO	P_2O_5	SO_3	SiO_2	Cl_2
稻谷	4.6	22.47	4.55	2.93	12.3	42.31	0.23	6.53	0.91
小麦	1.68	0.52	0.03	0.05	0.20	0.79	0.01	0.03	0.01
黑麦	1.79	0.58	0.03	0.05	0.20	0.85	0.02	0.03	0.01
大麦	1.70	0.28	0.07	0.01	0.21	0.56	0.05	0.49	—
燕麦	2.67	0.48	0.04	0.10	0.19	0.68	0.05	1.05	0.03
玉米	1.24	0.37	0.01	0.03	0.19	0.57	0.01	0.03	0.02
黍	2.95	0.33	0.04	0.02	0.8	0.65	0.01	1.56	0.01
高粱	1.60	0.33	0.04	0.02	0.24	0.65	—	0.12	—

第四章

粮油样品的扦样、分样与感官鉴定

【本章主要内容】

- 粮油样品的意义和分类
- 粮食、油料扦样用具及扦样方法
- 油脂扦样用具及扦样方法
- 油料、饼粕扦样方法
- 饲料抽样方法
- 样品的分样与保管
- 粮油感官鉴定

第一节 粮油样品的意义和分类

【学习要求】

▲ 通过学习，了解粮油正确扦样的意义和样品的分类。

一、粮油正确扦样的意义

粮油是对谷类、豆类、油料及其加工成品和半成品的统称。要确定一批粮油的品质，不可能将该批粮油全部检验，只能取其中一小部分有代表性的粮油进行检验，以确定该批粮油的质量。因此，从一批受检的粮油（粮食、油料、油脂）中，按规定扦取少量具有代表性的部分，称为粮油样品，简称样品。

样品是检验工作的对象，是一批粮油的代表，其检验结果是认定一批粮油质量的重要依据。在进行粮油品质的分析过程中，首先就是扦取样品，然后对所扦取的样品进行分析、检验，再根据受检样品分析检验结果，确定出该批粮油的质量。因此，样品必须具有代表性，只有具有代表性的样品，才能反映出该批受检粮油质量的真实性。否则无论检验工作如何准确、精密，由于粗枝大叶或不准确地扦样，都将会使扦取的样品失去代表性，其分析、检验的结果不仅毫无价值，甚至会给国家和人民造成不应有的经济损失。所以，粮油质量检验人员对样品的扦取应十分重视，要坚决遵照国家标准中规定的操作程序扦取具有代表性的样品，然后进行分样、制样，同时对扦取的样品必须进行登记，妥善保管，防止丢失、混淆、污染或变质。

二、样品的分类

1. 按照扦样、分样和检验过程的不同，将粮油样品分为原始样品、平均样品和试验样品三类

(1) 原始样品　从一批受检的粮油样品中最初扦取的具有代表性的样品称为原始样品。

原始样品的数量是根据一批粮油样品的数量和满足质量检验的要求而定的。粮食油料的原始样品一般不少于 2kg；油脂的原始样品不少于 1kg；零星收付的粮油样品可酌情减少。

(2) 平均样品　将原始样品按照规定连续混合，平均地分出一部分，作为该批的待检样品称为平均样品，或称缩分样品。平均样品一般不少于 1kg。

(3) 试验样品　将平均样品经过连续混合分样，根据需要从中分取一部分供分析、检验用的样品称为试验样品，或称供试样品，简称试样。

2. 按照样品的用途，可将样品分为供检样品、保留样品和标本样品（陈列样品）**三类**

(1) 供检样品　将原始样品充分混合，均匀分成两份，一份供做检验用的样品称供检样品，又称送检样品。

(2) 保留样品　按规定保留，以备复检之用的样品称为保留样品，又称复检样品。

(3) 标本样品　对名贵品种、优良品种制成标本陈列于实验室内，以作研究或供参观用的样品称为标本样品，又称陈列样品。

第二节　粮食、油料扦样用具及扦样方法

【学习要求】

▲ 通过学习，了解粮油扦样的各种用具；

▲ 掌握粮油的扦样方法。

从一批粮食和油料中均匀地、有代表性地扦取原始样品的过程，叫做扦样。

粮油质检人员在扦样前应了解扦样对象的种类、堆装方式、包装形式、批量及质量状况等，以便准备适当的扦样用具及确定粮油的扦样方法。

一、扦样用具

扦样用具包括扦样器、取样铲、样品容器、扦样单等。

从一批粮食和油料中扦取原始样品的器具称为扦样器，又称探子。扦样器分为包装扦样器和散装扦样器两种。

(一) 扦样器

1. 包装扦样器

包装扦样器又称粮探子（如图 4-1 所示），是由一根具有凹槽的金属管切制而成，一端呈锥形便于插入粮包，另一端有中空的木手柄，便于样品流出，根据探口长度和探口宽度，可将其分成大粒粮食扦样器、中小粒粮食扦样器和粉状粮食扦样器三种。

(1) 大粒粮食扦样器　全长 75cm，探口长 55cm，口宽 1.5～1.8cm，头分尖形或鸭嘴形，最大外径为 1.7～2.2cm。

1. 散装扦样

凡是散存于仓房或圆仓和散垛中的粮食和油料均叫做散装。散装扦样法根据仓型的不同，可分为仓房扦样法与圆仓（囤）扦样法。

(1) 仓房扦样法　对散装的中、小粒粮食、油料，根据堆形和面积大小分区设点，按粮堆高度分层扦样。

① 分区设点　根据粮堆面积大小分区，普通房式仓每区面积不过 $50m^2$。中央储备粮质量抽查扦样（高大平房仓）按 $350m^2$ 左右分区。各区设中心和四角 5 个点。区数在两个以上的，相邻两区交界线上的两个点为公用点（如两个区共 8 个点，三个区共 11 个点，以此类推）。普通房式仓粮堆边缘的点应设在距墙边 50cm 处（高大平房仓粮堆边缘点应设在距墙边 1m 处）（见图 4-5）。

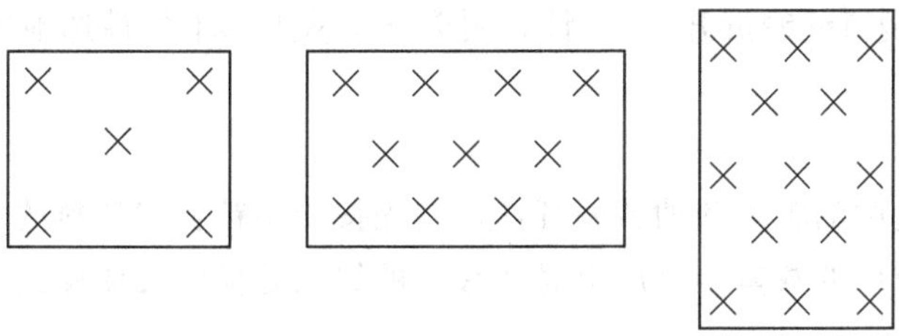

(a) 一区 5 点　(b) 三区 11 点　(c) 四区 13 点

图 4-5　散装粮食、油料分区设点示意图

② 分层　按粮堆高度分层，堆高在 2m 以下的，分上、下两层；堆高在 2～3m 的分上、中、下三层，上层在粮面以下 10～20cm 处，中层在粮堆中间，下层在距底部 20cm 处；堆高在 3～5m 时，应分四层；堆高在 5m 以上的分五层，第一层距底部 30cm 处，第二层为堆高的 1/3 处，第三层为堆高的 1/2 处，第四层为堆高的 3/4 处，第五层距粮面以下 20cm 左右。

③ 扦样　按区、按点，先上后下逐点扦样。各点扦样数量应一致。

(2) 圆仓（囤）扦样法　对散装的中小粒粮食、油料，圆仓（囤）扦样方法是分部设点，分层扦样。

① 分部　将圆仓（囤）直径分为内（中心）、中（半径 1/2 处）和外（距仓边缘 30cm 左右）三部分（见图 4-6）。

② 设点　圆仓（囤）直径在 8cm 以下的，每层按内、中、外分别设 1、2、4 共 7 个点；直径在 8m 以上的，每层按内、中、外分别设 1、4、8 共 13 个点。

③ 分层　同仓房扦样法。

④ 扦样　按部、按点，先上后下逐点扦样。

(3) 对散装的特大粮食、油料（如花生果、桐籽、大粒蚕豆、甘薯片等），均扦取扒堆的方法　参照“分区设点”的原则，在若干个点的粮面下 10～20cm 处，不加挑选地用取样铲取出具有代表性的样品。

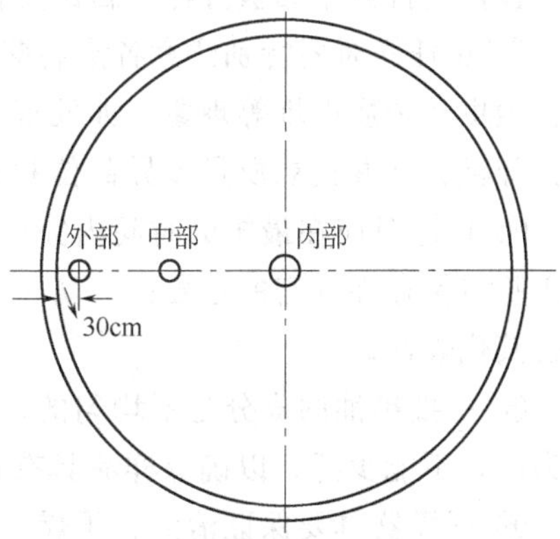

图 4-6　圆仓（囤）扦样设点示意图

2. 包装扦样法

(1) 中小粒粮食和油料及粉状粮　首先按照一

批受检的粮食和油料的总包数来确定应扦取包数。中、小粒粮食和油料的扦取包数不少于总包数的 5%，小麦粉和其他粉状粮扦样包数不少于总包数的 3%。按照扦包数均匀地设定扦样包点，然后用包装扦样器进行扦样，每包扦样次数应保持一致。

(2) 特大粒粮食和油料（如花生果、花生仁、葵花籽、蓖麻籽、大粒蚕豆、甘薯片等）扦样包数 200 包以下的扦样不少于 10 包；200 包以上的每增加 100 包增取 1 包。扦样包点应分布均匀。扦样时，扦取倒包与拆包相结合的方法。扦样比例：倒包的包数不少于应扦包数的 20%，拆包的包数为应扦包数的 80%。

① 倒包法　先将取样包放在洁净的塑料布或地面上，拆去包口缝线，慢慢地放倒，双手紧握袋底两角，提起约 50cm 高，拖倒约 1.5cm，全部倒出后，从相当于袋的中部和底部用取样铲取出样品。每包、每点取样数量应一致。

② 拆包法　将袋口缝线拆开 3～5 针，用取样铲从上部不加挑选地取出所需样品，每包取样数量应一致。

3. 流动扦样法

对于在机械传送中的粮食和油料的扦样，首先按受检粮食和油料的数量和传送时间，定出取样次数和每次应取的数量，然后定时从粮流的终点处横断接取样品（严禁在输送带上或绞龙中取样）。

4. 零星收付扦样法

零星收付（包括征购）粮食和油料的扦样，可参照以上方法，结合具体情况，灵活掌握，但扦取的样品应具有代表性。在扦样过程中，如发现个别包或部位的质量变动较大时，应单独进行处理。

5. 特殊目的扦样法

特殊目的的扦样，如粮情检查、害虫调查、加工机械效能的测试和加工出品率试验等，可根据需要扦取样品。

三、扦样应注意的事项

① 扦样人员必须是有资质的检验人员，扦样时应根据扦样的原则和规定扦取有代表性的样品。

② 包装的粮食要根据扦样的包数均匀布点，不能在一个部位集中扦取。对汽车上的包装粮食，应打开车厢板扦样，目的是使样品有代表性。

③ 在扦样时要特别注意各点各袋的质量是否基本相同，是否有掺杂掺假，有无生霉变质、生虫及杂质聚堆等现象，如发现某一部位的质量与其他部位有明显差异，扦取的样品应该分开盛放，并记录质量差异部位和大约数量，单独进行检验。

④ 扦样时应在最短的时间内完成，以避免样品的组分发生变化。扦取的样品应尽快送至实验室保存在气密的容器内，防止成分逸散及其他物质的污染，改变样品的品质，使样品失去其代表性。

⑤ 一批粮油的成分是不均匀的，因此扦样的数量要以能够满足标准规定和检验项目需要为准，不能少扦，以确保样品具有代表性。

⑥ 扦样器具要保证清洁、干燥、无异味、无污染。

⑦ 对定量包装的样品扦样后，必须补足所扦取的量，然后重新包装好。

第三节　油脂扦样用具及扦样方法

【学习要求】

▲ 通过学习，了解油脂的扦样用具；

▲ 掌握油脂扦样方法。

一、扦样用具

按照油脂的状态及储存方式的不同，可将油脂扦样器分为桶装油脂扦样器、散装油脂扦样器和固体油脂扦样器三种。

1. 桶装油脂扦样器

一般多采用透明的玻璃管作为桶装油脂的扦样器，内径为 1.5～2.5cm，长约 120cm。为了使用上的方便，可将下端制成束口，上端制成开口（见图 4-7），该扦样器也称为玻璃管扦样器。

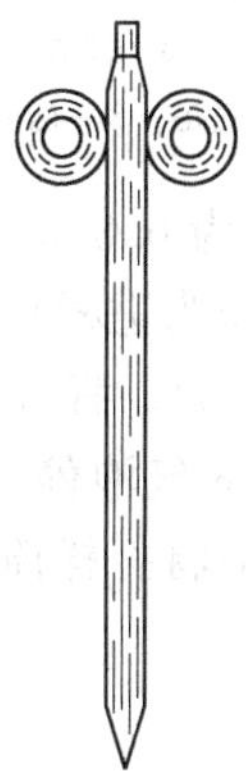

图 4-7　桶装油脂扦样器

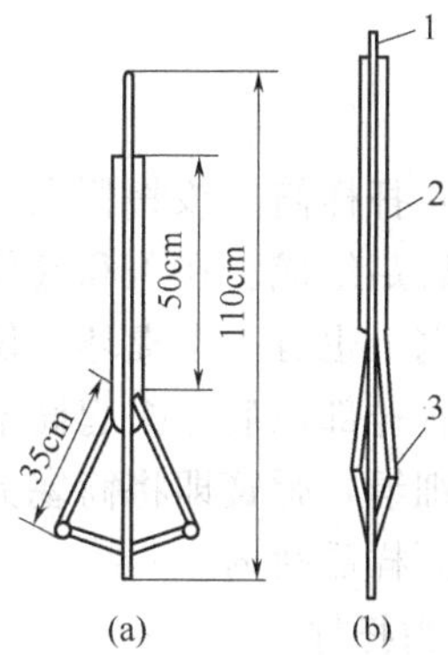

图 4-8　桶装油脂搅拌器

(a) 撑开时；(b) 未撑开时

1—棒；2—管；3—叶子板

扦取综合样品时，先将油脂用搅拌器（见图 4-8）搅拌均匀，然后将玻璃管扦样器缓慢地自桶口斜插至桶底，然后用拇指压住上口提出扦样器，同时用另一只手抹去管外油脂，将油样注入样品瓶内。

2. 散装油脂扦样器

散装液体油脂扦样器有扦样瓶、管式扦样筒和弹簧式扦样筒三种。

(1) 扦样瓶　一般采用 500mL 的细口瓶作为扦样器。扦样前在瓶颈和瓶塞上各系一细绳，同时通过瓶颈在瓶底系一重物，以便使瓶能沉入油中。扦样时，塞上瓶塞，将瓶沉入扦样部位后，提动瓶塞上细绳拔起瓶塞，油脂缓慢进入瓶内，待油面停止冒泡，即可提出扦样瓶。

(2) 管式扦样筒　该扦样器是用一根长约 20cm，直径为 2.5～3.0cm 圆柱形钢管制成，另配有与钢管内径相同，长约 3.0cm 的圆形铜锭一块。在铜锭与钢管的一头，铜锭与钢管丝纹连接，铜锭中心开一直径为 1.5cm 的小孔，在小孔上装一块可以上下翻动的薄铜片（舌片）作为进样用。钢管上口有两个提环，提环上系以细绳（见图 4-9）。

扦样时，提起细绳将扦样筒沉入油池，由于扦样器下沉，油脂的浮力向上，顶住扦样器舌片，油脂穿管而过，当停留在所扦部位后，将绳索上提时，油脂压力迫使铜舌片关闭小口，扦样器又成为一个有底的筒。提起筒塞上的细绳，即为扦取所需部位的油样。

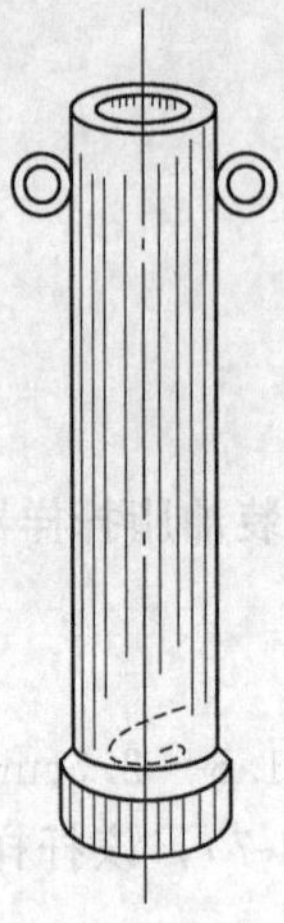

图 4-9 散装油管式扦样筒

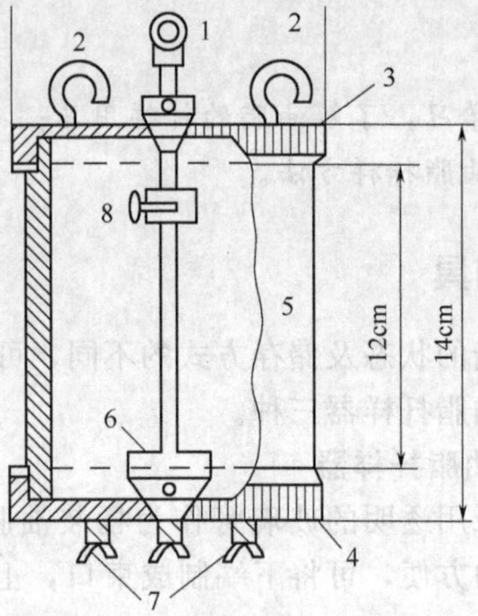

图 4-10 散装油弹簧式扦样筒

1—活塞上系绳环；2—盖上系绳环；3—筒盖；4—筒底；5—筒体；6—活塞；7—底足；8—挡片

(3) 弹簧式扦样筒 该扦样器是由圆柱形金属筒制成，容量约为 0.5L，由盖、底、筒塞（活塞）和底足组成。在盖和底部两圆心处装有铜轴筒塞一个，作为进样出样用。盖上有两个提环，筒塞上也有一个提环，供系绳用，筒底有三足（见图 4-10）。扦样时，将扦样筒塞关闭，沉入扦样部位后，提起筒塞上的细绳，油进入筒内，当油面气泡停止时，油已满，放松筒塞上的细绳，弹簧即将筒塞关闭。提起盖上两个提环上的细绳将扦样筒提出，再拉开筒塞将油脂放到样品瓶内。

3. 固体油脂扦样器

对皮油、木油等固体油脂的扦样，使用固体油脂扦样器（见图 4-11）。该扦样器系一金属半圆形钢管，直径约 1cm，长约 100～120cm，一端制成长约 30cm 的鸭嘴状斜尖，另一端装有与扦样器垂直的手柄，扦样时将扦样器插入固体油脂底部，旋转一周，拔出扦样器，试样呈一圆柱体而被带出。固体油脂的扦样，也可用手摇钻取样。

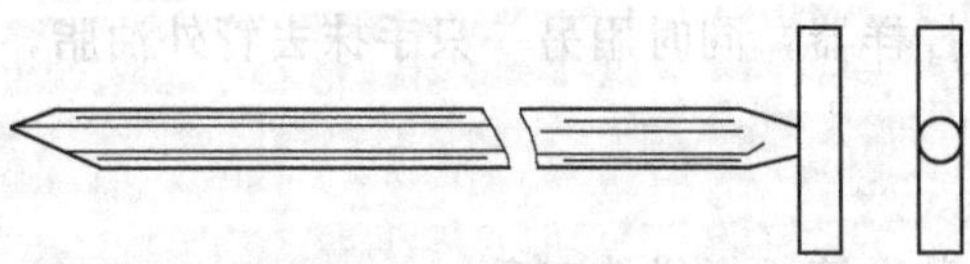

图 4-11 固体油脂扦样器

二、扦样方法

1. 桶装油扦样法

在扦取样品之前，先用玻璃管扦样器逐桶检查有无品种混杂、明水、明杂、腐败变质等。如发现类似情况要在桶上加以注明，另行处理。

在油脂品种较多的地区，可用浓硫酸与油脂呈色反应来鉴别油脂种类，必要时可进行定性试验。

检查明水、明杂时，可先用拇指堵住扦样管上口，直插到桶底时松开拇指，桶底若有明水、明杂，即可进入管内，就很容易检查出来。

油脂是否腐败变质，嗅其气味即可判断，亦可在检查明水、明杂时观察桶底油脚情况加以判断。

扦样时可根据被检桶数来确定扦取桶数（见表 4-1）。被扦取的桶点要求分布均匀，按扦取综合样品方法，即先搅拌后扦样。

表 4-1　桶装油脂扦样桶数规定

总桶数	应扦取桶数	总桶数	应扦取桶数
7 桶以下	逐桶扦样	51～100 桶	不少于 15 桶
10 桶以下	不少于 7 桶	101 桶以上	按不少于总桶数的 15%扦取
11～50 桶	不少于 10 桶		

2. 散装油扦样法

散装油以一个油池、一个油罐、一个车槽为一个检验单位。

扦样时，根据油池、油罐、车槽中散装油的高度，等距离分为上、中、下三层，上层距油面以下约 40cm 处，中层在油层中间，下层距油池底板 40cm 处，三层扦样数量比例为1∶3∶1（卧式油池、车槽为 1∶8∶1）。

(1) 散装油脂扦取数量　凡油脂总数 500t 以下的不少于 1.5kg；500～1000t 的不少于 2kg；1001t 以上的不少于 4kg。

(2) 散装油的扦样步骤

① 扦样前先将扦样筒沉入底部，检查明水、明杂等情况，如有明水、明杂应另行处理。

② 清理扦样筒。将底部扦出油倒回池内，再在上部扦样数次，仍倒入池内，以便清除扦样筒内水杂。

③ 扦取底部油样。将扦样筒沉入底部后，再上提 40cm，将细绳在手中指上绕一圈作为标记，起点距离从池盖口边缘算起，扦取下层油样倾入样品容器中。

④ 扦取上层油样。将扦样筒沉入上层油面以下 40cm 处，将细绳在手食指绕一圈作为标记，提取扦样筒，将上层油样倾入样品容器中。

⑤ 按比例扦取中层油样。将手食指和中指所绕细绳作为起点，并成双绳，双绳末端至扦样筒的距离即为油层中点，以此长度为标准，按比例扦取中层油样放入样品容器中。

3. 固体油脂扦样法

固体油脂取样现无统一的规程，由于每件之间品质差异较大，故一般都是逐件扦样或收发双方协商扦样，也可参照桶装油的办法扦取。

4. 输油管流动油扦样法

油在输油管中流动的过程中，可根据油脂数量和流量，计算流动时间，采用定时、定量法用油勺在输油管出口处接取样品。

第四节　油料、饼粕扦样方法

【学习要求】

▲ 通过学习，了解油料、饼粕的扦样用具；

▲ 掌握油料、饼粕的扦样方法。

一、扦样器

植物油厂主要副产品有油饼和油粕。由于副产品的自然状态不同，因此饼粕扦样器分为包装扦样器和散装扦样器。

(1) 包装扦样器 包装扦样器包括取样叉、取样铲、分隔式取样叉、分隔式圆柱形取样器和包式取样叉（见图 4-12）。

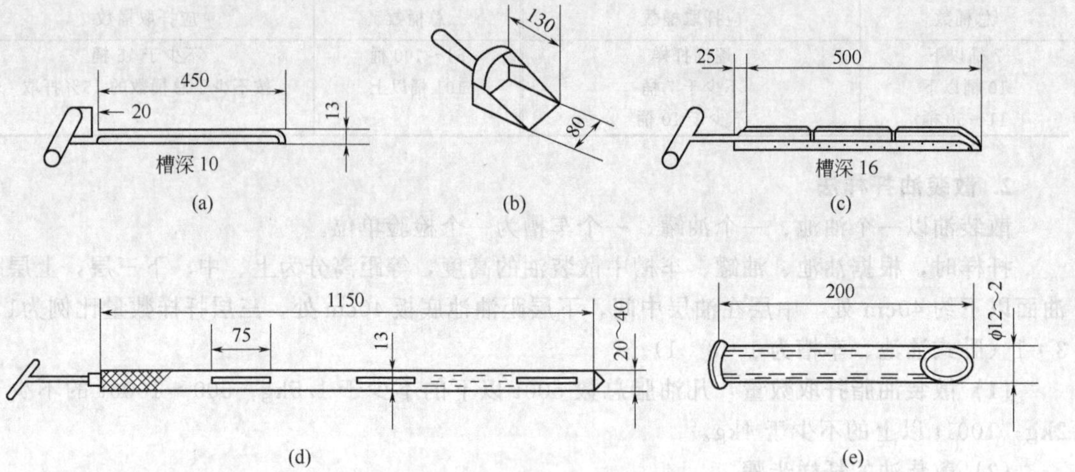

图 4-12 油料饼粕扦样器

(a) 取样叉；(b) 取样铲；(c) 分隔式取样叉；(d) 分隔式圆柱形取样器；(e) 包式取样叉

(2) 散装扦样器 散装扦样器包括分隔式圆柱形扦样器、分隔式扦样叉、取样叉、取样铲、机械扦样器以及其他在油料饼粕流动过程中周期性的扦样器具。

二、分样工具

分样工具包括分样器、铲和分样板。

三、样品容器

油料饼粕样品容器可用稠密的纺织布、聚乙烯塑料或金属材料制成。但测定水分或易挥发物的样品，以及由于水分的变化可能影响其他测试项目分析结果的样品，应装在气密和防潮容器中。容器应全部填满，以防样品松散。测定挥发性烃类物质含量的样品，不宜使用塑料容器包装。

四、样品标签标识

根据用途使用大小合适、质量好的标签。标签上的字迹要清晰，并能长期保存。标签内容至少要包括下列 12 项：即水、陆运输工具；发货地址；收货地址；到达日期；货运量（或扦样代表数量）；散装或包装（袋装）；货物名称；货物等级、商标或批号；装货单号码及日期或者合同号码及日期；扦样日期；扦样点及扦样位置；扦样人和扦样工具。已受损害饼粕样品的标签，要说明损害饼粕所占比例或吨位。

五、术语

根据 GB/T 10360—2008《油料饼粕 扦样》的规定，涉及油料饼粕扦样的术语如下。

(1) 商品批 按照合同或运输协议一次发运或接收的油料饼粕的量，可以包括一个检验批或多个检验批的多个部分。

(2) 检验批 取自商品批并具有同一质量的一定数量的油料饼粕，是检验的单位，其数量不超过 500t。

(3) 检样 从一个检验批的单个扦样点扦取的小量油料饼粕样。扦自检验批的不同部分的一系列检样，经混合后，具有检验批的代表性。

(4) 原始样品 取自同一检验批的检样，经合并和混合得到一定数量的油料饼粕样。

(5) 平均样品 原始样品通过连续分样和缩分，得到数量近似于实验室样的油料饼粕，具有代表原始样品的特征。

(6) 试样 从平均样品中取得的，供分析或其他检测用的油料饼粕样。试样应代表该检验批的质量。

六、扦样通则

(1) 样品应完全代表所取的检验批。每个商品批要准确地分成若干个检验批，每个检验批一般不超过 500t。从每个检验批扦取一系列检样，并经充分混合成原始样品。各个原始样品经过连续分样得到试样。试样应具有该检验批质量的代表性。

(2) 应确保所有扦样工具清洁、干燥、无异味，扦样器具所用材质对油料饼粕无污染。扦样时应确保所扦样品、扦样工具、样品包装容器避免外来污染，如雨水、灰尘等。在装卸样品前应除去粘附在扦样工具外表的杂物。

(3) 应尽可能缩短扦样操作时间，以避免样品成分的变化。如果扦样或扦样某个阶段需要较长时间，样品或中间样品应用密闭容器保存。需要测定挥发性烃类物质的样品，应尽量避免挥发损失，不宜使用塑料容器。

七、扦样时间、地点和检验批的限量

1. 一般规定

在与扦样有关的各方认可下，扦样可以在货船、驳船、货车、卡车和仓库装卸饼粕的过程中进行。商品批可以是散装、包装的饼粕。每检验批饼粕应在 500t 及其以下的限量中进行抽检。

2. 散装转运

从货船或驳船上转运散装的油料饼粕时，通常应按以下程序进行。

(1) 货车或卡车转运 装车后可立即扦取检样或在装卸期间，饼粕处于流动状态时扦取（尤其是要装转运到无法扦样的箱式货车时）。根据货车或卡车大小，至少在 3 个或 5 个不同部位扦样（见图 4-13）。每 500t 或不超过 500t 的一个检验批应扦取一个原始样品。

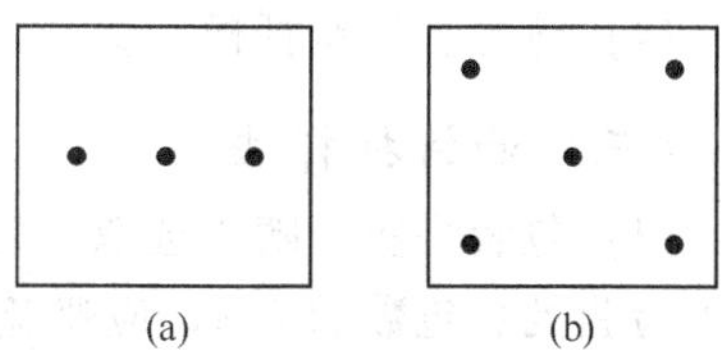

图 4-13 散装饼粕货车扦样设点示意图

(2) 货船转运 可在装卸期间从每个船舱扦取检样。每 500t 或不超过 500t 的一个检验批应扦取一个原始样品。

(3) 筒库、货仓转运 在机械化仓库扦样时，应根据传送带的输送速度，最好采用自动取样器，并合理计算扦取原始样品的时间和次数，每 500t 或不超过 500t 的一个检验批应扦取一个原始样品。

八、扦样方法

（一）一般规定

扦样由有关各方指定的扦样负责人进行。

即使样品没有受损，每检验批样仍很难均匀一致，应扦取足够的检样，以保证原始样品具有代表性。在运输中被水浸湿或受到其他损害，或保存得不好的饼粕，以及从包装物中漏出来又重新清扫复原的饼粕，在扦样中应与正常饼粕分开来。各种类型的受损原料都应与正常原料分离，再分别进行取样和质量评定。

（二）粉、团状饼粕扦样法

1. 包装饼粕扦样

(1) 扦取数量　按表 4-2 的规定确定扦取包数。

(2) 扦样　用包装扦样器从包装中扦取样品，用分隔式圆柱形扦样器或分隔式取样叉扦样时，可将槽口向下，从包的一端斜对角插入包的另一端，然后槽口向上取出。对已封口的包可以用包式取样叉扦样，也可以拆包扦样。

表 4-2　扦样的包数

检验批量/包	应扦包数
≤10	每包
11～100	≤10
>100	根据扦样方案，随机扦取总数的平方根包

注：对敞口的包，可用圆筒形扦样器、锥形扦样器或其他适合的扦样工具；对封口的包，可用包装扦样器扦样。

2. 散装饼粕扦样

(1) 流动饼粕扦样　先按被检饼粕数量和机械传送速度，定出扦样次数、间隔时间和每次应扦数量，然后定时横断接取样品。如果用自动机械扦样，则开槽孔直径至少是饼粕最大颗粒直径的 3 倍。

(2) 货船扦样　扦样一般在卸货时进行，要尽可能多地在舱内各部位扦取样品，对正在搬运的饼粕要根据卸料速度，呈周期性定时扦取。

(3) 货车扦样　在厢式货车上扦样时，用圆筒形或圆锥形扦样器至少在车内上、中、下三层扦样。每层设点如下：

饼粕数量在 15t 以下，扦 3 个点（中间 1 个，离边缘约 50cm 处 2 个）［见图 4-13(a)］；饼粕数量在 15t 或 15t 以上的车扦 5 个点［见图 4-13(b)］。

对于不适合在车上扦样的特种车，按流动饼粕扦样。

(4) 筒舱、货舱扦样　参考饼粕扦样有关部分，同时可根据当地具体条件而定。

（三）油饼扦样法

(1) 包装饼块　随机选取一定数量的包装，从每个包装内扦取一块，被扦取的包装不可少于检验批总包数的 2%，应避免扦取每个包装中同一部位的样品。

(2) 散装油饼　应从每 500t 中随机挑选 5 块饼。

（四）百包以上基本批扦样

扦取由 100 包以上组成的基本批的样品时，被扦包数大约是基本批总包数的平方根。基本批一般应划分成若干个组，每组由基本批总包数（N）的平方根（n）包组成（平方根的小数应进位至整数）。当基本批总包数（N）为 101～10000 时，每组的包数（n）见表 4-3。被扦取的每组中的每一包都应具有随机性。基本批分组后，若有剩余的包，扦样时还要从这些包中取一包。

为保证扦样的随机性，建议扦样员在扦样时，先写下 1，2，3，…，n 的数字，在扦取某组某包时，先删除该包在该组的位置号码。

举例说明如下：

某基本批由200（N）包组成，N在197～225之间取n为15。把某批分成13个组，每组由15（n）包组成。写出数字1，2，3，…，14，15，随意删除1个数字7，从第1组第7包中扦样。然后再删除其他数字，例如3，取第2组第3包，并从中扦样。重复这个过程，直到取完13个组（共195包）。最后从剩余的5包中随机地取1包。总共从200包中扦取了14包。

表4-3　当基本批总包数（N）为101～10000时，每组的包数（n）

N	n	N	n	N	n	N	n	N	n	N	n
101～121	11	626～676	26	1601～1681	41	3026～3136	56	4901～5041	71	7226～7396	86
122～144	12	677～729	27	1682～1764	42	3137～3249	57	5042～5184	72	7397～7569	87
145～169	13	730～784	28	1765～1849	43	3250～3364	58	5185～5329	73	7570～7744	88
170～196	14	785～841	29	1850～1936	44	3365～3481	59	5330～5476	74	7745～7921	89
197～225	15	842～900	30	1937～2025	45	3482～3600	60	5477～5625	75	7922～8100	90
226～256	16	901～961	31	2026～2116	46	3601～3721	61	5626～5776	76	8101～8281	91
257～289	17	962～1024	32	2117～2209	47	3722～3844	62	5777～5929	77	8282～8464	92
290～324	18	1025～1089	33	2210～2304	48	3845～3969	63	5930～6084	78	8465～8649	93
325～361	19	1090～1156	34	2305～2401	49	3970～4096	64	6085～6241	79	8650～8836	94
362～400	20	1157～1225	35	2402～2500	50	4097～4225	65	6242～6400	80	8837～9025	95
401～441	21	1226～1296	36	2501～2601	51	4226～4356	66	6401～6561	81	9026～9216	96
442～484	22	1297～1369	37	2602～2704	52	4357～4489	67	6562～6724	82	9217～9409	97
485～529	23	1370～1444	38	2705～2809	53	4490～4624	68	6725～6889	83	9410～9604	98
530～576	24	1445～1521	39	2810～2916	54	4625～4761	69	6890～7056	84	9605～9801	99
577～625	25	1522～1600	40	2917～3025	55	4762～4900	70	7057～7225	85	9802～10000	100

九、发送

试样品要尽快送出，一般情况下，应在扦样完成后的48h之内送出，包括非工作日。

第五节　饲料抽样方法

【学习要求】

▲ 通过学习，了解饲料的抽样方法。

一、一般容器包装

配合饲料、混合饲料及一般原料（除添加剂和液体饲料外），根据被检查货物的多少，按照表4-4所规定的比例，对容器进行抽样，再从被抽出的容器中抽取1kg试样，混合缩分后，取500g以上的试样。

表4-4　一般容器包装取样数量

货物数量	抽取容器数量		
	制造日期不同，制造批号分为两个批号以上者，以及成分系数超过3%者		同一制造批号，成分变动系数在3%以下者
	配合饲料、混合饲料、一般原料	动物性蛋白饲料	
不足250袋者	9	6	5
250～500袋者	12	9	5
500袋以上者	15	12	5

二、大型容器包装

从搅拌罐及大容量罐车中分 10 个地方取样，每处取 250g 以上的试样，或者是搅拌罐及罐车放料时，等间隔地从 5 处取样，每处取 1kg，混合、缩分后取 500g 以上试样。

三、散装、罐装、筒仓装饲料抽样

散装、罐装、筒仓装饲料（原料、配合饲料、混合饲料及一般原料）抽样，根据被检查货物的多少，按照表 4-5 取样（每处取 1kg），将此混合、缩分后，取 500g 以上的试样（添加剂及液体饲料除外）。

表 4-5　取样数量

<table>
<tr><th rowspan="3">货物数量</th><th colspan="3">抽取容器数量</th></tr>
<tr><th colspan="2">制造日期不同,制造批号分为两个批号以上者,以及成分变动系数超过 3%者</th><th rowspan="2">同一制造批号,成分变动系数在 3%以下者</th></tr>
<tr><th>配合饲料、混合饲料、一般原料</th><th>动物性蛋白饲料</th></tr>
<tr><td>不足 5t 者</td><td>9</td><td>6</td><td>5</td></tr>
<tr><td>5～10t 者</td><td>12</td><td>9</td><td>5</td></tr>
<tr><td>10t 以上者</td><td>15</td><td>12</td><td>5</td></tr>
</table>

四、液体饲料

从罐中取样时，使用海洛特（Hyroth）扦样器，从深度不同的 5 处取样，每处取 1L，混合、缩分后取 500mL 以上试样。在大包装内有小罐包装时，按照一般容器包装的抽样方法抽取容器，从各容器中各取 1L 样品，混合、缩分后，取 500mL 以上试样。

第六节　样品的分样与保管

【学习要求】

▲ 通过学习，掌握粮油样品的各种分样方法；

▲ 了解粮油样品的保管方式。

一、粮食、油料的分样

将原始样品充分混合均匀，进而缩分分取平均样品或试样的过程称为分样。原始样品是一批受检粮油的代表，为了满足检验的需要而又要保证样品的均匀性，所分的样品也必须具有代表性。因此，对分样的要求是：充分混合，均匀分取。

分样的方法有四分法和分样器分样法。在保证粮油原始质量不改变的情况下，可选择适当的分样方法。

1. 四分法

将样品充分混合，按 2∶4 的比例分样的方法叫做四分法。

四分法适用于原粮、油料和成品粮。也适用于大粒粮（如甘薯片、花生果、蚕豆等），但对散落性大的粮食、油料如大豆、豌豆、油菜籽、薯类不宜用四分法分样。

用四分法分样时，将样品倒在光滑平坦的桌面上或玻璃板上，用两块分样板（见图4-14）将样品摊成正方形，然后从样品左右两边铲起样品约 10cm 高，对准中心同时倒落。再换一个方向同样操作（中心点不动），如此反复混合四五次，将样品摊成等厚的正方形。用分样板在样品上画两条对角线，分成四个三角形，取出其中两个对顶三角形的样品，剩下的样品再按上述的方法反复分取，直至最后剩下的两个对顶三角形的样品接近所需试样质量为止（见图 4-15）。

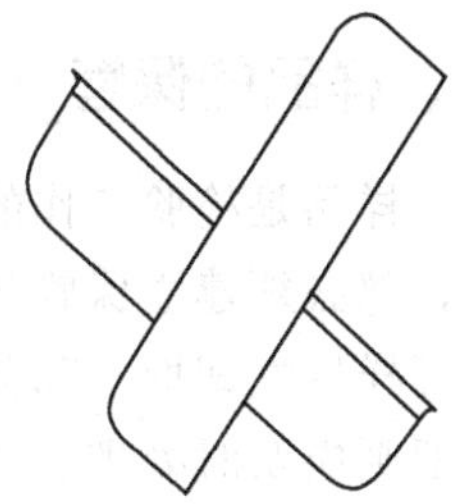

图 4-14　分样板

2. 分样器分样法

使用分样器混合分取样品的过程叫做分样器分样法。

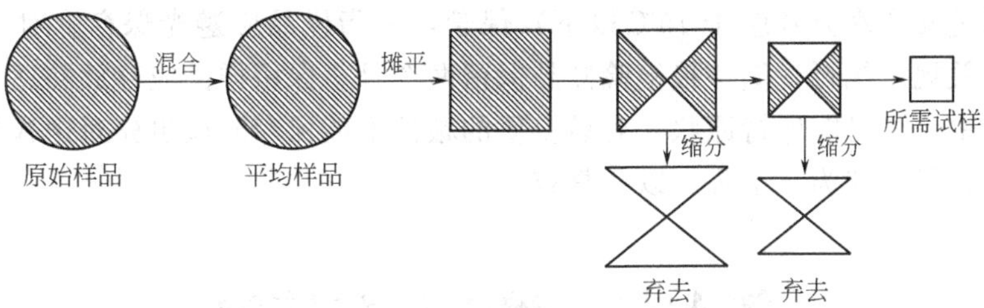

图 4-15　四分法分样图解

分样器可分为加拿大式和钟鼎式两种，常用的为钟鼎式分样器，它由漏斗、漏斗开关、圆锥体、分样格、流样口和接样斗等部件组成（见图 4-16）。其分样原理是利用样品自身重力自然下落，样品经过圆锥体混合而进入分样器的分样格后被分成两部分，分别进入两上接样斗。

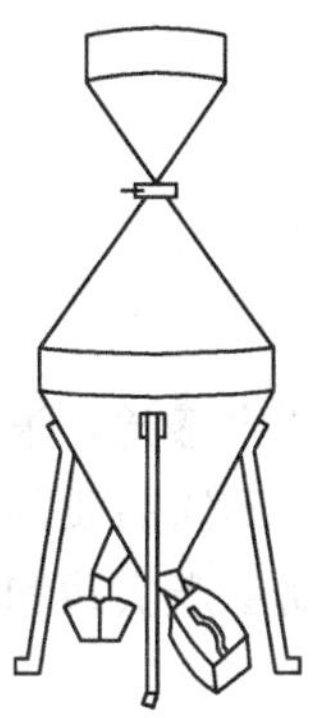

图 4-16　钟鼎式分样器

分样器分样法适用于中小粒原粮和油料。但对原粮中长芒稻谷、成品粮（如大米、小麦粉）、特大粒粮食和油料以及 50g 以下的样品不宜用分样器分样。

分样时，要先拍打分样器外壳以清除分样器内部灰渣，然后安放平稳，关闭漏斗开关，放好接样斗，将样品从高于漏斗口约 5cm 处倒入漏斗内，刮平样品，打开漏斗开关，待样品流尽后，轻拍分样器外壳，关闭漏斗开关，再将两个接样斗内样品同时倒入漏斗内，继续依照上述方法重复混合两次。以后每次用一个接样斗内的样品按照上述方法继续分样，直至一个接样斗内的样品接近所需要试样质量为止。

在分样中应注意以下问题：

① 分样前一定要将分样器清理干净，否则将影响检验结果的准确性；

② 分样器一定要放平稳，样品要从高于分样器漏斗上口约 5cm 处倒入漏斗内，不能过高或过低，样品要刮平，待样品流尽后，双手轻拍外壳，振下器壁上的残留物，立即关闭开关，再进行分样。

二、油脂的分样

对液体油脂的分样，可将扦取的样品经过充分摇动、混合均匀后，分取 1kg 作为平均样品备用。对固体油脂的分样，需先将其缓慢加热至刚好熔化，然后混合均匀，分取 1kg 作为平均样品备用。

三、样品的保管

样品是检验工作的对象，所以对样品要妥善保管是不容忽视的。凡是进入化验室的样品，都必须建立保管与处理制度，逐样进行编号、登记，并妥善保管。对于高水分的样品可在扦样后立即取一部分先测其水分，对其余样品可在低温下保存。对已检验的样品，如无需保留则应及时处理。该深埋的有毒样品要深埋，以防止污染和避免造成有害事故发生。

标本样品和标准样品的保管期较长，必须用干燥的样品容器进行防虫、防霉处理后保管。

保留样品是作为研究、复检或制作标本等而留下的，必须妥善保管。对于调拨、出口的粮油要保存不少于 1kg 的平均样品，经登记、密封、加盖公章和经手人签字后置于干燥低温处（水分超过安全水分者应于 15℃以下）保管，油脂样品应避光保存。对有特殊要求的粮油样品按相关规定执行，储备粮检验样品保留两个月。保留样品应存放在适当的容器及阴凉干燥的环境中，尽可能保持原状，对易变质的粮油不能保存时应事先对送检单位说明后不保留。样品妥善保存期为一个月，以备复查。

第七节　粮油感官鉴定

【学习要求】

▲ 掌握感官鉴定的基本概念和基本方法；

▲ 掌握色泽、气味、滋味的鉴定方法；

▲ 练习估测粮油水分、杂质等。

感官鉴定是利用人体各种感觉器官（眼、耳、口、鼻、手）接触粮油而产生感觉，根据客观反应，以标准为依据结合实践经验，直接判断粮油品质好坏的一种方法。不同品质的粮油具有不同的特征，人的感觉也引起不同的反应。感官法是我国劳动人民长期生产实践和科学实验的结果。

感官鉴定具有简便、快速的特点，在粮油收购入库和对粮油进行一般品质鉴定时，有其实用价值，尤其对粮油的外观价值，如色泽、气味和滋味的鉴定，更是十分简便。在粮油各业务环节的检验中，一般采用该法鉴定粮油杂质、水分、不完善粒及色泽、气味、滋味等项目是否正常。

由于每个质检员感觉器官的灵敏程度和实践经验的不同，再加上地区、品种、年成的差异，对检验的结果有时不可避免地会带有一定程度的主观局限性。因此初学者应对粮油感官鉴定方法经常进行反复练习，然后与仪器测定结果相对照进行估测，使感官鉴定的结果更加符合客观实际，并从中积累经验，不断提高鉴定结果的准确性。

一、感官鉴定的基本方法

感官鉴定方法按照人体感觉器官的不同，可分为视觉鉴定法、听觉鉴定法、嗅觉鉴定法、味觉鉴定法、触觉鉴定法、齿觉鉴定法。上述各种方法互相结合，协调运用，综合判断，才能得到正确的结果。具体方法如下。

1. 视觉鉴定法

视觉鉴定法是利用眼睛鉴定粮油品质的一种方法。主要鉴定粮油的品种、粒型、色泽、饱满程度、杂质含量、不完善粒、容重、千粒重、出糙率、含油量和加工精度等项目。视觉鉴定时，采取点面结合、上下结合，既要有重点，又要全面。先将视线集中在一点仔细观察，然后再进行全面观察并与一点相比较，以确定粮油品质的优劣。如：看杂质时首先估量被检样品数量多少，观察含杂情况，然后使手或样品盘成斜面，慢慢抖动，待粮粒流完后，再观察手或样品盘中留有杂质多少。如用眼判断粮油水分大小时，可观察粮油籽粒表面光泽的程度。在应用视觉鉴定时，要注意以下几点：

① 鉴定粮油色泽时，应注意光线强弱对色泽的影响，避免在日出前、日落后和微弱的灯光下进行；

② 在室内鉴定时，应避开日光直射（因光线太强，会失去原有品质的色泽），应在散射光下进行；

③ 在视觉鉴定时，要全面、仔细地观察，并切实注意品种不一、干湿不匀、上好下次、掺杂掺伪等情况；

④ 如因观察时间过长引起视觉疲劳，可闭眼稍稍休息，解除疲劳后再进行检验。

2. 听觉鉴定法

听觉鉴定法是利用耳听粮食和油料在翻动时或咬碎时发出的声响来判断粮食、油料水分的大小和品质好坏的一种方法。在鉴定时，将粮食、油料籽粒在手中紧握或碾压和粮粒自由落下时所发出声音的响亮程度，来判断粮食、油料的干湿程度。如粮粒从高处向低处流落时发出的声音响亮爽脆，则水分较低；反之，声音微弱沉闷，则表明水分大。

3. 嗅觉鉴定法

嗅觉鉴定法是利用鼻闻鉴定粮油气味，从而判断其品质好坏的一种方法。在打开粮包或打开仓门进仓时，立即嗅闻或将粮食、油料样品置于手掌心中立即嗅味，必要时用口哈气加温闻，也可将粮食或油料样品放入密闭容器内，在 60～70℃的温水中浸泡 2～3min，取出，开盖嗅辨其气味。

各种正常的粮食或油料都具有本身特殊的气味。新鲜而正常的粮食、油料都具有一种清香味。这种气味随着储存时间的延长而逐渐减弱，其原因除了粮食自身变化外还有外界条件的影响，所以新粮和陈粮的气味不同。如发过热的粮食有酒精味；发过霉的粮食有霉味和酸味；发芽的粮食有甜味等。粮食、油料在收获、储存、运输过程中如接触有气味的物质（农药、化肥、煤油等），就会被粮油吸附带有异味。

在鉴定粮食、油料气味时，应注意温度与气味的关系。各种气味在低温下都比较清淡，甚至消失；温度增高时，可使气味变得浓而显著。

4. 味觉鉴定法

味觉鉴定法是利用口品尝辨别粮油滋味，从而判断其品质好次的一种方法。每一种粮食、油料的正常籽粒，都具有独特的滋味，这种滋味通常是不显著的，只有经过反复实践才能辨别。滋味有酸、甜、苦、辣、咸多种，由于味觉和嗅觉的协调作用，便产生了各种不同的滋味。例如：霉坏的籽粒带有酸霉味；发过热的常带有苦味；发芽的常带有甜味。

鉴别滋味的方法是：先将少量干净粮粒碾碎，取碾碎的粮样 2g 左右放入口中慢慢细嚼，以辨别其滋味或将试样制成熟食辨别滋味，其味比较浓。

利用味觉鉴定粮油品质应戒烟、戒酒，在鉴别前应首先漱口，鉴别时应用舌尖辨别其滋味，用来判断品质的好坏。

对严重霉变污染的粮油不能用味觉品尝。

5. 触觉鉴定法

是利用手直接接触粮油时的感觉程度来判断粮油品质的一种方法。

用手触摸粮食，根据粮食的软硬、冷热、滑涩、干湿等来判断粮油水分、杂质大小及粮温的高低。如将手插入粮堆或粮包内，感觉松散阻力小，夏天觉得有凉气，抓时粮粒易从指缝中流落者，水分较低；反之，手插入时感觉湿润而阻力大的，则水分较高。

6. 齿觉鉴定法

是利用牙齿咬粮食、油料或咀嚼粉状粮时的感觉程度来鉴定粮食的水分大小及含砂量等。如用牙咬碎时，感觉籽粒坚硬用力较大，声音爽脆，断面光滑（软质麦除外）的，则水分较低；感觉麦粒松软，用力较小，声音不爽脆，断面起毛的，则水分较高；感觉用力很小，声音微弱，断面承片状的，则水分更高。

齿觉法一般常用门齿或臼齿咬断或咬碎粮粒。

粮油感觉鉴定方法，在实际运用时，必须在仪器检验的指导下，实行感官鉴定和仪器检验相结合，各感觉器官相互配合，协同运用，综合分析，认真鉴定。

二、色泽、气味、滋味的鉴定

谷类、豆类、油料及其加工成品，均具有固有的色泽、气味、滋味。若是固有的色、气味已改变（包括感染外来的有害物质），则属于不正常，鉴定结果应按实际情况加以说明。

1. 色泽

粮食色泽的鉴定，不能在太阳光直射下进行，应在散射光线下进行。经过水浸、生霉、生虫和发热的粮食、油料，其固有粒色和光泽则随受害程度的大小而改变。粒色正常的油料籽粒，光泽强的含油高。油脂酸败后，色泽变得深、暗。油色用柠檬色、淡黄色、黄色、橙黄色、棕黄色、棕色、棕红色、棕褐色等来描述，对带有青色或经过脱色的油脂则按实际油色加以注明。

2. 气味

粮油气味的鉴定必须在清洁空气条件下进行，取少量试样直接嗅辨气味是否正常。必要时可将试样加温来鉴定气味。粮食或油料放入密闭容器内，在60～70℃热水中加热数分钟，取出后开盖，立即嗅辨气味是否正常。油品则取少许试样，加热至50℃，经搅拌后嗅辨气味。

3. 滋味

成品粮可直接用口尝或将其做成熟食来鉴定是否正常，酸败的油脂常常带有酸、苦、辣等滋味。

三、水分、杂质等的估测

应用感官鉴定来估测粮食的水分、杂质、稻谷出糙率、油料的出仁率时，首先要用已知被测物含量的样品练习估测，当估测结果不超过允许误差以后才能应用于实践。估测的练习方法最好采用被测物含量系列比较法。例如，估测硬质小麦水分，将已知水分的硬质小麦样品配成12.0%～16.0%，差距为0.5%的水分含量系列（即12.0%、12.5%、13.0%、13.5%、14.0%、14.5%、15.0%、15.5%、16.0%）样品（最好选用接近含量系列的自然样品），然后按照水分含量系列反复练习，记忆水分含量不同的样品用眼看、手摸（包括插、握）、耳听时的不同感觉。有些物质的含量系列不容易配制，例如，出糙率、出仁率、容重等只能用接近含量系列的自然样品来练习估测。

1. 稻谷

(1) 水分 插入稻谷中或手握稻谷摩擦时，感觉干脆而滑者水分较小，涩滞者水分较大，用手木砻脱壳后，糙米果皮不起毛，水分约在14%以下；起毛时水分约在15%～16%；起毛较严重时，水分约在17%～18%。

(2) 杂质　取平均样品，平摊于样品盘中或手上，先估测试样质量和杂质总量，然后按照试样质量，再分别估测有机杂质和无机杂质含量，这两者的含量应与杂质总量基本一致。否则，再重复估测，达到一致为止。估测时应根据无机杂质和有机杂质的多少估算其质量和百分含量，不熟练时可与用粗天平称量的结果相对照地进行练习。

(3) 出糙率　稻谷的出糙率，一般是晚熟种高于早熟种，粳稻高于籼稻。晚粳稻的出糙率约为78%，早粳稻约为77%，早、晚籼稻约为75%。

稻谷的类型、品种、粒形大小、稻壳厚薄，是估测出糙率的主要依据，粒大、壳薄者出糙率较高，壳紧包糙米者出糙率较高；反之，出糙率较低。

2. 小麦

(1) 水分　手握小麦摩擦时，感觉光滑有声，小麦从指缝中流出者水分约在12%～13%；虽有光滑之感，但响声较低者，水分约在14%～15%。

(2) 杂质　杂质估测方法同稻谷。

(3) 容重　用已知容重的小麦，通过眼看、记忆不同品种和质量的小麦在手上的感觉与容重的关系，如此反复练习，达到与仪器测定结果基本一致时，即可认为掌握了容重估测技术。

3. 玉米

(1) 水分　玉米胚部下陷，手握时有刺手感觉，水分约在14%～15%。胚部稍有下陷，用指甲按压时较易掐入，水分约在16%～17%。胚部不陷，光泽较强，水分约在18%～20%。胚部稍有高出，光泽较强，水分约在20%～24%。

(2) 杂质　杂质估测方法同稻谷。

(3) 容重　容重估测方法同小麦。

4. 菜籽

(1) 水分　用手握菜籽，如有沙沙响声，大部分从指缝中流出，水分约在8%～9%；如略感弹性发软，手握无沙沙声，水分约在10%以上。用竹片或指甲碾压菜籽，仁皮分开，有响声完全碎粉、肉呈嫩黄色，水分约在9%～10%。如仁不能分开或呈饼状并出现油汁黏附桌面上，其水分一般在12%以上。胚部不陷，光泽较强，水分约在18%～20%。胚部稍有高出，光泽较强，水分约在20%～24%。菜籽的干湿程度也可通过观察籽粒的颜色和状态来判断。所谓“七青、八黄、九开半、十黑皮肉二分开”，即：晒到七成干，用指甲碾压后色发青；八成干的发黄；九成干的分成两片；晒到最干时，一碾皮肉分开并有响声，籽仁粉碎。

(2) 杂质　杂质估测方法同稻谷。

5. 油脂的水分和杂质

油脂清晰透明，其水、杂质含量一般均在0.2%以下；如呈现混浊，其水、杂质含量则在0.2%以上。

取约25g油样，在火炉或酒精灯上加热至150～160℃，若出现大量泡沫，但较稳定，又不发出任何响声，水分约在0.2%；无沉淀、油色无变化，杂质约在0.2%以下。

检查桶装油脂的水分时切勿搅拌，应该先检查有无明水、明杂，再取样查看。

6. 粉类牙碜

牙碜是指粉类中细砂含量多少，合格的粉类没有牙碜感觉。用牙齿细嚼粉样，如无牙碜感觉，说明含砂量在万分之三（0.03%）以下，超过万分之三，有牙碜感受，牙碜越厉害，含砂量越大。

第五章

原粮、油料物理检验

【本章主要内容】

- 色泽、气味、口味的鉴定
- 类型及互混检验
- 粮油杂质、不完善粒检验
- 容重的测定
- 稻谷的质量检验
- 小麦的质量检验
- 玉米的质量检验
- 大豆的质量检验
- 带壳油料（花生果、花生仁）的质量检验
- 油菜籽的质量检验

粮食、油料物理检验是指对粮油的色泽、气味、滋味、杂质、不完善粒、容重、出糙率、完整粒率、纯仁率等反映粮油商品外观价值、物理特性等项目进行检验，是粮油质量检验工作中经常应用的一种检验方法。

第一节　色泽、气味、口味的鉴定

【学习要求】

▲通过学习，掌握粮食、油料质量标准中规定的色泽、气味、口味等质量指标的测定技术。

色泽、气味、口味的鉴定是借助检验者的感觉器官和实践经验对粮食、油料及粮食制品的色、香、味、形和口感的优劣进行评定，是一种感官检验方法。

正常的粮食、油料具有固有的色泽、气味和口味。通过色、气、味、形和口感的鉴定，可以初步判断粮食、油料的新陈度和有无异常变化。

一、色泽鉴定

色泽是指籽粒的颜色和光泽。鉴定时，将试样置于散射光线下，肉眼鉴别全部样品的颜色和光泽是否正常。

二、气味鉴定

气味鉴定是利用鼻子嗅闻样品，鉴别该粮食是否具有固有的气味。在检验时，环境空气应保持清新，没有其他异味，如香烟味、汽油味、试剂味、香味、霉味和陈宿味等异味。具

体方法如下：

① 取少量试样，口对试样呵气，立即嗅辨气味是否正常；

② 将试样放入密闭器皿内，在 60～70℃的温水浴中保温数分钟，取出，开盖嗅辨气味是否正常。

三、口味鉴定

成品粮应做成熟食品，品尝其口味和滋味是否正常。

四、结果表示

鉴定结果以“正常”或“不正常”表示，对不正常的应加以说明。

第二节　类型及互混检验

【学习要求】

▲ 通过学习，掌握粮食、油料质量标准中规定的分类指标的测定技术。

类型及互混检验是为了鉴别粮食、油料的纯度，有利于食用、种用、储存、加工和经营管理。检验时需根据不同的要求分别采取不同的方法。

一、外形特征的检验

主要是根据各类粮食、油料国家标准中的分类要求，对其粒形、粒质、粒色等外形特征进行检验鉴别。

1. 籼、粳、糯稻互混检验

取净稻谷 10g，经脱壳、碾米后称量（m_a），按质量标准中有关分类的规定，拣出混入异类的粮粒，称取其质量（m_1）按式(5-1)计算互混率。

$$X=\frac{m_1}{m_a}\times 100\% \tag{5-1}$$

式中　X——互混率，即混入的异类型稻谷占试样总量的质量分数；

m_1——异类型稻谷的质量，g；

m_a——试样质量，g。

在重复条件下，获得的两次独立测试结果的绝对差值不大于 1%，求其平均数即为测试结果，测试结果保留到整数位。

2. 异色粒互混检验

按质量标准的规定称取试样质量（m_b），在检验不完善粒的同时，按各两种的质量标准规定拣出混有的异色粒，称取其质量（m_2），按式(5-2)计算异色粒率：

$$Y=\frac{m_2}{m_b}\times 100\% \tag{5-2}$$

式中　Y——异色粒率，即异色粒占试样的质量分数；

m_2——异色粒质量，g；

m_b——试样质量，g。

在重复条件下，获得的两次独立测试结果的绝对差值不大于1.0%，求其平均数即为测试结果，测试结果保留到小数点后一位。

3. 小麦粒色的鉴定

不加挑选地取出小麦100粒完整粒，感官鉴别小麦粒色，自然光下观察小麦粒色，种皮为深红色或红褐色的麦粒达90粒以上者为红小麦；种皮为白色、乳白色或黄白色的麦粒达90粒以上者为白小麦；均不足90粒者为混合小麦。

4. 异种粮粒互混检验

按表5-1的规定制备试样并称量（m_c），拣出粮食中混有的异种粮粒称重（m_3）。

异种粮粒的含量按式(5-3)计算：

$$Z=\frac{m_3}{m_c}\times 100\% \tag{5-3}$$

式中 Z——异种粮粒的含量，即异种粮粒占试样的质量分数；

m_3——异种粮粒的质量，g；

m_c——试样质量，g。

表5-1 各种粮食、油料异种粮粒互混检验最低试样量

颗粒大小	粮食、油料名称	最低试样量/g
小粒	芝麻、小米、油菜籽等	50
中粒	稻谷、小麦、高粱、小豆等	250
大粒	大豆、玉米、豌豆等	500
特大粒	花生果、花生仁、桐籽等	1000

注：当互混的粮食颗粒大小相差较大时，可适当增加试样量。

二、角质、粉质检验

在透射光下观察粮粒，或将粮粒从中部横向切断观察断面，籽粒或断面中为玻璃状透明体和半透明体者为角质；粉状不透明体为粉质。

三、籼稻谷粒型（长宽比）检验

1. 仪器和用具

① 测量板（平面板上粘贴黑色平绒布）；

② 直尺；

③ 镊子。

2. 测定步骤

① 随机数取完整无损的精米（精度为国家标准一等）10粒，平放于测量板上，按照头对头、尾对尾，不重叠、不留间隙的方式，紧靠直尺摆成一行，读出长度。双实验误差不超过0.5mm，求其平均值即为精米长度。

② 将测定过长度的10粒精米平放于测量板上，按照同一方向肩靠肩（即宽度方向）排列，用直尺测量，读出宽度。双实验误差不超过0.3mm，求其平均值即为精米宽度。

3. 结果计算

籼稻谷粒长宽比按式(5-4)计算：

$$q=\frac{L}{d} \tag{5-4}$$

式中 q——米粒长宽比；

L——米粒总长度，mm；

d——米粒总宽度，mm。

四、糯稻和非糯稻的染色检验

有些粮种有糯性和非糯性之分，这两种籽粒所含淀粉的种类是有区别的。淀粉可分为直链淀粉和支链淀粉，一般粮食的淀粉中，直链淀粉占20%～25%，支链淀粉占75%～80%。糯稻、糯玉米、糯高粱等糯性籽粒中几乎不含直链淀粉。直链淀粉和支链淀粉在物理、化学性质上存在较大差别，通过对其结构的研究发现，直链淀粉分子为直链状，而支链淀粉分子呈树枝状。淀粉分子卷曲成螺旋状，每六个葡萄糖残基形成一个螺旋，恰好包容一个碘分子，形成淀粉-碘配合物。它们空间结构的不同，表现在对碘的吸附作用不同。直链淀粉分子没有分支，聚合度大，与碘作用形成蓝色复合体；支链淀粉分子分支间聚合度较小，与碘作用一般形成紫红-红棕色复合体。由于淀粉与碘反应形成复合体的颜色与淀粉分子中螺旋数目有一定的关系，不同品种籽粒所含淀粉的种类不同，所以鉴别糯性和非糯性籽粒可采用碘染色的方法。

稻谷经砻谷、碾白后，制成符合国家标准三级大米样品，不加挑选地取出200粒完整粒，用清水洗后，再用0.1%碘-乙醇溶液浸泡1min左右，然后用蒸馏水洗净，观察米粒着色情况。糯性米粒呈棕红色，非糯性米粒呈蓝色。拣出混有异类型的粒数（n）按式(5-5)计算互混率：

$$R=\frac{n}{200}\times 100\% \tag{5-5}$$

式中 R——糯稻和非糯稻的染色检验互混率；

n——异类型粒数。

在重复性条件下，获得的两次独立测试结果的绝对差值不大于1%，求其平均值即为测试结果。测试结果保留到整数位。

第三节 粮油杂质、不完善粒检验

【学习要求】

▲ 通过学习，掌握粮食、油料不完善粒、杂质的基本概念及与粮油质量的关系；

▲ 通过训练，掌握粮食、油料质量标准中规定的杂质、不完善粒等质量指标的测定技术。

一、杂质

（一）杂质的概念

杂质是指夹杂在粮食、油料中没有食用价值的物质和影响粮食、油料质量的异种粮粒。按其性质可以分为以下三类。

(1) 筛下物　通常指通过规定筛层的物质。如：小麦通过直径为1.5mm的圆孔筛；稻谷通过直径为2.0mm的圆孔筛；玉米、花生仁、大豆通过直径为3.0mm的圆孔筛；花生通过直径为5.0mm的圆孔筛下的物质。

(2) 无机杂质　一般指夹杂在粮食、油料中的泥土、砖瓦块及其他无机类物质。

(3) 有机杂质　一般指夹杂在粮食、油料中的无食用价值的粮油籽粒或异种粮粒、杂草种子，自然脱落的稻壳、植物体及其他有机类物质。

粮食、油料中混有杂质不但降低食用价值，而且往往由于杂质含水量高，存在微生物和虫卵，容易引起储粮生虫、霉变、发热，影响储粮安全。因此，入库粮食、油料的杂质含量是作为分等分级储存的依据之一。在粮食、油料加工中，杂质含量高，将影响出品率，根据杂质含量大小指导加工和应采取的除杂措施。此外，有些杂质、种子和针刺状金属物等，人、畜食用后会产生有害作用。因此，在粮食、油料的质量指标中杂质作为限制性项目，尤其在成品粮中限制较严。

（二）杂质检验

1. 仪器和用具

① 天平　感量为 0.01g、0.1g、1g；

② 谷物选筛；

③ 电动筛选器；

④ 分样器或分样板；

⑤ 分析盘、毛刷、镊子等。

2. 试样制备

检验杂质的试样分为大样和小样两种。

① 大样是用于检验大样杂质，包括大型杂质和绝对筛层的筛下物。

② 小样是从检验过大样杂质的样品中分出少量试样，检验与粮粒大小相似的并肩杂质。检验杂质的试样用量见表 5-2。

表 5-2　杂质、不完善粒检验试样用量规定

粮食、油料名称	大样质量/g	小样质量/g
小粒：如粟、芝麻、油菜籽等	500	10
中粒：如稻谷、小麦、高粱、小豆、棉籽	500	50
大粒：如大豆、玉米、豌豆、葵花籽、小粒蚕豆等	500	100
特大粒：如花生果(仁)、蓖麻籽、桐籽、茶籽、大粒蚕豆等	1000	200
其他：干薯片、大米中带壳稗粒和稻谷粒检验	500～1000	

3. 操作流程

称样 → 筛选 → 大样杂质检验 → 小样杂质检验 → 矿物质检验 → 分析结果计算

4. 测定步骤

(1) 筛选

① 电动筛选器法　按质量标准中规定的筛层套好（大孔筛在上，小孔筛在下，套上筛底）。按规定称取试样放样入筛上，盖上筛盖，放在电动筛选器上，接通电源，打开开关，选筛自动地向左、向右各筛 1min（110～120r/min），筛后静置片刻，将筛上物和筛下物分别倒入分析盘内，卡在筛孔中间的颗粒属于筛上物。

② 手筛法　按照①法将筛层套好，倒入试样，盖好筛盖，然后将选筛放在玻璃板或光滑的桌面上，用双手以 110～120r/min 的速度按顺时针方向和逆时针方向各筛动 1min，筛动的范围掌握在选筛直径扩大至 8～10cm。筛后的操作与①法同。

(2) 大样杂质检验

① 操作方法　从平均样品中，按照表 5-2 的规定称取大样用量（m），精确至 1g，按筛选法分两次进行筛选（特大粒粮食、油料分四次筛选），然后拣出筛上大型杂质和筛下物合并称量（m_1），精确至 0.01g（小麦大型杂质在直径 4.5mm 筛上拣出）。

② 结果计算　大样杂质含量（M）以质量分数（%）表示，按式(5-6) 计算：

$$M=\frac{m_1}{m}\times100\% \tag{5-6}$$

式中　M——大样杂质含量；

m——大样质量，g；

m_1——大样杂质质量，g。

在重复条件下，获得的两次独立测试结果的绝对差值应不大于 0.3%，求其平均值，即为测试结果。测试结果保留到小数点后一位。

(3) 小样杂质检验

① 操作方法　从检验过大样杂质的试样中，按照表 5-1 的规定称取小样用量（m_2），小样用量不大于 100g 时，精确至 0.01g，小样用量大于 100g 时，精确至 0.1g，倒入分析盘中。按质量标准的规定拣出杂质称量（m_3）。

② 结果计算　小样杂质含量（N）以质量分数（%）表示，按式(5-7) 计算：

$$N=(1-M)\times\frac{m_3}{m_2}\times100\% \tag{5-7}$$

式中　M——大样杂质含量；

N——小样杂质含量；

m_2——小样质量，g；

m_3——小样杂质质量，g。

在重复条件下，获得的两次独立测试结果的绝对差值应不大于 0.3%，求其平均值，即为测试结果。测试结果保留到小数点后一位。

(4) 矿物质检验

① 操作方法　质量标准中规定有矿物质指标的（不包括米类），从拣出的小样杂质中拣出矿物质，称量（m_4），精确到 0.01g。

② 结果计算　矿物质含量（A）以质量分数（%）表示，按式(5-8) 计算：

$$A=(1-M)\times\frac{m_4}{m_2}\times100\% \tag{5-8}$$

式中　A——矿物质含量；

M——大样杂质含量；

m_2——小样质量，g；

m_4——矿物质质量，g。

在重复条件下，获得的两次独立测试结果的绝对差值应不大于 0.1%，求其平均值，即为测试结果。测试结果保留到小数点后两位。

(5) 杂质总量计算

杂质总量（B）以质量分数（%）表示，按式(5-9) 计算：

$$B=M+N \tag{5-9}$$

计算结果保留到小数点后一位。

二、不完善粒

1. 不完善粒的概念

不完善粒是指未成熟或受到损伤但尚有使用价值的粮食、油料颗粒的统称。它包括：未熟粒、虫蚀粒、病斑粒、生芽粒、生霉粒、破损粒、破碎粒、冻伤粒、热损伤粒等。各类粮油品种中不完善粒的具体规定详见各类粮油的质量标准。

(1) 未熟粒　籽粒不饱满、尚未成熟的粮食、油料籽粒。不同粮油品种的未熟粒，其具体定义由各自的标准做出不同的规定。

(2) 虫蚀粒　被虫蛀蚀，伤及胚或胚乳（子叶）的颗粒。

(3) 病斑粒　粒面有病斑并伤及胚或胚乳（子叶）的颗粒。

(4) 生芽粒　芽或幼根虽未突破种皮但胚部种皮已明显破裂或明显隆起且与胚分离，或幼根突破种皮不超过本颗粒长度的颗粒。

(5) 生霉粒　粒面生霉的颗粒。稻谷粒生霉，去壳后糙米表面有霉斑的颗粒。小麦、大豆、玉米等粒面生霉的颗粒。

(6) 破损粒　压扁、破碎，伤及胚或胚乳（子叶）的颗粒。

(7) 破碎粒　籽粒（或子叶）破碎达本颗粒体积1/5（或1/4）及以上的颗粒。

(8) 冻伤粒　经受严重冻伤的颗粒。如大豆因受冰冻伤害籽粒透明或子叶僵硬呈暗绿色的颗粒。

(9) 热损伤粒　受热后籽粒显著变色或受到损伤的颗粒。包括自然热损伤粒和烘干热损伤粒两种。

由于不完善粒使用价值降低，易受虫、霉侵害，又影响商品外观和加工出品率，所以在出糙率的计算上将不完善粒折半计算，并且在某些粮食、油料的质量指标中还将不完善粒作为限制性项目。

2. 不完善粒的检验

在检验小样杂质的同时，按质量标准的规定拣出不完善粒，称量（m_5），精确至0.01g。不完善粒（C）以质量分数（%）表示，按式(5-10) 计算：

$$C=(1-M)\times\frac{m_5}{m_2}\times100\% \tag{5-10}$$

式中　C——不完善粒质量分数；

M——大样杂质含量；

m_2——小样质量，g；

m_5——不完善粒质量，g。

在重复条件下，获得的两次独立测试结果的绝对差值：大粒、特大粒粮应不大于1.0%，中小粒粮应不大于0.5%，求其平均值，即为测试结果。测试结果保留到小数点后一位。

第四节　容重的测定

【学习要求】

▲ 通过学习，掌握容重的基本概念以及容重与粮食质量的关系、影响容重大小的因素；

▲ 通过训练，掌握粮食容重测定方法的原理和测定技术。

一、容重的基本概念

粮食籽粒在单位容积内的质量称为容重，以克/升（g/L）表示。

容重的大小是粮食籽粒大小、形状、整齐度、质量、腹沟深浅、胚乳质地等质量的综合标志。一般来说，粮食籽粒成熟饱满，结构紧密，籽粒短，水分小者容重大；而籽粒结构疏松，不饱满，粒形长，水分大者，容重小。因此，测定粮食容重，可以从某一方面反映粮食的性状。在我国，许多粮食，如小麦、玉米、高粱、粟、稷、大麦、莜麦、荞麦等的现行质量标准中以容重作为定等基础项目，如：小麦以容重分为五等，一等至五等的容重指标分别为≥790g/L、≥770g/L、≥750g/L、≥730g/L、≥710g/L，＜710g/L 为等外级；玉米以容重分为五等，一等至五等的容重指标分别为≥720g/L、≥685g/L、≥650g/L、≥620g/L、≥590g/L，＜590g/L 为等外级。目前，世界各小麦主产国如美国、加拿大、俄罗斯、澳大利亚等国家质量标准中，容重也被列为质量标准的指标之一。

对同一地区的同一品种，小麦出粉率与小麦诸物理性状：如容重、相对密度、千粒重、硬度等均存在着显著的关系，其中容重与出粉率之间存在着极显著的正相关。但是，对不同品种、不同地区的小麦，容重与出粉率等指标的关系复杂。我国各省、市、区的地理环境、气候条件差异较大，小麦品种繁多，容重又受水分、杂质、籽粒成熟度、籽粒大小等因素的影响，并且小麦收购过程中，不同品种的小麦相互混杂，商品小麦的容重与出粉率之间往往出现反常现象，有的容重高的小麦不一定比容重低的小麦出粉率高，这已是众多的小麦粉生产厂家和科研单位早已发现的问题。按照容重对小麦等粮食进行分等，实际上未能更好地反映粮食的质量高低。有关问题还需进一步研究，正确解决粮食的分等问题。

二、影响小麦容重的因素

1. 水分的影响

水分与容重之间成负相关的线性关系。但是，水分对容重的影响，随着小麦品种的差异，其影响程度是不一样的。

2. 杂质的影响

测定容重时，规定除去大型杂质和规定筛层的筛下物。但是，在筛理过程中往往黏附在小麦籽粒腹沟中及表面的细灰杂难以除尽，使测定的容重往往偏高。并肩杂质对容重的影响是：通常沙石等矿物质可使容重增大，而有机杂质则使容重降低。

3. 未熟粒的影响

未熟粒在小麦质量标准中未列入不完善粒检验中。但未熟粒含量对容重有明显的影响，未熟粒含量与容重呈负的线性关系。

4. 籽粒形状、大小及千粒重的影响

粮食籽粒成熟饱满、结构紧密、籽粒短圆、大小均匀者容重大；千粒重大者容重大，反之容重较小。

三、测定方法

1. 仪器和用具

(1) 天平　感量为 0.1g。

(2) 谷物选筛。

(3) 容重器　容重器是用来测定粮食自然容重的专项仪器，目前测定粮食的容重器分为以下两种。

① HGT-1000 型容重器（即增设专用底板的 61～71 型容重器） HGT-1000 型容重器主要是由谷物筒、中间筒、容量筒（1L）、排气砣、插片、衡器（包括不等臂式双横梁、小标尺刻度 0～100g，大标尺刻度 0～900g）、立柱、横梁支架、专用铁板底座、木箱等部件组成（见图 5-1）。

图 5-1 HGT-1000 型容重器

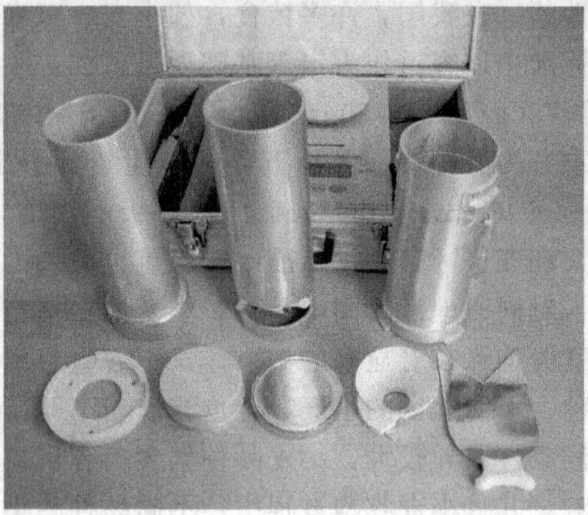

图 5-2 GHCS-1000 型谷物容重器

② GHCS-1000 型谷物容重器（见图 5-2）

该谷物容器采用先进的电子称量技术和计算机技术，实现了称量显示和自动计算打印测量结果，具有操作易学、直观、精确度高、测量迅速等特点。该容重器由电子称量系统、容量筒、谷物筒、插片、排气砣、铁板底座构成，其中电子秤采用了高精度称量传感器和数字显示电路，针对电子秤和清零功能及整机自动计算，在机内安装了单片机处理系统。

2. 操作流程

分样 → 筛选 → 除去大样杂质 → 混匀试样 → 安装调试容重器 → 测定容重

3. 测定步骤

(1) 试样制备 从平均样品中分取试样约 1000g，用规定的筛层分次进行筛选，取下层筛筛上物，与上层筛筛上物（拣出空壳和比粮粒大的杂质）混匀后作为测定容重的试样。各种粮食所需的筛层见表 5-3。

表 5-3 测定容重时各种粮食的检验筛层

粮食品种	上层筛/mm	下层筛/mm	粮食品种	上层筛/mm	下层筛/mm
小麦	4.5	1.5	谷子	3.5	1.2
高粱	4.0	2.0	玉米	12.0	3.0
元麦	4.5	1.5			

(2) 容重器的安装和调试

▲ HGT-1000 型容重器的安装与调试

① 打开箱盖，取出所有部件，盖好箱盖。

② 在箱盖上安装立柱，将横梁支架安装在立柱上，并用螺丝固定，再将不等臂式双梁安装在支架上。

③ 将放有排气砣的容量筒挂在吊环上，将大、小游锤移至零点处，检查空载时的零点。如不平衡，则捻动平衡调整砣调整至平衡。

④ 取下容量筒，倒出排气砣，将容量筒安装在铁板底座上，插上插片，放上排气砣，套上中间筒。

▲ GHCS-1000 型谷物容重器的安装与调试

① 安装：打开箱盖，取出所有部件，按粮种选好漏斗。将有排气砣的容量筒放在电子秤上，空载时调节零点。将容量筒安装在铁板底座上，套上中间筒。

② 调试：接通电源，此时电子秤将自动进入自检状态。显示器显示“0”时，连续两次按压“校准”键，能听到“嘀”声，同时显示器闪动之后，再次显示“0”，置随机附带的1kg 砝码于称上，待显示稳定后按“校准”键，能再次听到“嘀”声。三次按压（每次间隔15s）“校准”键，显示器应显示“1000”，此时校准完成。若显示器不稳或显示不是“1000”应重复上述步骤。将排气砣置于容量筒内，平稳地将筒体放在电子秤的称面上，此时电子秤显示容量筒质量，按压“清 0”键，显示器显示“0”，如果按压 1 次不能完全回“0”，可再按 1 次。

③ 注意事项：按压“校准”、“清 0”键时，应注意轻压，切忌用力过猛，引起整台仪器不稳定，如出现值不能“清 0”情况时，可重新开机，重复上述步骤。

(3) 容重测定

中、小粒粮食容重的测定（以 HGT-1000A 型容重器为例，即在 HGT-1000 型容重器的基础上增加了一个漏斗直径为 30mm 的谷物筒）。

取下容量筒，倒出排气砣，将容量筒安装在铁板底座上，插上插片，放上排气砣，套上中间筒。

选择漏斗直径为 30mm 的谷物筒，将制备的试样倒入谷物筒内，装满刮平，再将谷物筒套在中间筒上，打开漏斗开关，待试样全部落入中间筒后关闭漏斗开关。用手握住中间筒与容量筒的接合处，平稳地抽出插片，使试样与排气砣一同落入容量筒中，再将插片平稳地插入豁口槽中。取下谷物筒，拿起中间筒和容量筒，倒净插片上多余的试样，抽出插片，将容量筒挂在吊环上称重。试验完毕，清理容重器，然后将各部件依次放入箱内。

检测结果为整数，两次试验样品的允许差不得超过 3g/L，取算术平均值为测定结果。

第五节　稻谷的质量检验

【学习要求】

▲ 通过学习，掌握稻谷的分类及互混检验；

▲ 掌握稻谷的杂质、出糙率、整精米率的基本概念及检验方法；

▲ 掌握黄粒米、裂纹粒、垩白粒率、垩白度与粒形（长宽比）的基本概念及检验方法。

一、稻谷的类型与互混检验

粮食籽粒的类型是指因粮食的粒色、粒质的不同而独具的形态特征。互混是指主体粮食中混有异类、异色粮食的现象。

各种粮食、油料籽粒都有其外部形态和内部结构特征，类型与互混检验是为了保证粮食、油料的品种纯度，便于合理加工和利用。类型与互混检验方法，现行粮油标准中大多以粒色、粒形、粒质、收获季节等形态特征对稻谷进行分类。而互混检验也属于分类检验。在类型之间的互混上均有一定限度。

(一) 稻谷的分类

根据稻谷的粒形、粒质和收获季节的不同分以下五类。

(1) 早籼稻谷　生长期较短、收获期较早的籼稻谷，一般米粒腹白较大，角质粒较少。

(2) 晚籼稻谷　生长期较长、收获期较晚的籼稻谷，一般米粒腹白较小或无腹白，角质部分较多。

(3) 粳稻谷　粳型非糯性稻谷的果实，糙米一般呈椭圆形，米质黏性较大，胀性较小。

(4) 籼糯稻谷　籼型糯性稻谷的果实，糙米一般呈长椭圆形或细长形，米粒呈乳白色，不透明或半透明状，黏性大。

(5) 粳糯稻谷　粳型糯性稻谷的果实，糙米一般呈椭圆形，米粒呈乳白色，不透明或半透明状，黏性大。

(二) 互混限度检验

1. 基本概念

(1) 互混限度　各类稻谷中混有其他类稻谷（包括籼糯、粳糯互混）的允许限度为5.0%。

(2) 互混检验　稻谷（米）之间的互混为类型互混，用异类粮粒质量占试样质量的分数表示。

2. 操作方法

取净稻谷10g，经脱壳、碾米后称量（m_a），按质量标准中有关分类的规定，拣出混入异类的粮粒，称取其质量（m_1）按式(5-1) 计算互混率。

糯性与非糯性不易鉴别时，可采用染色法检验。其原理是根据淀粉性质的不同，遇碘后会有不同的颜色反映特性决定的。其方法是将糙米经碾米机脱皮后，不加挑选地数取整数200粒，用清水洗后倒去清水，用0.1g/100mL碘-碘化钾溶液（或0.1g/100mL碘酒）浸泡1min，然后洗净，观察米粒着色情况。糯性米呈棕红色，非糯性米呈蓝色。按糯性与非糯性粒色计算互混百分率。

二、稻谷的杂质检验

(一) 基本概念

稻谷中的杂质是指除稻谷粒以外的其他物质，包括筛下物、无机杂质和有机杂质。

(1) 筛下物　通过直径2.0mm圆孔筛下的物质；

(2) 无机杂质　泥土、砂石、砖瓦块及其他无机物质；

(3) 有机杂质　无使用价值的稻谷粒、异种粮粒及其他有机物质。

(二) 检验方法

1. 仪器和用具

(1) 天平　感量为0.01g、0.1g、1g。

(2) 谷物选筛　直径2.0mm的圆孔筛。

(3) 分样器或分样板。

(4) 分析盘、毛刷、镊子等。

2. 操作方法

(1) 大样杂质检验　从平均样品中分取稻谷试样 500g，分两次倒入直径为 2.0mm 的圆孔筛层内，按规定方法进行筛选，拣出筛上大型杂质与筛下物合并称量。按式(5-6) 计算大样杂质质量分数。

(2) 小样杂质检验　从检验过大样杂质的试样中，分取小样试样 50g，倒入分析盘中，按质量标准的规定拣出所有杂质称量，按式(5-7) 计算小样杂质质量分数。

根据大样杂质质量分数与小样杂质质量分数计算出杂质总量。

在重复条件下，获得的两次独立测试结果的绝对差值不大于 0.3%，求其平均值，即为测试结果。测试结果保留到小数点后一位。

三、稻谷出糙率的检验

(一) 基本概念

稻谷出糙率是指净稻谷脱壳后的糙米占试样质量的分数，其中不完善粒折半计算。

稻谷的主要用途是碾米供做食用，稻谷的出糙率的高低直接反映了稻谷的工艺品质——碾米产量的潜力。一般来说稻谷的出糙率与稻谷加工出米率成正比。出糙率高的稻谷，籽粒成熟、饱满，极少受病、虫害的影响，加工出米率高，食用品质也较好。所以稻谷出糙率是稻谷品质优劣的重要指标，也是稻谷定等的基础项目。

(二) 稻谷中的不完善粒

稻谷中的不完善粒是指未成熟或受到损伤但尚有使用价值的稻谷颗粒。它包括未熟粒、虫蚀粒、病斑粒、生芽粒和生霉粒。

(1) 未熟粒　籽粒不饱满，糙米粒外观全部为粉质的颗粒。

(2) 虫蚀粒　被虫蛀蚀并伤及胚或胚乳的颗粒。

(3) 病斑粒　糙米胚或胚乳有病斑的颗粒。

(4) 生芽粒　芽或幼根已突出稻壳，或芽或幼根已突破糙米表皮的颗粒。

(5) 生霉粒　稻谷粒生霉，去壳后糙米表面有霉斑的颗粒。

(三) 稻谷出糙率的检验方法

1. 仪器和用具

(1) 天平　感量为 0.01g。

(2) 分样器或分样板。

(3) 谷物选筛 (直径为 2.0mm 的圆孔筛)。

(4) 实验砻谷机。

(5) 分析盘、镊子等。

2. 操作方法

从净稻谷 (除去杂质及谷外糙米) 试样中称取 20～25g 试样 (m_0)，精确至 0.01g，先拣出生芽粒，单独剥壳，称量生芽粒糙米质量 (m_1)。然后将剩余试样用砻谷机脱壳，除去谷壳，称量砻谷机脱壳后的糙米质量 (m_2)，感官检验拣出糙米中不完善粒糙米，称量不完善粒糙米质量 (m_3)。

3. 结果计算

稻谷出糙率 (%) 按式(5-11) 计算：

$$X=\frac{(m_1+m_2)-(m_1+m_3)/2}{m_0}\times100\% \tag{5-11}$$

式中 X——稻谷出糙率；

m_1——生芽粒糙米质量，g；

m_2——砻谷机脱壳后糙米质量，g；

m_3——不完善粒糙米质量，g；

m_0——试样质量，g。

在重复条件下，获得的两次独立测试结果的绝对差值应不大于0.5%，求其平均值，即为测试结果。测试结果保留到一位小数。

四、整精米率检验

（一）基本概念

(1) 净稻谷　除去杂质和谷外糙米后的稻谷。

(2) 谷外糙米　混在稻谷中的糙米粒。

(3) 整精米　是指糙米碾磨成加工精度为国家标准（GB 1354—2009《大米》）三级大米（背沟有皮，粒面皮层残留不超过1/5的占80%以上）时，长度达到试样整米粒平均长度3/4及以上的米粒。

(4) 整精米率　是指整精米占净稻谷试样的质量分数。

稻谷的整精米率是反映稻米食用品质、加工品质和商品价值的重要指标，与出糙率重在反映数量相比，它兼顾了数量和质量两方面的要求。通常稻米角质率高，整精米率亦高，相应米饭品质也相对较好；稻谷整精米率高，稻谷加工大米成品率也高。随着人们生活水平的提高，消费者对商品大米的要求越来越高，过多的碎米影响口感，降低商品价值，不受消费者和市场欢迎。因此，整精米率直接反映了稻谷的商品价值。

整精米率与稻谷垩白粒、未熟粒、裂纹粒等含量有关。也与稻谷的粒形、含水量、陈化度等有关。稻谷中不完善粒含量多，或者由于收割、晾晒及烘干措施不当，造成米粒中裂纹粒增多，或者储藏条件不好，储存时间较长，稻谷不同程度的陈化等因素都会使其整精米粒下降。整精米率高的稻谷加工时出米率高，碎米含量少，米粒整齐度好。整精米率是反映稻谷品质的重要项目（GB/T 21719—2008《稻谷整精米率检验法》），因此检验稻谷整精米率有利于优质优价。

（二）稻谷整精米率的检验方法

1. 仪器和用具

(1) 天平　感量为0.01g。

(2) 分样器。

(3) 谷物选筛。

(4) 实验用砻谷机　适合稻谷脱壳且不损伤糙米粒的小型实验室用砻谷机。

(5) 实验碾米机　适合糙米碾磨去除皮层和胚的小型实验室用的碾米机。

实验砻谷机和实验碾米机需用稻谷整精米率标准样品进行测试，测试结果应符合整精米率标准样品定值的要求。

2. 测定步骤

(1) 仪器调整　整精米率检验前，应对实验砻谷机和实验碾米机进行调整，必要时应使用稻谷整精米率标准样品进行测试，测试结果应符合整精米率标准样品定值的要求。

① 实验砻谷机调整　用待测试样或相同粒型的稻谷经实验砻谷机脱壳，以调整实验砻谷机至最佳工作条件。不应出现以下情况：

▲ 糙米皮层的损伤；

▲ 在分离的稻壳中出现糙米或稻谷；

▲ 糙米中出现稻壳。

② 实验碾米机调整　用待测试样或相同粒形的稻谷制成的整精米，经实验碾米机碾磨至规定加工精度，以调整实验碾米机至最佳工作条件。应达到以下要求：

▲ 糙米碾磨后得到的精米加工精度均匀；

▲ 试样用量 20g 左右；

▲ 碾磨时间不超过 1min（时间可调整且调整精度高，制动迅速）；

▲ 精米碎米率≤6.0%。

③ 最佳碾磨量和最佳碾磨时间的确定　根据实验碾米机的推荐样品质量和碾磨时间，用待测试样或相同粒形的稻谷制成的糙米，进行不同碾磨量和碾磨时间的碾磨试验，以得到均匀的国家标准三级加工精度大米为判定标准，确定最佳碾磨量和最佳碾磨时间。

(2) 试样整精米率测定　根据实验碾米机的最佳碾磨量，从测试样品中称取一定量的净稻谷试样（m_0），用经过调整的实验砻谷机脱壳，从糙米中拣出稻谷放入砻谷机中再次脱壳（或手工脱壳），直至全部脱净，将所得糙米全部置于经过调整的实验碾米机内，碾磨至最佳时间，使加工精度达到国家标准三级大米，除去糠粉后，分别拣出整精米并称重（m）。

3. 结果计算

稻谷整精米率（%）按式(5-12) 计算：

$$H=\frac{m}{m_0}\times 100\% \tag{5-12}$$

式中　H——整精米率；

m_0——净稻谷试样质量，g；

m——整精米质量，g。

两次平行试验测定值的绝对差应不超过 1.5%，取平均值作为测试结果，测试结果取小数点后一位。

五、黄粒米和裂纹粒的检验

（一）基本概念

黄粒米是指米粒胚乳呈黄色，与正常米粒色泽明显不同的颗粒。

黄粒米俗称“沤黄米”，是稻谷在收获期间由于脱粒不及时，带穗堆垛，湿谷在通风不良情况下储藏，微生物繁殖，堆垛发热，稻谷受本身内源酶或微生物酶的作用使胚乳呈黄色。稻谷在储藏、运输过程中，入仓水分大、温度高也是产生黄粒米的主要原因。稻谷变黄后营养价值降低，食用品质较差，严重的发芽率丧失，而且影响商品价值。此外黄粒米粒可溶性物质较正常米粒丰富，为霉菌生长繁殖提供了所需营养源。在同等条件下，高水分黄粒米比正常稻米易受黄曲霉侵染，黄曲霉污染快，产毒量高。因此，在我国稻谷、大米质量标准（GB 1350—2009《稻谷》和 GB 1354—2009《大米》）中黄粒米限度为 1.0%，优质稻谷质量标准（GB/T 17891—1999《优质稻谷》）中黄粒米限度为 0.5%。

（二）检验方法

1. 仪器和用具

(1) 天平　感量为 0.01g。

(2) 实验用碾米机。

(3) 分析盘、镊子等。

(4) 分样器或分样板。

(5) 谷物选筛　直径为 2.0mm 的圆孔筛。

2. 检验方法（一）

稻谷经检验出糙率后，将其糙米试样用小型碾米机碾磨至近似标准二等米的精度，用直径为 2.0mm 的圆孔筛筛除糠粉和小碎米后，再用洁净柔软的棉布揉搓，以除去黏附在籽粒表面的糠粉，称量（m），作为试样质量，再按规定拣出黄粒米，称量（m_1）。

其结果按式(5-13) 计算：

$$R=\frac{m_1}{m}\times 100\% \tag{5-13}$$

式中　R——黄粒米率；

m_1——黄粒米质量，g；

m——试样质量，g。

双试验结果允许差应不超过 0.3%，求其平均数即为检验结果。检验结果取小数点后一位。

3. 检验方法（二）黄粒米仪器检验方法

(1) 仪器和用具

① 分样器或分样板。

② 天平　感量为 0.01g。

③ 实验室用砻谷机、碾米机。

④ 分析盘、镊子等。

⑤ 大米颜色测定仪（测色仪）。

▲测试前应用颜色标准色板和大米颜色标准样品对测色仪进行校准；

▲测色仪测定大米颜色标准样品得到的 Y_m 和 b^* 值，应在大米颜色标准样品给定的参考值内；

▲测试大米颜色指数 Y_m 和大米色品指数 b^*，平行测试结果的绝对差 Y_m 不大于 2.0，b^* 不大于 1.0。

⑥ 大米颜色标准样品。

⑦ 谷物选筛　直径为 2.0mm 的圆孔筛。

(2) 操作步骤

① 取适量稻谷，经砻谷、碾磨成符合规定精度（用孔径为 2.0mm 的圆孔筛筛去糠粉和小碎后）的大米，再用洁净柔软的棉布揉搓，以除去黏附在表面的糠粉，作为待测试样。

② 移取待测试样大米约 15g，精确到 0.1g（m），用测色仪测定每粒大米的 b^* 值，测得的 b^* 值不低于 20 的米粒判定为黄粒米，挑选出黄粒米并称量（m_1）。

(3) 结果计算　黄粒米含量按式(5-13) 计算。

（三）裂纹粒的检验

在检验稻谷出糙率后，不加挑选地取整粒糙米 100 粒，用放大镜进行鉴别，拣出有裂纹的米粒。拣出粒数除以 100 粒即为裂纹粒的百分率。

六、垩白粒率、垩白度与粒形（长宽比）检验

（一）基本概念

(1) 垩白　是指稻米胚乳中不透明的部分。它包括腹白粒、心白粒和背白粒等。

腹白粒即米粒腹部有不透明的粉质白斑；心白粒是指米粒中心部位呈白色不透明的粉质白斑；背白粒是指沿米粒背沟上有条状垩白的籽粒。垩白是因稻米胚乳中淀粉和蛋白质颗粒填塞疏松所致。具有垩白的稻米，商品外观品质降低；在碾米时易碎，影响出米率；蒸煮后饭粒产生较多的裂纹，米饭蓬松中空，严重影响其食用品质。因此，优质稻谷质量标准中对各等级稻谷的垩白粒率和垩白度有严格的控制指标。

(2) 垩白粒率　是指有垩白的米粒占试样粒数的百分率。

(3) 垩白度　是指垩白米的垩白面积总和占试样米粒面积总和的百分比。

(4) 粒形（长宽比）　是指稻谷米粒长与宽度的比值。

粒形通常作为稻谷分类的标志，也是稻谷品质和品种特征之一。对籼稻谷来说，粒形越狭长，品种越优良，其食用品质越好。国家优质稻谷质量标准（GB/T 17891—1999《优质稻谷》）中，对籼稻谷的粒形长宽比规定为≤2.8。

（二）检验方法

1. 垩白粒率

从稻谷精米试样中随机数取整精米 100 粒（n），拣出有垩白的米粒（n_1），按式(5-14)求出垩白粒率（%）。

$$垩白粒率=\frac{n_1}{n}\times100\% \qquad (5\text{-}14)$$

式中　n_1——垩白粒数；

　　n——总粒数。

重复测试，取两次测试的平均值，即为垩白粒率。

2. 垩白度

在按上述方法拣出的垩白米粒中，随机取 10 粒（不足 10 粒者按实有数取），将米粒平放，正视观察，逐粒目测垩白面积占整个籽粒投影面积的百分率，按式(5-15)求出垩白面积百分率的平均值。

$$垩白度(\%)=垩白粒率\times垩白大小 \qquad (5\text{-}15)$$

重复测试，取两次测试的平均值，即为垩白度。

3. 粒形长宽比

(1) 仪器和用具　测量板（平面板上粘贴黑色平绒布）、直尺、镊子等。

(2) 测量方法

① 随机数取完整无损的精米（精度为国家标准一等）10 粒，平放于测量板上，按照头对头、尾对尾、不重叠、不留空隙的方式，紧靠直尺摆成一行，读出长度。双试验误差应不超过 0.5mm，取其平均值，即为精米长度。

② 将测量过长度的 10 粒精米平放于测量板上，按照同一方向肩靠肩（即宽度方向）排列，用直尺测量，读出宽度。双试验误差应不超过 0.3mm，求其平均值，即为精米宽度。

③ 结果计算：粒形长宽比按式(5-4) 计算。

表 5-4 为早籼稻谷、晚籼稻谷、籼糯稻谷质量指标，表 5-5 为粳稻谷、粳糯稻谷质量指标，表 5-6 为优质稻谷质量指标。

表 5-4　早籼稻谷、晚籼稻谷、籼糯稻谷质量指标

等级	出糙率/%	整精米率/%	杂质含量/%	水分含量/%	黄粒米含量/%	谷外糙米含量/%	互混率/%	色泽气味
1	≥79.0	≥50.0	≤1.0	≤13.5	≤1.0	≤2.0	≤5.0	正常
2	≥77.0	≥47.0						
3	≥75.0	≥44.0						
4	≥73.0	≥41.0						
5	≥71.0	≥38.0						
等外	<71.0	—						

注："—"为不要求。

表 5-5　粳稻谷、粳糯稻谷质量指标

等级	出糙率/%	整精米率/%	杂质含量/%	水分含量/%	黄粒米含量/%	谷外糙米含量/%	互混率/%	色泽气味
1	≥81.0	≥61.0	≤1.0	≤14.5	≤1.0	≤2.0	≤5.0	正常
2	≥79.0	≥58.0						
3	≥77.0	≥55.0						
4	≥75.0	≥52.0						
5	≥73.0	≥49.0						
等外	<73.0	—						

注："—"为不要求。

表 5-6　优质稻谷质量指标

类别	等级	出糙率/%≥	整精米率/%≥	垩白粒率/%≤	垩白度/%≤	直链淀粉(干基)/%	食味品质分析≥	胶稠度/mm≥	粒形(长宽比)≥	不完善粒/%≤	异品种粒≤	黄粒米/%≤	杂质/%≤	水分含量/%≤	色泽气味
籼稻谷	1	79.0	56.0	10	1.0	17.0～22.0	9	70	2.8	2.0	1.0	0.5	1.0	13.5	正常
	2	77.0	54.0	20	3.0	16.0～23.0	8	60	2.8	3.0	2.0	0.5	1.0	13.5	
	3	75.0	52.0	30	5.0	15.0～24.0	7	50	2.8	5.0	3.0	0.5	1.0	13.5	
粳稻谷	1	81.0	66.0	10	1.0	15.9～18.0	9	80	—	2.0	1.0	0.5	1.0	14.5	正常
	2	79.0	64.0	20	3.0	15.0～19.0	8	70	—	3.0	2.0	0.5	1.0	14.5	
	3	77.0	62.0	30	5.0	15.0～20.0	7	60	—	5.0	3.0	0.5	1.0	14.5	
籼糯稻谷	—	77.0	54.0	—	—	≤2.0	7	100	—	5.0	3.0	0.5	1.0	13.5	正常
粳糯稻谷	—	80.0	60.0	—	—	≤2.0	7	100	—	5.0	3.0	0.5	1.0	14.5	正常

第六节　小麦的质量检验

【学习要求】

▲ 通过学习和训练，掌握小麦的分类及硬度指数的概念、测定方法；

▲ 掌握小麦杂质、不完善粒的基本概念、归属及检验方法；

▲ 掌握小麦容重的检验方法及小麦质量标准中规定的容重指标要求。

一、小麦类型与硬度指数的测定

（一）小麦的分类

根据小麦的皮色、粒质将小麦分为硬质白小麦、软质白小麦、硬质红小麦、软质红小麦和混合小麦5类。

(1) 硬质白小麦　种皮为白色或黄白色的麦粒不低于90%，硬度指数不低于60的小麦。

(2) 软质白小麦　种皮为白色或黄白色的麦粒不低于90%，硬度指数不高于45的小麦。

(3) 硬质红小麦　种皮为深红色或红褐色的麦粒不低于90%，硬度指数不低于60的小麦。

(4) 软质红小麦　种皮为深红色或红褐色的麦粒不低于90%，硬度指数不高于45的小麦。

(5) 混合小麦　不符合以上各条规定的小麦。

（二）小麦硬度指数的测定

1. 小麦粒色的鉴别

分取小麦100粒，感官鉴定小麦粒色。红麦的皮呈深红色或红褐色；白麦的皮呈白色或黄白色。红麦粒占90%以上者为红麦，白麦粒占90%以上者为白麦，均不足90%者称为混合小麦（即花麦）。

小麦粒鉴别不清时，可采用酸碱溶液漂洗法：将小麦粒先用5%氢氧化钠溶液浸泡到变色，倒去碱液后，再加入10%的酸溶液充分振荡，静置数分钟倒去酸液，即可明显看出红麦粒。

2. 小麦硬指数的测定

(1) 概念

① 小麦硬度　小麦粒抵抗外力作用下发生变形和破碎的能力。

② 小麦硬度指数　在规定条件下，留存在筛网上的样品占试样的质量分数，用 HI 表示。硬度指数越大，表明小麦硬度越高，反之表明小麦硬度越低。

(2) 测定原理　硬度不同的小麦具有不同的抗机械粉碎强度，在粉碎时，粒质较硬的小麦不易被粉碎成粉状，粒质较软的小麦易被粉碎成粉状。在规定条件下粉碎样品，留存在筛网上的样品质量与样品总质量的比例决定小麦的硬度。

(3) 仪器和用具

① 小麦硬度指数测定仪　应符合LS/T 3704—2007《小麦硬度指数测定仪技术条件与试验方法》的要求。

② 天平　感量为0.01g。

(4) 仪器结构和主要技术参数　小麦硬度测定仪由进料斗、端盖、粉碎系统、接料斗、可换筛网及筛网座、按钮开关、底座、电器及控制系统、电机、计量、显示和打印系统等组成（见图5-3）。

(5) 样品预处理　将样品置于与硬度指数测定仪相同的工作环境中，使其温度与环境温度基本一致，环境温度控制在5～45℃范围内。样品水分应控制在9%～15%范围内，不符

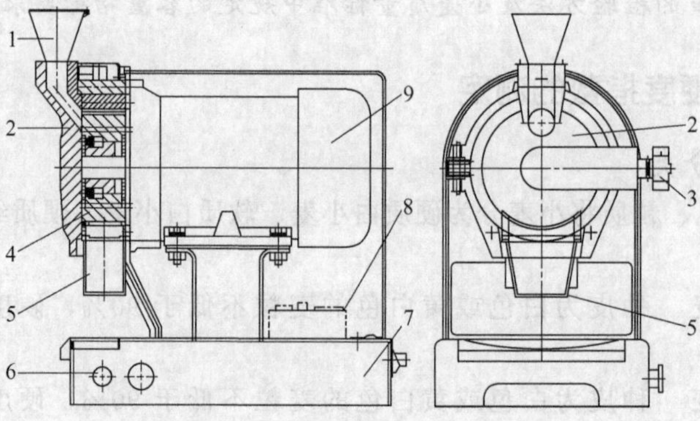

图 5-3　小麦硬度测定仪结构示意图

1—进料斗；2—端盖；3—锁紧螺母；4—粉碎系统；5—接料斗、可换筛网及筛网座；6—按钮开关；7—底座；8—电器及控制系统；9—电机

合要求的，应根据其水分含量，将样品置于湿度较低或较高的环境中适当时间，使其水分调制到规定的范围内。然后，除去样品中的杂质和破碎粒。

(6) 测定步骤

① 仪器检查　每次测定前应检查硬度指数测定仪的筛网。如筛网网眼有破损，应及时更换。新筛网使用数次后，两端略往下凹，属正常现象。

仪器长期不用或连续使用 120 次以上时，使用小麦硬度指数标准样品，按仪器说明书的规定对仪器进行检查。不符合规定要求的仪器，不得用于样品测定。

小麦硬度指数标准样品可由行业标准化技术委员会组织专家委员会或由符合 LS/T 3704—2007《小麦硬度指数测定仪技术条件与试验方法》标准要求的仪器的生产厂家制作。

② 接料斗与筛网系统的称量　每次测定前应称量接料斗、筛网系统（包括筛网、筛网座）的质量，并输入仪器称量计算系统中。仪器无称量计算系统的，应在计算结果时将其扣除。

③ 仪器的预热　用约 25g 小麦按规定进行操作，试机 5～7 次，使仪器预热。将仪器粉碎系统、接料斗、筛网系统等打扫干净备用。

④ 测定方法　准确称取制备好的样品 25.00g±0.01g。

打开硬度测定仪端盖，将粉碎系统转子的一个型腔（两刀之间的凹部）向上对准进料口，关闭并锁好端盖。

打开进料斗盖，将称取好的样品全部倒入进料斗中，关闭进料斗盖。

开启测定仪，样品粉碎 50s 后，自动停机。

待仪器停稳后打开端盖，小心将接料斗、筛网系统一起取出，按照仪器说明书的规定，将筛网上的留存物清扫干净。清扫中要防止筛网系统与接料斗分离，以免筛网上的留存物掉入接料斗中或接料斗中的物质撒出。

连同接料斗、筛网系统一起称量筛下物，扣除接料斗、筛网系统质量后得到筛下物质量（m_1），精确至 0.01g。

将仪器粉碎系统、接料斗、筛网系统等清扫干净，以备下次测定使用。

(7) 结果计算　配备称量计算系统的仪器，称量后自动计算并打印出结果。未配备称量系统的，硬度指数按式(5-16) 计算：

$$HI=100-m_1\times\frac{100}{25}-k_1\times(12-w)-k_2\times(25-t) \tag{5-16}$$

式中 HI——样品校正至水分12%，环境温度25℃时的硬度指数；

m_1——粉碎后通过筛网的样品质量，g；

w——样品的水分含量，%；

t——环境温度，℃；

k_1——水分校正系数，$m_1<10$ 时，$k_1=0.8$；$10\leqslant m_1<12.5$ 时，$k_1=1.0$；$m_1\geqslant 12.5$ 时，$k_1=1.6$；

k_2——温度校正系数，$m_1<7$ 时，$k_2=0.03$；$7\leqslant m_1<10$ 时，$k_2=0.07$；$m_1\geqslant 10$ 时，$k_2=0.12$。

计算结果保留小数点后一位数。

两次测定结果之差值不大于1.5个百分点时，以双试验测定结果的算术平均数作为样品的硬度指数；如果两次测定结果之差值大于1.5个百分点，应重新测定。测定结果保留整数位。

二、小麦的杂质检验

（一）基本概念

小麦中的杂质是指除小麦粒以外的其他物质，包括筛下物、无机杂质和有机杂质。

(1) 筛下物　通过直径1.5mm圆孔筛筛下的物质；

(2) 无机杂质　砂石、煤渣、砖瓦块、泥土等矿物质及其他无机类物质；

(3) 有机杂质　无使用价值的小麦、异种粮粒及其他有机类物质。

常见无使用价值的小麦有：霉变小麦、生芽粒中芽超过本颗粒长度的小麦、线虫病小麦、腥黑穗病小麦等。

（二）检验方法

1. 仪器和用具

(1) 天平　感量为0.01g、0.1g。

(2) 谷物选筛　直径为1.5mm的筛层及底盖。

(3) 电动筛选器。

(4) 分样器。

(5) 分析盘、培养皿、镊子等。

2. 操作方法

(1) 大样杂质检验　从平均样品中分取小麦试样500g，分两次倒入直径为1.5mm的圆孔筛层内，按规定方法进行筛选，拣出筛上大型杂质与筛下物合并称量。按式(5-6)计算大样杂质质量分数。

(2) 小样杂质检验　从检验过大样杂质的试样中，分取小样试样50g，倒入分析盘中，按质量标准的规定拣出所有杂质称量，按式(5-7)计算小样杂质质量分数。

根据大样杂质质量分数与小样杂质质量分数计算出杂质总量。

在重复条件下，获得的两次独立测试结果的绝对差值应不大于0.3%，求其平均值，即为测试结果。测试结果保留到小数点后一位。

(3) 矿物质检验　从拣出的小样杂质中拣出矿物质，称量（m_4），按式(5-8)计算小麦中矿物质质量分数。精确到0.01g。

在重复条件下，获得的两次独立测试结果的绝对差值不大于0.1%，求其平均值，即为测试结果。测试结果保留到小数点后两位。

三、小麦不完善粒的检验

1. 基本概念

小麦不完善粒是指受到损伤但尚有使用价值的小麦颗粒。包括虫蚀粒、病斑粒、黑胚粒、赤霉病粒、破损粒、生芽粒和生霉粒。

(1) 虫蚀粒　被虫蛀蚀，伤及胚或胚乳的颗粒。

(2) 病斑粒　粒面带有病斑，伤及胚或胚乳的颗粒。

(3) 黑胚粒　籽粒胚部呈深褐色或黑色，伤及胚或胚乳的颗粒。

(4) 赤霉病粒　籽粒皱缩、呆白，有的粒面呈紫色，或有明显的粉红色霉状物，间有黑色子囊壳。

(5) 破损粒　压扁、破碎，伤及胚或胚乳的颗粒。

(6) 生芽粒　芽或幼根虽未突破种皮但胚部种皮已破裂或明显隆起且与胚分离的颗粒，或芽或幼根突破种皮不超过本颗粒长度的颗粒。芽或幼根超过本颗粒长度的归属杂质。

(7) 生霉粒　粒面生霉的颗粒。

2. 检验方法

从检验完杂质的小样中按规定拣出不完善粒称量。按式(5-10) 计算不完善粒的质量分数。

四、小麦容重测定

(一) 基本概念

容重是指小麦籽粒在单位容积内的质量，其单位以克每升 (g/L) 表示。

容重是粮食质量的综合标志，它与籽粒的组织结构、化学成分、籽粒形状与大小、含水量、密度以及含杂等均有着密切的关系。对同类粮食来说，籽粒饱满，结构紧密，容重则大，反之容重则小；籽粒的形状与大小直接关系到孔隙度，孔隙度大容重小，孔隙度小容重大；一般情况下，含水量大容重小；密度大，容重大；有机杂质能使容重降低；砂石等矿物质能使容重增大。因此在测定时，必须注意影响容重的诸多因素。容重可以评定粮食品质的好次，现行质量标准中小麦、粟、稷、高粱、莜麦、大麦、荞麦以及玉米等均以容重为定等基础项目。容重与加工出品率成正相关。世界小麦主产国的国家质量标准也将容重列为质量标准的首位。在仓储上利用容重来计算粮食的质量，推算仓容，推导粮堆体积、纯粮密度、粮堆空隙度等。

(二) 检验方法

1. 仪器和用具

(1) HGT-1000 型容重器（即增设专用底板的 61～71 型容重器）。

(2) 天平　感量为 0.1g。

(3) 分样器。

(4) 谷物选筛　不同粮种选用的筛层不同，如小麦上层筛 4.5mm，下层筛 1.5mm。

2. 操作方法

(1) 试样制备　从平均样品中分取试样约 1000g，用规定的筛层分几次进行筛选，取下层筛筛上物混匀作为测定容重的试样。

(2) 容重器的安装与称量

同本章第四节容重测定。

表 5-7 为小麦质量指标。

表 5-7　小麦质量指标

等级	容重/(g/L)	不完善粒/%	杂质/%		水分/%	色泽、气味
			总量	其中:矿物质		
1	≥790	≤6.0	≤1.0	≤0.5	≤12.5	正常
2	≥770					
3	≥750					
4	≥730	≤8.0				
5	≥710	≤10				
等外	<710	—				

注："—" 为不要求。

第七节　玉米的质量检验

【学习要求】

- 通过学习和训练，掌握玉米的分类及互混检验技术；
- 掌握玉米杂质、不完善粒的基本概念、归属及检验方法；
- 掌握玉米容重的检验方法及玉米质量标准中规定的容重指标要求。

一、玉米类型与互混检验

1. 玉米的分类

根据玉米种皮颜色分以下三类。

(1) 黄玉米　种皮为黄色，或略带红色的籽粒不低于 95%的玉米。

(2) 白玉米　种皮为白色，或略带淡黄色或略带粉红色的籽粒不低于 95%的玉米。

(3) 混合玉米　不符合第 (1) 条或第 (2) 条要求的玉米。

2. 互混检验

玉米异色粒的互混是在检验不完善粒的同时，按质量标准中的分类，拣出混有的异色粒 (m_1) 称量，按式(5-1) 计算互混率。

在重复条件下，获得的两次独立测试结果的绝对差值应不大于 1.0%，求其平均数即为测试结果，测试结果保留到小数点后一位。

二、玉米杂质检验

(一) 基本概念

玉米的杂质是指除玉米以外的其他物质，包括筛下物、无机杂质和有机杂质。

(1) 筛下物　通过直径为 3.0mm 的圆孔筛筛下的物质。

(2) 无机杂质　泥土、砂石、砖瓦块及其他无机物质。

(3) 有机杂质　无使用价值的玉米粒、异种类粮粒及其他有机杂质。

（二）检验方法

1. 仪器和用具

(1) 天平　感量为0.01g、0.1g、1g。

(2) 谷物选筛　直径为3.0mm的圆孔筛。

(3) 分样器或分样板。

(4) 分析盘、毛刷、镊子等。

2. 操作方法

(1) 大样杂质检验　从平均样品中分取玉米试样500g，分两次倒入直径为3.0mm的圆孔筛层内，按规定方法进行筛选，拣出筛上大型杂质与筛下物合并称量。按式(5-6) 计算大样杂质质量分数。

(2) 小样杂质检验　从检验过大样杂质的试样中，分取小样试样50g，倒入分析盘中，按质量标准的规定拣出所有杂质称量，按式(5-7) 计算小样杂质质量分数。

根据大样杂质质量分数与小样杂质质量分数计算出杂质总量。

在重复条件下，获得的两次独立测试结果的绝对差值应不大于0.3%，求其平均值，即为测试结果。测试结果保留到小数点后一位。

三、玉米不完善粒的检验

1. 基本概念

玉米的不完善粒是指受到损伤但尚有实用价值的玉米颗粒，包括虫蚀粒、病斑粒、破碎粒、生芽粒、生霉粒和热损伤粒。

(1) 虫蚀粒　被虫蛀蚀，并形成蛀孔或隧道的颗粒。

(2) 病斑粒　粒面带有病斑，伤及胚或胚乳的颗粒。

(3) 破碎粒　籽粒破碎达本颗粒体积1/5及以上的颗粒。

(4) 生芽粒　芽或幼根突破表皮，或芽或幼根虽未突破表皮但胚部表皮已破裂或明显隆起，有生芽痕迹的颗粒。

(5) 生霉粒　粒面生霉的颗粒。

(6) 热损伤粒　受热后籽粒显著变色或受到损伤的颗粒。包括自然热损伤粒和烘干热损伤粒。

① 自然热损伤粒　储存期间因过度呼吸，胚部或胚乳显著变色的颗粒。

玉米在储存期间，在温湿度条件适宜时，因过量呼吸而发热，致使颗粒显著变色受损，其变色范围已超出胚部，沿颗粒两侧扩展到背部的玉米颗粒。

② 烘干热损伤粒　加热烘干时引起的表皮或胚或胚乳显著变色，籽粒变形或膨胀隆起的颗粒。

玉米在储存前，高水分玉米都要进行烘干降水，因烘干设施、玉米品种或玉米成熟度等原因会对玉米颗粒造成损伤，形成焦糊粒、烟熏粒、胚部膨胀隆起以及变色变形的颗粒。

2. 检验方法

玉米不完善粒的检验方法同稻谷。

四、玉米容重的测定

（一）基本概念

玉米籽粒在单位容积内的质量以克每升（g/L）表示。

容重作为玉米商品品质的重要指标，能够真实地反映玉米的成熟度、完整度、均匀度和使用价值，同一品种玉米容重值越高，玉米籽粒中含的营养物质也就越多，它已经成为国际贸易中质量定级的重要指标。

（二）玉米容重的测定方法

1. 仪器和用具

（1）GHCS-1000 型容重器（漏斗下口直径为 40mm）。

（2）谷物选筛　上层筛孔为 12.0mm，下层筛孔为 3.0mm 并带有筛底和筛盖。

（3）分样器。

（4）电子台秤等。

2. 试样制备

从原始样品中用分样器缩分出平均样品两份，各约 1000g，作为检测样品，按上层筛孔 12.0mm，下层筛孔 3.0mm 套好筛层，分四次进行筛选。取下层筛的筛上物混匀，作为测定容重的试样。

3. 容重器安装及测定

同小麦容重的测定。

值得注意的是：第一，制备试样时，分取的约 1000g 试样应分四次进行筛选，将四次筛选后的试样充分混匀，一次性倒入谷物筒内，装满刮平。第二，上层筛的作用是辅助去除试样中的大型杂质，按筛选法规定的时间分次筛选试样后，拣出上层筛筛上物中的空壳和比粮粒大的杂质，其余试样与下层筛筛上物合并作为测定容重的试样。

表 5-8 为玉米质量指标。

表 5-8　玉米质量指标

等级	容重/(g/L)	不完善粒/%		杂质含量/%	水分含量/%	色泽、气味
		总量	其中：生霉粒			
1	≥720	≤4.0	≤2.0	≤1.0	≤14.0	正常
2	≥685	≤6.0				
3	≥650	≤8.0				
4	≥620	≤10.0				
5	≥590	≤15.0				
等外	<590	—				

注：“—”为不要求。

第八节　大豆的质量检验

【学习要求】

- 通过学习，掌握大豆的分类及杂质的测定技术；
- 掌握大豆完整粒率、损伤粒率、热损伤粒率的概念及检验方法；
- 掌握大豆质量标准中规定的各项指标要求。

一、大豆的类型

粮食籽粒的类型是指因粮食的粒色、粒质的不同而独具的形态特征。

根据大豆的皮色将大豆分为黄大豆、青大豆、黑大豆、其他大豆和混合大豆5类。

(1) 黄大豆　粒色为黄色、淡黄色，脐色为黄褐、淡褐或深褐色的籽粒不低于95%的大豆。

(2) 青大豆　种皮为绿色的籽粒不低于95%的大豆。按其子叶的颜色分为青皮青仁大豆和青皮黄仁大豆两种。

(3) 黑大豆　种皮为黑色的籽粒不低于95%的大豆。按其子叶的颜色分为黑皮青仁大豆和黑皮黄仁大豆。

(4) 其他大豆　种皮为褐色、棕色、赤色等单一颜色的大豆，及双色大豆（种皮为两种颜色，其中一种为棕色或黑色，并且其覆盖粒面1/2以上）等。

(5) 混合大豆　不符合第 (1)～(4) 条规定的大豆。

二、大豆杂质检验

（一）基本概念

大豆杂质是指通过规定筛层和经筛理后仍留在样品中的非大豆类物质。包括筛下物、无机杂质和有机杂质。

(1) 筛下物　通过直径为3.0mm的圆孔筛筛下的物质。

(2) 无机杂质　泥土、砂石、砖瓦块及其他无机物质。

(3) 有机杂质　无使用价值的大豆粒、异种粮粒及其他有机杂质。

（二）检验方法

1. 仪器和用具

(1) 天平　感量为0.01g、0.1g。

(2) 谷物选筛　直径为3.0mm的筛层及底盖或电动筛选器。

(3) 分样器。

(4) 分析盘、培养皿、镊子等。

2. 操作方法

(1) 大样杂质检验　从平均样品中分取大豆试样500g，分两次倒入直径为3.0mm的圆孔筛层内，按规定方法进行筛选，拣出筛上大型杂质和筛下物合并称量。按式(5-6) 计算大样杂质质量分数。

(2) 小样杂质检验　从检验过大样杂质的试样中，分取小样试样100g，倒入分析盘中，拣出所有的杂质，称量，按式(5-7) 计算小样杂质质量分数。

根据大样杂质质量分数与小样杂质质量分数计算出杂质总量。

在重复条件下，获得的两次独立测试结果的绝对差值应不大于0.3%，求其平均值，即为测试结果。测试结果保留到小数点后一位。

三、大豆完整粒率、损伤粒率、热损伤粒率的检验

（一）基本概念

(1) 完整粒　籽粒完好正常的颗粒。

(2) 未熟粒　指籽粒不饱满，瘪缩达粒面1/2及以上或子叶青色部分达1/2及以上（青仁大豆除外）的、与正常粒显著不同的颗粒。

(3) 损伤粒　受到严重摩擦损伤、冻伤、细菌损伤、霉菌损伤、生芽、热损伤或其他原

因损伤的大豆颗粒。它包括虫蚀粒、病斑粒、生芽、涨大粒、生霉粒、冻伤粒、热损伤粒。

① 虫蚀粒　被虫蛀蚀，伤及子叶的颗粒。

② 病斑粒　粒面带有病斑，伤及子叶的颗粒。

③ 生芽、涨大粒　芽或幼根突破种皮，或吸湿涨大未复原的颗粒。

④ 生霉粒　粒面生霉的颗粒。

⑤ 冻伤粒　因受冰冻伤害籽粒透明或子叶僵硬呈暗绿色的颗粒。

⑥ 热损伤粒　因受热而引起子叶变色和损伤的颗粒。包括自然热损伤粒和烘干热损伤粒等。

(4) 破碎粒　子叶破碎达本颗粒体积 1/4 及以上的颗粒。需观察整体样品的外观特征，确定籽粒的破碎程度。

(5) 完整粒率　完整粒占试样的质量分数。

(6) 损伤粒率　损伤粒占试样的质量分数。

(7) 热损伤粒率　热损伤粒占试样的质量分数。

（二）检验方法

1. 仪器和用具

(1) 天平　感量为 0.01g。

(2) 谷物选筛　直径为 3.0mm 的圆孔筛。

(3) 分样器、分样板。

(4) 分析盘、小皿、镊子等。

2. 操作方法

(1) 从平均样品中分取试样 500g（m_1），按规定的方法分两次筛选，然后拣出筛上大型杂质和筛下物合并称量（m_2）。

(2) 从检验过大样杂质的试样中，称取试样 100g（m_3），倒入分析盘中，分别拣出杂质、损伤粒、未熟粒、破碎粒合并称量（m_4、m_5、m_6），其中热损伤粒单独拣出（必要时剥开皮层，观察子叶是否发生了颜色变化），称重（m_7）。

3. 结果计算

(1) 完整粒率（%）　按式(5-17) 计算：

$$完整粒率=\left(1-\frac{m_1}{m_2}\right)\times\frac{m_3-m_4-m_5-m_6}{m_3}\times 100\% \tag{5-17}$$

式中　m_1——大样质量，g；

m_2——大样杂质质量，g；

m_3——小样质量，g；

m_4——小样杂质质量，g；

m_5——损伤粒（含热损伤粒）质量，g；

m_6——破损粒、未熟粒质量，g。

双试验结果允许差应不超过1%，求其平均值，即为检验结果。检验结果取小数点后一位。

(2) 损伤粒率（%）　按式(5-18) 计算：

$$损伤粒率=\left(1-\frac{m_2}{m_1}\right)\times\frac{m_5}{m_3}\times 100\% \tag{5-18}$$

(3) 热损伤粒率（%）　按式(5-19) 计算：

$$热损伤粒率=\left(1-\frac{m_2}{m_1}\right)\times\frac{m_7}{m_3}\times100\% \quad (5\text{-}19)$$

表 5-9 为大豆质量指标、表 5-10 为高油大豆质量指标、表 5-11 为高蛋白大豆质量指标。

表 5-9 大豆质量指标

等级	完善粒率/%	损伤粒率/%		杂质含量/%	水分含量/%	色泽、气味
		合计	其中:热损伤粒			
1	≥95.0	≤1.0	≤0.2	≤1.0	≤13.0	正常
2	≥90.0	≤2.0	≤0.2			
3	≥85.0	≤3.0	≤0.5			
4	≥80.0	≤5.0	≤1.0			
5	≥75.0	≤8.0	≤3.0			

表 5-10 高油大豆质量指标

等级	粗脂肪含量(干基)/%	完整粒率/%	损伤粒率/%		杂质含量/%	水分含量/%	色泽、气味
			合计	其中:热损伤粒			
1	≥22.0	≥85.0	≤3.0	≤0.5	≤1.0	≤13.0	正常
2	≥21.0						
3	≥20.0						

表 5-11 高蛋白大豆质量指标

等级	粗蛋白含量(干基)/%	完整粒率/%	损伤粒率/%		杂质含量/%	水分含量/%	色泽、气味
			合计	其中:热损伤粒			
1	≥44.0	≥90.0	≤2.0	≤0.2	≤1.0	≤13.0	正常
2	≥42.0						
3	≥40.0						

第九节 带壳油料（花生果、花生仁）的质量检验

【学习要求】

▲ 通过学习，掌握花生的分类、杂质检验方法；

▲ 了解纯仁率的概念及测定技术。

一、花生的类型

花生分为花生果和花生仁。

二、花生果的杂质检验

（一）基本概念

杂质是指花生果或花生仁以外的物质，包括泥土、砂石、砖瓦块等无机物质和花生果壳、无使用价值的花生仁及其他有机物质。

花生果中的杂质包括以下几种。

(1) 筛下物 通过直径为 5.0mm 的圆孔筛筛下的物质。

(2) 无机杂质　花生果或花生仁以外的物质，包括泥土、砂石、砖瓦块等无机物质。

(3) 有机杂质　花生果壳、无使用价值的花生仁及其他有机物质。

（二）检验方法

1. 仪器和用具

(1) 天平　感量为 0.01g、0.1g。

(2) 谷物选筛　直径为 5.0mm 的筛层及底盖。

(3) 分样板、分析盘、培养皿、镊子等。

2. 操作方法

从平均样品中分取花生果试样 1000g，分四次倒入直径为 5.0mm 的圆孔筛内，按规定进行筛选，拣出筛上的杂质与筛下物合并称量，计算杂质的质量分数。

3. 结果计算

分别按式(5-6)、式(5-7) 和式(5-9) 计算大样杂质质量分数、小样杂质质量分数和杂质总量。

三、纯仁率检验

（一）基本概念

纯仁率指净花生果脱壳后籽仁的质量（其中不完善粒折半计算）占试样的质量分数。对不完善粒不按折半计算时，称为出仁总量百分率。

由于带壳油料的营养物质绝大部分存在于籽仁中，所以纯仁率与使用价值成正比，因此是评定带壳油料品质的重要项目之一。现行标准中花生果、葵花籽等均以纯仁率作为定等基础项目。而出仁总量百分率可以用来估算带壳油料的出油率，计算带壳油料水分及含油率时使用。

（二）花生果中的不完善粒

花生果不完善粒是指受到损伤但尚有使用价值的花生颗粒，包括虫蚀粒、病斑粒、生芽粒、破碎粒、未熟粒、其他损伤粒等。

(1) 虫蚀粒　被虫蛀蚀，伤及胚的颗粒。

(2) 病斑粒　表面带有病斑并伤及胚的颗粒。

(3) 生芽粒　芽或幼根突破种皮的颗粒。

(4) 破碎粒　籽仁破损达到其体积 1/5 及以上的颗粒，包括花生破碎的单片子叶。

(5) 未熟粒　籽仁皱缩，体积小于本批正常完善粒 1/2，或质量小于本批完善粒平均粒重 1/2 的颗粒。

(6) 其他损伤粒　其他伤及胚的颗粒。

（三）花生果的检验方法

1. 仪器和用具

(1) 天平　感量为 0.1g。

(2) 分析盘、培养皿、镊子等。

2. 试样用量

净试样（除去杂质和果外仁）：花生果、茶籽、桐籽为 200g，精确到 0.1g；葵花籽、棉籽为 20g，精确到 0.01g。

3. 剥壳

花生果用手剥壳；茶籽、桐籽用锤轻轻敲破外壳后剥壳；葵花籽用镊子夹压剥壳或用手剥壳，棉籽用剪刀和镊子剥壳。样品经脱壳、挑选分离得到籽仁，剥壳时不应损失籽仁。

4. 分拣和称量

按规定用量称取净试样（m），剥壳后，除去无食用价值的籽仁，称量（m_1），精确到0.01g。再按标准规定拣出不完善粒，然后称量得到的不完善粒（m_2），精确到0.01g。

5. 结果计算

纯仁率（%）按式(5-20) 计算：

$$X=\frac{m_1-\frac{m_2}{2}}{m}\times 100\% \tag{5-20}$$

式中 X——纯仁率；

m_1——籽仁总质量，g；

m_2——不完善粒的质量，g；

m——净试样质量，g。

双试验结果的绝对差值不应超过1.0%，取其平均数，即为检验结果。计算结果保留小数点后一位。

第十节　油菜籽的质量检验

【学习要求】

▲ 通过学习，了解油菜籽的分类以及杂质、不完善粒的检验方法。

油菜籽是十字花科草本植物栽培油菜长角果的小颗粒球形种子，种皮有黑、黄、褐红等色，是我国主要油料作物和蜜源作物之一，其籽粒是制浸油脂原料的主要品种之一。栽培遍及全国，分为冬油菜和春油菜两种。其种植面积占全国油料作物总面积的40%以上，产量占全国油料总产量的30%以上。

油菜的果实为角果，角果由果啄、果身、果柄三部分组成。角果成熟后，由于果瓣失水收缩，能自动开裂，种子呈圆球形或卵圆形，由种皮、胚及胚乳遗迹三部分组成。种子的化学成分中一般含氮3.9%～5.2%，蛋白质24.6%～32.4%，纤维素5.7%～9.6%，灰分4.1%～5.3%，油脂37.5%～46.3%。

油菜籽中含有一定量的芥酸，会影响油菜籽及菜籽油的质量。油菜籽中还含有一定量的芥子碱、单宁等化学物质，都有一定的毒性，故菜籽饼需去毒后才能作饲料。

一、油菜籽的分类

根据植物学形态特征和农艺性状，可将油菜分为白菜型油菜、芥菜型油菜、甘蓝型油菜及埃塞俄比亚芥菜型油菜四大类，最后一种种植面积少，世界上大多数国家只种植前三种类型的油菜。

1. 白菜型油菜

其特点是植株较矮小，叶色深绿至淡绿，上部薹茎无柄，叶基部全抱茎，花淡黄至深黄色，花瓣圆形较大，开花时花瓣两侧互相重叠，花序中间花蕾的位置多半低于周围新开花朵的平面，角果较肥大，果喙显著。它分为两种，一种是中国北方春播的小油菜，原产中国北部和西北部，分布在中国的青海、内蒙古及西藏等地区。另一种是中国南方的油白菜，它原产中国长江流域，是小白菜的油用变种，种子有褐色、黄色或杂色三种，含油率为38%～45%，中国南方各地的白油菜、甜油菜、黄油菜均属此类。这种油菜生育期短、抗病性较差、产量较低。

2. 芥菜型油菜

原产于非洲北部，广泛分布于欧洲东部、中亚细亚、印度、巴基斯坦及中国西部干旱地区和高原地区。在中国栽培的芥菜型油菜有两个变种，即少叶芥油菜和大叶芥油菜，芥菜型油菜适宜我国西北和西南地区人少地多、干旱少雨的山区种植。

3. 甘蓝型油菜

原产欧洲地中海沿岸西部地区。其主要特点是：叶色较深，叶质似甘蓝，叶面一般披有蜡粉，茎部叶形椭圆，叶片有琴状缺裂，薹茎叶半抱茎着生，幼苗匍匐或半直立，分枝性强，枝叶繁茂，细根较发达，耐寒、耐湿、耐肥，抗霜霉病能力强，抗菌核病、病毒能力优于白菜型和芥菜型油菜，花瓣大，花黄色，角果较长，结荚多，粒本饱满，种皮呈黑色、暗褐或红褐色，少数暗黄色，种子含油量较高，一般为35%～50%。

二、杂质检验

（一）基本概念

油菜籽中的杂质是指除油菜籽以外的有机物质、无机物质及无使用价值的油菜籽。包括筛下物、无机杂质和有机杂质。

(1) 筛下物　通过直径为1.0mm的圆孔筛筛下的物质。

(2) 无机杂质　油菜籽以外的物质，包括泥土、砂石、砖瓦块等无机物质。

(3) 有机杂质　无制油价值的油菜籽、异种粮粒和其他油料种子以及其他有机物质。

（二）油菜籽杂质检验方法

1. 仪器和用具

(1) 天平　感量为0.1g。

(2) 谷物选筛　直径为1.0mm的圆孔筛。

(3) 油菜籽分样器、培养皿、分析盘、镊子等。

2. 操作方法

从平均样品中分取油菜籽试样10g，用直径为1.0mm的圆孔筛按规定进行筛选，拣出筛上杂质与筛下物合并称量，计算杂质的质量分数。

其计算结果分别按式(5-6)、式(5-7)和式(5-9)计算出大样杂质质量分数、小样杂质质量分数和杂质总量。

三、油菜籽不完善粒的检验

（一）基本概念

油菜籽的不完善粒是指受到损伤或存在缺陷但尚有食用价值的颗粒，包括生芽粒、生霉粒、未熟粒和热损伤粒。

(1) 生芽粒　芽或幼根突破种皮的颗粒。

(2) 生霉粒　粒面生霉的颗粒。

(3) 未熟粒　籽粒未成熟，子叶呈现明显绿色的颗粒。

(4) 热损伤粒　由于受热而导致子叶变成黑色或深褐色的颗粒。

(二) 油菜籽不完善粒的检验方法

1. 仪器和用具

(1) 油菜籽计数板　宽：25～80mm、长：120～250mm；100孔或50孔。

(2) 粘胶带　宽：25～80mm、长：120～250mm。

(3) 滚筒　宽：25～80mm。

2. 操作方法

(1) 取样　从已除去杂质的油菜籽试样中用100孔或50孔的计数板随机取油菜籽，使计数板微孔填满，用胶带纸覆盖在计数板上，揭下胶带纸，计数板上的油菜籽籽粒全部转至胶带纸上。进行5次或者10次（共取500粒油菜籽），需要粘有油菜籽粒的5条或10条胶带纸。

(2) 碾压　将粘有籽粒的胶带纸置于硬纸板上，用滚筒碾压粘有籽粒面的胶带纸，使籽粒种皮破裂。

(3) 计数

① 热损伤粒　对所碾压的籽粒进行观察，确认子叶呈黑色或深褐色的颗粒，计数 N_1（已碾压籽粒中热损伤粒的和）；如果 N_1 等于0，则热损伤粒结果为未检出；如果 N_1 大于或等于1，则重复上面的操作，计数 N_2。

② 未熟粒　对所碾压的籽粒进行观察，确认子叶呈明显绿色的颗粒，计数 N_3（已碾压籽粒中未熟粒的和），如果 N_3（指500粒中的 N_3 数）等于0，则未熟粒结果为未检出；如果 N_3 大于或等于1，则重复上面的操作计数 N_4（计1000粒的 N_4 数）。

3. 结果计算

按式(5-21)和式(5-22)分别计算热损伤粒和未熟粒的含量（%）：

$$热损伤粒含量=\frac{N_1+N_2}{1000}\times 100\% \tag{5-21}$$

$$未熟粒含量=\frac{N_3+N_4}{1000}\times 100\% \tag{5-22}$$

式中　N_1、N_2——热损伤粒数（各500粒中），粒；

N_3、N_4——未熟粒数（各500粒中），粒；

1000——油菜粒总粒数。

双试验结果允许差应不超过0.5%，求平均数即为检验结果，检验结果取小数点后一位。

生芽粒、生霉粒检验仍按GB/T 5494—2008《粮油检验 粮食、油料的杂质、不完善粒检验》执行。

第六章

成品粮的物理检验

【本章主要内容】

大米加工精度的检验
米类杂质及不完善粒的检验
碎米的检验
大米胶稠度的测定
小麦粉加工精度的检验
粉类粗细度的测定
粉类含砂量的测定
磁性金属物的测定
小麦粉面筋的测定
小麦粉吸水量与流变学特性的测定

成品粮是指原粮加工后的粮食，包括大米、大米粉、小麦粉、黍米、稷米、高粱米等，特别是大米和小麦粉是人们的主要食粮。本章重点介绍与大米和小麦粉等质量检验有关的项目。

第一节　大米加工精度的检验

【学习要求】

▲ 通过学习，掌握大米加工精度的基本概念及其与大米加工出米率、食用品质的关系；
▲ 通过训练，掌握大米加工精度测定方法的原理及操作技术。

大米加工精度是指米粒脱掉种皮的程度，即背沟和粒面的留皮程度。米粒去皮表面积越大，精度越高；去皮表面积越小，精度越低。大米加工精度的高低直接影响出米率，加工精度高，则出米率低，相应地营养价值也较低，但口感和蒸煮品质往往较好，所以加工精度与大米的质量、应用价值等有密切关系。对大米的加工精度应严格控制，在保证大米加工精度的前提下，完善碾米工艺，提高出米率和纯度。

大米加工精度的测定方法有两种，即直接比较法和染色法。它们测定的原理是相同的，所不同的是为更准确地观察粒面的留皮程度，染色法采用染色剂对残留种皮进行染色。

一、直接比较法

从平均样品中称取 50g 试样，直接与精度标准样品对照，符合哪个精度等级就定为哪一等。

这种方法在实际操作中往往不易正确掌握，尤其对缺乏经验的检验者。为此，应切实掌握精度标准样品中有关的文字规定，同时，检验时应注意粒面留皮程度与背沟、纵沟的留皮程度及胚残存情况。背沟和粒面留皮程度是决定等级的主要依据。观察样品时应避免阳光直射，并反复与各等级标准样品进行比较。

二、染色法

（一）品红石炭酸溶液染色法

1. 试剂

（1）0.1%品红石炭酸溶液。

（2）1.25%硫酸溶液。

2. 仪器和用具

（1）天平 感量为0.1g。

（2）蒸发皿、玻璃棒等。

3. 测定步骤

称取标准样品和试样各20g，从中不加挑选地各取出整米50粒，用清水洗去米粒表面的浮糠，分别用0.1%品红石炭酸溶液浸泡20s，使米粒表面的种皮染色。染色后分别用清水洗涤2～3次；再用1.25%硫酸洗涤2次，每次约30s，最后用清水洗涤米粒2～3次，去除多余的染色剂。染色后的米粒留皮部分呈红紫色，胚乳部分呈现浅粉色，比较标准样品和待测试样，确定试样的精度等级。

（二）苏丹-Ⅲ乙醇溶液染色法

1. 试剂

（1）苏丹-Ⅲ乙醇饱和溶液。

（2）50%乙醇溶液。

2. 仪器和用具

（1）天平 感量为0.1g。

（2）蒸发皿、玻璃棒等。

3. 测定步骤

称取标准样品和试样各20g，从中不加挑选地各取出整米50粒，用清水洗去米粒表面的浮糠，分别用苏丹-Ⅲ乙醇饱和溶液浸泡，染色需在70～75℃水浴中保温5min，染色后用50%乙醇洗去多余染料。染色后的米粒皮层和胚芽呈红色，胚乳部分不着色，比较标准样品和待测试样，确定试样的精度等级。

（三）异色相差分染色法（IDS法）

1. 试剂

（1）IDS染色剂。

（2）75%乙醇溶液。

2. 仪器和用具

（1）天平 感量为0.1g。

（2）具塞试管（18mm×180mm）。

（3）放大镜（5～20倍）。

3. 测定步骤

称取标准样品和试样各5g，分别放于两只具塞试管中，注入自来水（高出米样4～5cm），加塞，将试管颠倒数次，然后将水倒出，重复水洗3次。水洗后，立即倒入IDS染色剂，以浸没米样为度，染色 2min。染色时轻轻摇动试管，避免剧烈振动。小心倒去染色液，按照上述水洗步骤水洗 2 次并沥干。加入 75%乙醇溶液（浸没米样为度），轻轻摇动，洗涤 1min，倒去乙醇溶液，立即用清水洗 3 次（同上述水洗步骤）。米粒各部组织则显示不同颜色：皮层和胚芽为绿色，糊粉层为紫色，胚乳为桃红色。将米样沥干置于滤纸上，用放大镜在自然光下比较标准样品和待测试样，确定试样的精度等级。

第二节　米类杂质及不完善粒的检验

【学习要求】

▲ 通过学习，掌握米类杂质、不完善粒的基本概念及其对米类储存品质、食用品质的影响；

▲ 通过训练，掌握米类杂质、不完善粒的测定原理及操作技术。

米类杂质是指夹杂在米类中的糠粉、矿物质及稻谷粒、稗粒等其他杂质。

大米的不完善粒包括尚有食用价值的未熟粒、虫蚀粒、病斑粒、生霉粒以及完全未脱皮的完整糙米粒。

米类中混有杂质和不完善粒不但降低食用品质，而且往往由于其含水量高，特别是糠粉营养丰富，容易导致微生物和害虫繁殖，并堵塞米粒之间的空隙度，引起米类发热、霉变、生虫，影响安全储存。因此，在米类的质量指标中将杂质和不完善粒作为限制性项目加以严格控制。

一、仪器和用具

(1) 天平　感量为 0.001g、0.1g。

(2) 谷物选筛。

(3) 分析盘、毛刷、镊子等。

二、操作流程

1. 杂质检验操作流程

称样 → 筛选 → 糠粉检验 → 矿物质检验 → 其他杂质检验 → 分别计算结果 → 杂质总量

2. 稗粒和稻谷检验操作流程

称样 → 带壳稗粒和稻谷粒检验 → 分别计算结果

3. 不完善粒的检验操作流程

称样 → 检验杂质 → 检验碎米 → 取整米和大碎米 → 检验不完善粒 → 计算结果

三、测定项目及步骤

1. 糠粉检验

从平均样品中分取试样约 200g（m），分两次放入直径为 1.0mm 的圆孔筛内，经过筛选，倒出试样，轻拍筛子使糠粉落入筛底中，全部试样筛完后，刷下留存在筛层上的糠粉，合并称量（m_1）。糠粉质量分数（%）按式(6-1)计算：

$$A=\frac{m_1}{m}\times100\% \quad (6\text{-}1)$$

式中 A——糠粉质量分数；

m_1——糠粉质量，g；

m——试样质量，g。

双试验结果允许差应不超过0.04%，取其平均数即为检验结果。检验结果保留小数点后两位。

2. 矿物质检验

从检验过糠粉的试样中拣出矿物质，称量（m_2）。矿物质质量分数（%）按式(6-2)计算：

$$B=\frac{m_2}{m}\times100\% \quad (6\text{-}2)$$

式中 B——矿物质质量分数；

m_2——矿物质质量，g；

m——试样质量，g。

双试验结果允许差应不超过0.005%，取其平均数即为检验结果。检验结果保留小数点后两位。

3. 其他杂质检验

从检验过糠粉和矿物质的试样中，拣出稻谷粒、稗粒及其他杂质等一并称量（m_3）。其他杂质质量分数（%）按式(6-3)计算：

$$C=\frac{m_3}{m}\times100\% \quad (6\text{-}3)$$

式中 C——其他杂质质量分数；

m_3——其他杂质质量，g；

m——试样质量，g。

双试验结果允许差应不超过0.04%，取其平均数即为检验结果。检验结果保留小数点后两位。

4. 带壳稗粒和稻谷粒检验

从平均样品中分取试样约500g，拣出带壳稗粒和稻谷粒，分别计算含量，检出的粒数乘以2，即为检验结果，以"粒/kg"表示。

带壳稗粒双试验结果允许差应不超过3粒/kg，稻谷粒双试验结果允许差应不超过2粒/kg，分别求其平均数即为检验结果，平均数不足1粒时按1粒计算。

5. 大米杂质总量计算

大米杂质总量（%）按式(6-4)计算：

$$大米杂质总量=A+B+C \quad (6\text{-}4)$$

式中 A——糠粉质量分数；

B——矿物质质量分数；

C——其他杂质质量分数。

6. 不完善粒的检验

在整米及大碎米中按规定拣出不完善粒，称量后计算其占试样的质量分数。

第三节 碎米的检验

【学习要求】

- 通过学习，掌握碎米的基本概念以及碎米产生的主要原因；
- 了解碎米对米类储存品质及食用品质的影响；
- 通过训练，掌握碎米测定方法的原理及其测定技术。

碎米是指米类在碾制过程中产生的、其长度小于完整粒平均长度3/4的和穿过规定筛层的破碎粒。碎米的产生与稻谷品质、裂纹粒等有密切关系。此外，腹白粒、发芽粒、未熟粒、生霉粒、裂纹粒、软质粒以及加工工艺不当等很多因素也是引起碎米产生的主要原因。

碎米对米类外观品质有很大影响，既影响其整齐度，同时严重影响米的蒸煮品质、食用品质、储藏品质，并且淘洗时米类损失率较高。所以，米类的质量标准中对碎米含量作了严格限制，如：我国各等级小米碎米含量≤4.0%（GB/T 11766—2008《小米》）；各等级高粱米碎米含量≤3.0%（LS/T 3215—1985《高粱米》）。各类大米碎米含量指标见表6-1（GB 1354—2009《大米》）。

表6-1 我国各类大米碎米含量指标

品种	等级	碎米含量/%	
		总量	其中小碎米
籼米	一级	≤15.0	≤1.0
	二级	≤20.0	≤1.5
	三级	≤25.0	≤2.0
	四级	≤30.0	≤2.5
粳米	一级	≤7.5	≤0.5
	二级	≤10.0	≤1.0
	三级	≤12.5	≤1.5
	四级	≤15.0	≤2.0
籼糯米	一级	≤15.0	≤1.5
	二级	≤20.0	≤2.0
	三级	≤25.0	≤2.5
粳糯米	一级	≤7.5	≤0.8
	二级	≤10.0	≤1.5
	三级	≤12.5	≤2.3

一、大米中碎米含量的检验

1. 测定原理

大米中的大碎米是指长度小于同批试样平均长度3/4、留存在1.0mm圆孔筛以上的大米颗粒。

大米中的小碎米是指通过直径为1.2mm的圆孔筛，留存在直径1.0mm圆孔筛上的破碎小米颗粒。

大米中碎米含量的检验可分为筛选法和碎米分离机法，它们的检验原理相同，是将试样中的大碎米、小碎米分离出来，分别称取它们的质量，计算各自的质量分数。

2. 操作流程

从检验过杂质的样品中称样 → 筛选 → 检验小碎米 → 检验大碎米 → 分别计算结果 → 计算碎米总量

3. 筛选法

(1) 仪器和用具

① 天平　感量为 0.01g。

② 筛选器　转速为 110～120r/min，可自动控制顺时针及逆时针各转动 1min。

③ 谷物选筛　直径为 1.0mm、2.0mm 的圆孔筛，配筛盖和筛底，可配合筛选器使用。

④ 电动碎米分离器。

⑤ 分析盘、毛刷、镊子等。

(2) 操作步骤　从检验过杂质的样品中称取试样 50g（m），放入直径为 2.0mm 的圆孔筛内，下接 1.0mm 的圆孔筛和筛底，盖上筛盖，按规定进行筛选，然后将留在直径为 1.0mm 的圆孔筛上的碎米（拣出整粒米）称量（m_1），即为小碎米的质量。留存在直径为 2.0mm 的圆孔筛上的试样按规定拣出打碎米（不足该批正常整米 3/4 的碎米）称量（m_2）。

(3) 结果计算　小碎米含量（%）、大碎米含量（%）和碎米总量（%）分别按式(6-5)～式(6-7) 计算：

$$A=\frac{m_1}{m}\times 100\% \tag{6-5}$$

$$B=\frac{m_2}{m}\times 100\% \tag{6-6}$$

$$\text{碎米总量}=A+B \tag{6-7}$$

式中　A——小碎米含量（以质量分数计）；

B——大碎米含量（以质量分数计）；

m_1——小碎米质量，g；

m_2——大碎米质量，g；

m——试样质量，g。

小碎米、大碎米含量的双试验结果允许差应不超过 0.5%，求其平均数，即为检验结果。检验结果取小数点后第一位。碎米总量计算结果取小数点后第一位。

4. 碎米分离器法（适用于大碎米检验）

(1) 仪器和用具

① 碎米分离机　碎米分离机结构如图 6-1 所示。

图 6-1　碎米分离机结构示意图

碎米分离机分离碎米的工作原理：分离工作是靠转筒内表面上密布的许多孔穴来完成的。孔穴的尺寸可供米粒存留于孔中，而不同长度的米粒存留条件则与孔穴所处的位置及孔穴的大小和转速有关。当孔穴处在转筒的下部附近时，碎米和碎米的重心铅垂线都在孔内，碎米能留于孔隙内，但整米部分突出在孔的外面。如果转筒转移到一定角度时，整米的重心铅垂线先移出孔穴之外，当重心的重力距能克服孔壁对它的摩擦时，它就从孔中落出来。短粒米（碎米）能被孔穴带到较高的位置才能在重力作用下落出来（还与孔的大小有关），这时加上碎米的运动惯性和调节分离槽接料口的适当位置，就能将一定长度范围内的短粒米分离出来。

② 其他仪器用具同筛选法。

(2) 测定步骤　将检验小碎米后留存于直径 2.0mm 圆孔筛上的米粒倒入分离机的盛样斗中。试样较均匀分布于盛样槽中，根据试样的粒度（主要是长度）选择转筒（1 号适用于整米平均长度为 4.8～5.2mm；2 号适用于整米长度平均为 5.4～6.0mm），套在仪器的旋转机头上，按顺时针方向转动调节把手，使样品全部落入转筒内，同向转动盛样槽调节到最合适角度（槽口平面夹角 10°～20°），再依次按自控、启动电钮，机器按规定转速旋转，2min 后自动停机（特殊情况可按手控电钮，时间由操作者掌握），卸下转筒，倒出转筒内整米于分析盘中，拣出碎米中的整米（大于整米 3/4 及 3/4 的米粒），然后将碎米称重。

(3) 结果计算　计算方法同筛选法。

二、高粱米、小米、黍米、稷米中碎米含量的检验

1. 仪器和用具

(1) 天平　感量为 0.01g。

(2) 谷物选筛　直径为 1.0mm、1.2mm、1.5mm、2.0mm 的圆孔筛，带筛盖、底。

(3) 分析盘、毛刷、镊子等。

2. 操作流程

从检验过杂质的样品中称样 → 筛选 → 检验碎米 → 结果计算

3. 测定步骤

从检验过杂质的样品中称取试样 50g（m），按规定的碎米筛层进行筛选（高粱米为直径 2.0mm、1.0mm 圆孔筛；小米直径为 1.2mm、1.0mm 圆孔筛；黍米、稷米直径为 1.5mm、1.0mm 圆孔筛），碎米称重（m_1）。

4. 结果计算

碎米含量（%）按式(6-8) 计算：

$$C=\frac{m_1}{m}\times 100\% \tag{6-8}$$

式中　C——碎米含量（以质量分数计）；

m_1——碎米质量，g；

m——试样质量，g。

双试验结果允许差应不超过 0.5%，求其平均数，即为检验结果。检验结果取小数点后一位。

第四节　大米胶稠度的测定

【学习要求】

▲ 通过学习，掌握大米胶稠度的概念以及胶稠度与稻谷直链淀粉的关系；

▲ 通过训练，掌握大米胶稠度测定方法的操作技能。

大米胶稠度是指精米粉碱糊化后的米胶冷却后的流动长度。即将大米粉加热糊化，然后在特定条件下冷却测其米胶的长度。米胶越长，胶稠度越大。各类大米胶稠度在一定的范围内与米饭食味品尝评分值呈正相关。实践证明，米胶长度为35mm的糯米粉，其口感十分差；米胶长度在45mm时能勉强为人们所接受，但明显发生浑汤；米胶长度在90mm左右时，口感最好；米胶长度达152mm时，其口感尚佳，但蒸煮熟食不易成型。我国在优质稻谷的国家标准（GB/T 17891—1999《优质稻谷》）中规定了一等籼稻谷和粳稻谷的胶稠度指标分别为：≥70mm、≥80mm。因此，测定大米的胶稠度，对评价稻谷品质和大米的食用品质都有重要的意义。胶稠度的测定一般采用米胶延伸法。

一、试剂

(1) 0.025%麝香草酚蓝乙醇溶液　称取125mg麝香草酚蓝溶于500mL 95%的乙醇中。

(2) 0.2mol/L氢氧化钾溶液。

二、仪器和用具

(1) 高速样品粉碎机。

(2) 孔径为0.15mm的筛。

(3) 电动振荡器。

(4) 分析天平　感量为0.0001g。

(5) 试管（13mm×100mm）、电冰箱和冰浴箱。

(6) 沸水浴箱水平操作台。

(7) 水平尺、坐标纸。

(8) 直径为1.5cm的玻璃弹子球。

(9) 实验室用砻谷机、碾米机。

三、操作流程

样品制备 → 称样 → 糊化 → 回生 → 米胶延伸 → 度数

四、测定步骤

(1) 样品制备　将精米（精度为国家标准一等）样品置于室温下2h以上，以平衡水分，取约5g磨碎为米粉，过孔径为0.15mm的筛，装于广口瓶中备用。

(2) 米粉水分的测定　米粉水分测定按GB/T 5497—1985《粮食、油料检验 水分测定法》执行。

(3) 溶解样品和制胶　称取通过孔径0.15mm的筛的米粉试样两份，每份100mg（含水量12%计，如含水量不为12%时，则进行折算，相应增加或减少试样的称量）于试管中，加入0.2mL 0.025%麝香草酚蓝乙醇溶液，并轻轻振动试管，使米粉充分分散，再加入2mL 0.2mol/L氢氧化钾溶液，并摇动试管，置于涡旋振荡器上使米粉充分混合均匀，然后立即把试管放入沸水浴中，用玻璃弹子球盖好试管口，加热8min，控制试管内米胶溶液面在加热过程中宜达到试管高度1/3～1/2，取出试管，拿去玻璃弹子球，静置冷却5min后，再将试管放在0℃左右的冰水浴中冷却20min取出。

(4) 水平静置试管　将试管从冰水浴中取出，立即水平放置在铺有坐标纸。事先调好水平的操作台上，在室温［(25±2)℃］下静置1h。

(5) 测量米胶长度　及时测量米胶在试管内流动的长度（mm），双试验结果允许差应不超过7mm，取其平均值，即为检验结果。

五、注意事项

(1) 稻米胶稠度测定操作一定要严格控制操作条件，在每一批材料的测试中要用一个具有代表性的品种作为对照。

(2) 稻米精碾程度不够则胶稠度会趋硬，因此，测定稻米胶稠度需用标一米。

(3) 标一米粉碎成95%通过孔径为0.147mm的筛，这时籽粒中的淀粉颗粒大都破碎了，有利于胶稠度测定时淀粉的糊化作用，淀粉彻底分散对顺利进行糊化是很重要的。如果米粉在糊化时分散得不完全，结成不透明块使胶变稀，说明标一米粉碎时粒度不够，必须重新制试样，然后再进行测定。

(4) 在加入氢氧化钾溶液之前用0.2mL 95%乙醇溶液来湿润样品，以防止加入氢氧化钾溶液和糊化时样品的粘结。

(5) 为了防止糊化时样品的粘结，在加入氢氧化钾溶液后，要用强力涡旋混合器来使样品很好地分散。

(6) 糊化时一定要使淀粉彻底分散，因此要求用于糊化的沸水一定要彻底煮沸。

(7) 用0.2mol/L氢氧化钾溶液时，淀粉分散得比较好，所得到的米胶比用氢氧化钾溶液作溶剂时稍硬，且液相分离作用较稳定。用水作溶剂，测试结果往往不能重复。因为在沸水中进行糊化时，一般而言比在碱溶液中容易发生黏结的现象。米胶在水中也不如在稀碱中稳定，尤其是高直链淀粉的水稻品种。

(8) 为了避免淀粉悬浮液沸腾向上溅沸过高，甚至逸出试管，而且又要使溅沸的高度达到试管高度的1/2～2/3，因此，试管放置在水浴中深度宜为试管高度的1/3，2/3应在水面上。

第五节　小麦粉加工精度的检验

【学习要求】

▲ 通过学习，了解小麦粉加工精度、粉色、麸星的基本概念；

▲ 通过训练，掌握小麦粉加工精度的测定方法。

一、基本概念

1. 小麦加工精度

小麦加工精度是以小麦粉的粉色和麸星来表示的。

2. 粉色

粉色是指小麦粉的颜色。

3. 麸星

麸星是指小麦粉中所含麸皮的程度。

小麦粉的粉色有白色、浅乳脂色、乳脂色、微黄色等，一般来说，软麦比硬麦的粉色稍浅，白麦比红麦粉色较浅。粉色除与小麦品种有关外，同一品种小麦的粉色则取决于粉中麸星的含量，麸星含量低，粉色较白；麸星含量高，粉色必然较深，但是粉色深的，其麸星含量不一定高。小麦粉中麸星含量的多少取决于加工精度，加工精度高，麸星含量低，粉色较白；加工精度低，麸星含量高，粉色较深。所以，小麦粉的加工精度可由粉色和麸星来确定，这两个指标是确定小麦粉等级的重要项目，用于评定小麦粉的品质，也被用于指导小麦的加工工艺。

小麦粉加工精度的检验是一种感官检验方法。将待测样品和国家制定的标准样品经过一定的处理，对比它们的粉色和麸星，判断样品的精度等级。目前，特制一等粉、特制二等粉和标准粉由国家统一制作标准样品，普通粉由省、自治区、直辖市制定，专用粉尚无国家标准。国家标准方法中，小麦粉加工精度的检验方法有五种（GB/T 5504—1985《粮食、油料检验 小麦粉加工精度检验法》），仲裁时，以湿烫法对比粉色，以干烫法对比麸星。制定标准样品时，除按仲裁法外，也可用蒸馒头法对比粉色和麸星。

二、测定方法

1. 试剂

酵母液：称取 5g 鲜酵母或 2g 干酵母，加入 100mL 温水（35℃左右），搅拌均匀备用。

2. 仪器和用具

(1) 搭粉板　5cm×30cm。

(2) 粉刀。

(3) 天平　感量为 0.1g。

(4) 电炉。

(5) 烧杯 100mL。

(6) 铝制蒸锅、白瓷碗、玻璃棒、分析盘、毛刷等。

3. 测定步骤

(1) 干法　用洁净粉刀取少量标准样品置于搭粉板上，用粉刀压平，将右边切齐。再取少量试样置于标准样品右侧压平，将左边切齐，用粉刀将试样慢慢向左移动，使试样与标样相连接。再用粉刀将两个粉样紧紧压平（标样与试样不得互混），打成上厚下薄的坡度（上厚约 6mm，下与粉板拉平），切齐各边，刮去标样左上角，对比粉色麸星。

(2) 湿法　将干法检验过的粉样连同搭粉板倾斜插入水中，直至不起气泡为止，取出搭粉板，待粉样表面微干时，对比粉色麸星。

(3) 湿烫法　将湿法检验过的粉样连同搭粉板倾斜插入加热的沸水中，约经 1min 取出，用粉刀轻轻刮去粉样表面受烫浮起部分，对比粉色麸星。

(4) 干烫法　先按干法搭好粉板，然后连同搭粉板倾斜插入加热的沸水中，约经 1min 取出，用粉刀轻轻刮去粉样表面受烫浮起部分，对比粉色麸星。干烫法主要用于麸星的判断。

(5) 蒸馒头法　将标样和试样分别做馒头。

第一次发酵：称试样 30g 于瓷碗中，加入 15mL 酵母液和成面团，并揉至无干面光滑后为止，碗上盖一块湿布，放在 38℃左右的保温箱内发酵至面团内部略呈蜂窝状即可（约 30min）。

第二次发酵：将已发酵的面团用少许干面揉和至软硬适中后，做成馒头形放入碗中，用干布盖上，置 38℃左右保温箱内醒发约 20min，后取出放入沸水蒸锅内蒸 15min，取出对比粉色麸星。

第六节　粉类粗细度的测定

【学习要求】

▲ 通过学习，了解粉类粗细度的概念及其对分类食品品质的影响；

▲ 通过训练，掌握粉类粗细度测定方法的原理和操作技术。

一、基本概念

1. 粉类粗细度

粉类粗细度是指粉类粮食粉粒的大小程度，以留存在规定筛面上的部分占试样的质量分数表示。它反映了粉类的整齐度和加工精度，是确定粉类等级的主要指标。一般来说，按规定的筛层筛理，筛上物愈多，细度愈低，粉中麸皮含量愈高。所以粗细度是评价粉类食品品质好坏的一项重要指标，在生产中提高筛理效果，可有效保证粉类质量。

各等级的粗细度都采用规定筛号的筛绢筛区分的，即 CB、CQ 筛绢，其规格 CB30、CB36、CB42、CQ20、CQ27 五个筛型。型号中的符号 C 代表筛绢质地是蚕丝，B 代表编制状况为半交织，Q 代表编制状况是全交织，数字代表每厘米有多少孔。

我国小麦粉质量标准中，对不同等级小麦粉的粗细度有明确规定，见表 6-2 和表 6-3。

表 6-2　等级小麦粉粗细度规格

等级粉	粗　细　度			
	CQ20 筛孔宽 0.336mm	CB30 筛孔宽 0.198mm	CB36 筛孔宽 0.160mm	CB42 筛孔宽 0.137mm
特制一等			全部通过	筛上物≤10.0%
特制二等		全部通过	筛上物≤10.0%	
标准粉	全部通过	筛上物≤10.0%		
普通粉	全部通过			

表 6-3　专用小麦粉粗细度规格

等级粉	粗　细　度		
	CB30 筛孔宽 0.198mm	CB36 筛孔宽 0.160mm	CB42 筛孔宽 0.137mm
一等高筋粉		全部通过	筛上物≤10.0%
二等高筋粉	全部通过	筛上物≤10.0%	
一等低筋粉		全部通过	筛上物≤10.0%
二等低筋粉	全部通过	筛上物≤10.0%	

2. 筛上物残留量

试样在规定的测定步骤下，留存在筛层面上的物质的质量，用 g 表示。

二、测定原理

样品在不同规格的筛子上筛理，不同颗粒的样品彼此分离，根据筛上物残留量计算出粉类粮食的粗细度。

三、仪器和用具

(1) 天平　感量为 0.1g。

(2) 电动验粉筛 1 套　回转直径为 50mm，回转速度为 260r/min；形状为圆形，直径为 300mm，高度为 30mm，筛绢规格主要包括 CQ10、CQ16、CQ 20、CQ27、CB30、CB36、CB42 等。

(3) 其他用具　表面皿、取样铲、称样勺、毛刷、清理块、分析盘等。

四、测定步骤

1. 电动验粉筛的安装

根据测定目的，选择符合要求的一定规格的筛子，用毛刷把每个筛子的筛绢上面、下面分别刷一遍，然后按大孔筛在上、小孔筛在下，最下层是筛底，最上层是筛盖的顺序安装。

2. 测定

从混匀的样品中称取试样 50.0g (m)，放入上层筛，同时放入清理块（每层筛内放置 5 个直径为 5mm 的橡皮球），盖好筛盖，按要求固定好筛子，定时 10min，打开电源开关，验粉筛自动筛理。

3. 称量

验粉筛停止后，用双手轻拍筛框的不同方位三次，取下各筛层，将每一筛层倾斜用毛刷把筛面上的残留物刷到表面皿中。称量上层筛残留物 (m_1)，低于 0.1g 时忽略不计，合并称量由测定目的所规定的筛层残留物 (m_2)。

五、结果计算

粉类粗细度按式(6-9) 和式(6-10) 计算：

$$X_1=\frac{m_1}{m}\times 100\% \tag{6-9}$$

$$X_2=\frac{m_2}{m}\times 100\% \tag{6-10}$$

式中　X_1、X_2——试样粗细度（以质量分数计）；

m_1——上层筛残留物质量，g；

m_2——规定的筛层残留物质量之和，g；

m——试样质量，g。

在重复性条件下，获得的两次独立测试结果的绝对差值不大于 0.5%，求其平均数，即为测试结果。测试结果保留到小数点后一位。

第七节　粉类含砂量的测定

【学习要求】

▲ 通过学习，了解粉类含砂量的基本概念及其对粉类食用品质的影响；

▲ 通过训练，掌握粉类质量标准中对粉类含砂量的限制要求及其测定方法。

一、基本概念

粉类中含有细砂子的质量分数称为含砂量。

粮食加工时虽经清理、除杂，但其中仍含有少量杂质，如小麦经清理后的净麦含尘芥杂质不超过 0.3%，其中砂石不超过 0.02%，因此碾磨后，仍会有一定量的细砂土留在粉中。粉状粮中的细砂是难以清除的，粉中含砂量超过一定限度，在食用时会有牙碜感觉，影响食用和人体健康，所以制粉过程中应严格控制含砂量，力求将其降低到最低指标。我国小麦粉质量标准中对各等级粉、专用粉的含砂量都做了严格限制，其限制量为不超过 0.02%。

二、测定方法

目前，测定粉类含砂量的方法主要有四氯化碳分离法、灰化法和感官鉴定法。

（一）四氯化碳分离法

1. 测定原理

四氯化碳法是根据砂子、粉类和四氯化碳三者的相对密度不同（四氯化碳的相对密度介于砂子与粉类之间），把粉类试样放入四氯化碳中经搅拌静置后，粉类漂浮在上面，而砂子和其他无机杂质沉淀于底部，经专用漏斗分离出砂类，烘干后称量，即可测出粉类中的含砂量。

2. 试剂

四氯化碳。

3. 仪器和用具

(1) 天平　感量为 0.001g、0.1g。

(2) 细砂分离漏斗（见图 6-2)。

(3) 电炉。

(4) 干燥器。

(5) 坩埚或铝盒、坩埚钳、试剂瓶（1000mL)、量筒（10mL)、玻璃棒、角勺、石棉网等。

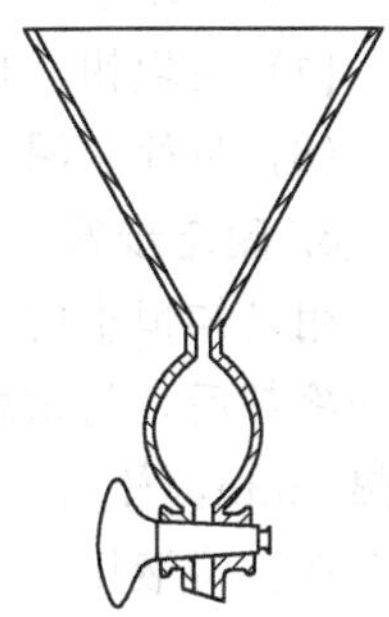

图 6-2　细砂分离漏斗

4. 测定步骤

量取 70mL 四氯化碳注入细砂分离漏斗中，加入试样 10g（m)，用玻璃棒每隔 5min 搅拌一次，连续搅拌三次。在搅拌时，玻璃棒应在漏斗的中、上部搅拌（且勿接触底部，以免使溶液混浊使试剂沉入底部，影响测定结果)，搅拌要充分，以使样品中的砂类物质能全部游离出来。加盖静置 20～30min 后，用角勺将浮在上面的面粉取出，再将分离漏斗球形中的四氯化碳和泥砂转移至已知质量（m_0）的坩埚中（这一步操作应格外小心，避免样品液在转移过程中损失)。用四氯化碳溶液冲洗球体和坩埚两次，把坩埚内的四氯化碳倒净（不可将底部砂类物质倒掉)。将坩埚置于有石棉网的电炉上烘干，待四氯化碳全部挥发后，将坩埚放入干燥器，冷却至室温后取出，称量（m_1)。

5. 结果计算

粉类含砂量按式(6-11）计算：

$$Y_1=\frac{m_1-m_0}{m}\times 100\% \tag{6-11}$$

式中　Y_1——粉类含砂量；

m——试样质量，g；

m_0——坩埚质量，g；

m_1——坩埚和砂类质量，g。

双试验结果允许差应不超过 0.005%，以最高含量的试验结果为测定结果。测定结果取小数点后两位。

（二）灰化法

1. 测定原理

样品经高温灼烧后，粉类等有机物质以 CO_2、NO_2、NO、H_2O 等气体形式挥发逸失，而泥砂等无机物则以硅酸盐的形式保留下来。若样品的灰分组成主要是泥砂，则可用灰分的含量表示含砂量。

2. 试剂

(1) 10%盐酸溶液　取相对密度为 1.19 的浓盐酸 237mL 注入蒸馏水中，再移入 1000mL 容量瓶中并稀释至刻度，充分摇匀。

(2) 3%硝酸银溶液　称取 3g 硝酸银溶解于蒸馏水中，并加两滴浓硝酸，使其酸化，然后用蒸馏水稀释至 100mL 的棕色瓶中，充分摇匀。

3. 仪器和用具

(1) 天平　感量为 0.001g、0.1g。

(2) 无灰滤纸。

(3) 电热恒温水浴锅。

(4) 高温电炉。

(5) 备有变色硅胶的干燥器。

(6) 瓷坩埚　18～20mL。

(7) 坩埚钳　长柄和短柄。

(8) 量筒、漏斗、玻棒等。

4. 测定步骤

用已知恒重的坩埚准确称取试样 5g (m)，按测定灰分的方法进行灰化。待盛有灰分的坩埚冷却后，将坩埚中的灰分溶解于 10mL 10%的盐酸溶液中，放在 80℃左右的水浴锅上加热 5min，使灰分中的酸溶性灰分溶解，泥砂等硅酸盐类灰分为酸不溶性灰分，以残渣形式存在。溶液用无灰滤纸过滤，坩埚中剩余不溶解的渣滓，再用 10mL 盐酸洗涤两次，将溶液连同渣滓用滤纸过滤，再用蒸馏水将坩埚及滤纸充分洗净至滤液中不含氯离子为止（加入 3%硝酸银溶液后，不产生浑浊）。将滤纸及沉淀物烘干后置于已知重量的坩埚 (m_0) 内进行炭化，炭化至无烟后移入 600℃高温炉中灼烧 30min，冷却，称重，得到坩埚和酸不溶性灰分的总质量 (m_2)。复烘 20min 直至恒重（前后两次质量差不超过 0.0002g）。

5. 结果计算

酸不溶性灰分含量按式(6-12) 计算：

$$Y_2=\frac{m_2-m_0}{m}\times 100\% \qquad (6\text{-}12)$$

式中　Y_2——酸不溶性灰分含量；

m——试样质量，g；

m_0——坩埚质量，g；

m_2——坩埚和酸不溶性灰分质量，g。

酸不溶性灰分的含量表示了粉类中砂类物质的含量，结果处理同四氯化碳分离法。

（三）感官鉴定法

感官鉴定法是通过品尝粉类粮食的牙碜感觉来判断粉类含砂量的。

第八节　磁性金属物的测定

【学习要求】

▲ 通过学习，了解磁性金属物的基本概念及其对粉类食品食用品质的影响；

▲ 通过训练，掌握粉类质量标准中对磁性金属物含量的限制要求及其测定原理、操作技术。

一、基本概念

粉类磁性金属物是指粉类粮食中混入磁性金属物质及细铁粉等。

在制粉工艺过程中，从原粮清理到成品打包，均安装有磁铁设备以吸除在制品中的磁性金属物。但由于清理不完善、粉路流量过大或磁铁磁性变小等原因，使粉类中的磁性金属物不可能完全除去。混入粉类的磁性金属物对人体肠胃有害，同时也影响粉类粮食的食用品质。所以我国小麦粉质量标准中对各等级粉、专用粉的磁性金属物含量都做了严格限制（不超过 0.003g/kg），超过标准者不能供作食用。

二、测定原理

采用电磁铁或永久磁铁，通过磁场的作用将具有磁性的金属物从试样中粗分离，再用小型永久磁铁将磁性金属物从残留试样的混合物种分离出来，计算磁性金属物的含量。

三、仪器和用具

(1) 磁性金属物测定器　磁感应强度应不少于 120mT（毫特斯拉）（见图 6-3）。

(2) 天平　感量为 0.0001g、0.1g。

(3) 分样板　210mm×210mn。

(4) 称量纸　硫酸纸或不吸水的纸。

(5) 白纸　约 200mm×300mm。

(6) 毛刷、大号洗耳球、称样勺、玻璃棒、坩埚、坩埚钳等。

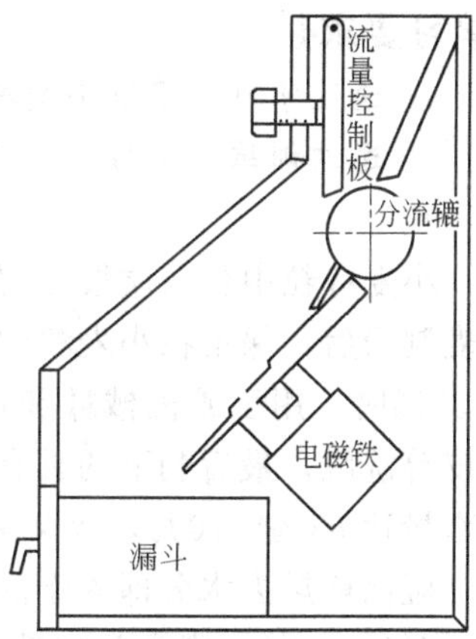

图 6-3　磁性金属物测定器

四、测定步骤

1. 称样

从平均样品中称取试样 1kg（m），精确至 1g。

2. 测定

(1) 测定仪分离　开启磁性金属物测定仪的电源，将试样倒入测定仪盛粉斗，按下通磁开关。调节流量控制板旋钮，控制试样流量在 250g/min 左右，使试样匀速通过淌样板进入储粉箱内。待试样流完后，用洗耳球将残留在淌样板上的试样吹入储粉箱，然后用干净的白纸接在测定仪淌样板下面，关闭通磁开关，立即用毛刷刷净吸附在淌样板上的磁性金属物（含有少量试样），并收集到放置的白纸上。

(2) 分离板分离　将收集有磁性金属物和残留试样混合物的纸放在事先准备好的分离板

上用手拉住纸的两端，沿分离板前后左右移动，使磁性金属物与分离板充分接触并集中在一处，然后用洗耳球轻轻吹弃纸上的残留试样，最后将留在纸上的磁性金属物收集到称量纸上。

(3) 重复分离　将第一次分离后的试样再按照上述的测定仪分离和分离板分离的方法重复分离，直到分离后在纸上观察不到磁性金属物，将每次分离的磁性金属物合并到称量纸上（m_1），精确到0.0001g。

(4) 检查　将收集有磁性金属物的称量纸放在分离板上，仔细观察是否还有试样粉粒，如有试样粉粒则用洗耳球轻轻吹弃。

(5) 称量　将磁性金属物和称量纸一并称量（m_1），精确到0.0001g，然后弃去磁性金属物再称量即为称量纸的质量（m_0），精确到0.0001g。

五、结果计算

磁性金属物含量（X）按式(6-13)计算：

$$X=\frac{m_1-m_0}{m}\times 1000 \tag{6-13}$$

式中　X——磁性金属物含量，g/kg；

m_1——磁性金属物和称量纸质量，g；

m_0——称量纸质量，g；

m——试样质量，g。

双试验测定值以高值为该试样的测定结果。

第九节　小麦粉面筋的测定

【学习要求】

▲ 通过学习，了解小麦籽粒中蛋白质的组成、面筋的概念以及面筋在食品中的作用；

▲ 通过训练，掌握小麦粉面筋的测定方法。

小麦籽粒中蛋白质按溶解特性可分为麦清蛋白、麦球蛋白、醇溶蛋白和麦谷蛋白四种。小麦制粉后，保留在小麦粉中的蛋白质主要是醇溶蛋白和麦谷蛋白。小麦粉加水至含水量高于35%时，用手或机械揉和形成面团，面团在水中搓洗，可溶性物质溶于水，并将淀粉、麸皮等洗脱，最后剩下的具有黏性、弹性、延展性类似橡胶的物质即为粗面筋。由于粗面筋含水量达65%～70%，故又称为湿面筋。

湿面筋烘去水分即为干面筋。干面筋中75%～80%为面筋蛋白质，5%～15%为残余淀粉，5%～10%为脂类及少量无机盐。面筋蛋白质的主要成分是醇溶蛋白和麦谷蛋白，还含有少量的麦清蛋白和麦球蛋白。它们的含量随小麦品种和洗面筋操作条件的不同而有一定的变化。

面筋蛋白质给小麦粉赋予了一定的加工特性，使面团具有黏着性、湿润性、膨胀性、弹性、韧性和延展性等流变学特性，这样才能通过发酵制作馒头、面包等食品，同时也使食品具有柔软的质地、网状结构、均匀的空隙和耐咀嚼等特性。在小麦储藏过程中，小麦面筋蛋白会发生变化，直接影响了小麦粉的食用品质。因此，测定和研究小麦的面筋含量和质量，对小麦储藏品质及小麦粉质量具有重要的意义。

小麦粉面筋含量的测定主要有四种方法：手洗法、仪器法、烘箱干燥法和快速干燥法。

一、手洗法

1. 基本概念

(1) 小麦粉　小麦经实验室制粉机分离的颗粒细度小于250μm的粉。

(2) 颗粒粉　硬质小麦经制粉机碾磨和分离制成的细粉。

(3) 全麦粉　小麦经小型磨粉碎而成的颗粒细度符合表6-4的细度。

2. 测定原理

将小麦粉、颗粒粉或全麦粉加入氯化钠溶液制成面团，静置一段时间以形成面筋网络结构。用氯化钠溶液手洗面团，去除面团中的淀粉等物质及多余的水，使面筋分离出来，即湿面筋。

3. 试剂

(1) 除非有特定说明，所用的试剂均为分析纯。水为蒸馏水、去离子或同等纯度的水。

(2) 20g/L氯化钠溶液　将200g氯化钠溶解于水中配制成10L溶液。

(3) 碘化钾/碘溶液　将2.54g碘化钾溶解于水中，加入1.27g碘，完全溶解后定容至100mL。

4. 仪器和用具

(1) 玻璃棒或牛角匙。

(2) 移液管　容量为25mL，最小刻度为0.1mL。

(3) 烧杯　250mL和100mL。

(4) 挤压板　9cm×16cm，厚3～5cm的玻璃板或不锈钢板，周围贴0.3～0.4mm胶布，共两块。

(5) 带下口的玻璃瓶　5L。

(6) 手套　表面光滑的薄橡胶手套。

(7) 带绢筛的筛具　30cm×40cm，底部绷紧CQ20号绢筛，筛框为木质或金属。

(8) 秒表。

(9) 天平　感量为0.01g。

(10) 毛玻璃盘　约40cm×40cm。

(11) 小型实验磨　能够制备符合表6-4要求的粗细度的样品。

5. 操作流程

制备样品 → 制备面团 → 洗涤面团 → 面筋排水 → 面筋称量 → 结果计算

6. 样品的制备

(1) 小麦粉样品的制备　将小麦粉样品充分混匀，从平均样品中分取100g备用。

(2) 全麦粉的制备　分取小麦试样100g，用粉碎机粉碎使通过CQ16筛的样品占95%以上。所用的实验磨粉碎得到的样品应符合表6-4的规定。

表6-4　筛网与样品颗粒大小分布要求

筛孔尺寸/μm	过筛率/%
710(CQ)	100
500(CQ)	95～100
210～200(CQ)	≤80

(3) 注意事项

① 样品粉碎应根据测试类型而定。

② 应经常用混合均匀的样品和合适的振动筛检查样品粗细度。

③ 全麦粉样品的制备方法对面筋测定的结果会产生影响。不同的实验磨制备的样品所含组分不同，在形成面团以及洗出面筋时会产生差异。要得到可靠性比较好的结果，应该使用同样的方法制备样品，并在面筋含量测试报告中同时报告样品制备的方法。

④ 制备样品时应小心进样以防止样品磨发热和过载。当最后一批样品入磨以后，碾磨过程应持续 30～40s。最后一批样品量不能超过小麦或颗粒粉样品总量的 1%。

⑤ 为防止样品水分的变化，在碾磨和保存样品时应格外小心。

7. 操作步骤

(1) 一般要求 待测样品和氯化钠溶液应至少在实验室放置一夜，待测样品和氯化钠溶液的温度应调整到 20～25℃。

(2) 称样 称量待测样品 10g（换算成 14%水分含量），准确称至 0.01g（m_1），置于小搪瓷碗或 100mL 烧杯中。

(3) 面团制备和静置 用玻璃棒或牛角匙不停搅动样品的同时，用移液管一滴一滴地加入 4.6～5.2mL 氯化钠溶液。拌和混合物，使其形成球状面团，注意避免造成样品损失，同时黏附在器皿壁上或玻璃棒或牛角匙上的残余面团也应收集到面团球上。面团样品制备时间不能超过 3min。

(4) 洗涤 将面团放在手掌中心（应戴橡皮手套，防止面团吸收手的热量和手部排汗的污染），用容器中的氯化钠溶液以每分钟约 50mL 的流量，洗涤 8min，同时用另一只手的拇指不停地揉搓面团。将已经形成的面筋球继续用自来水冲洗、揉捏，直至面筋中的淀粉洗净为止（洗涤需要 2min 以上，测定全麦粉面筋时应适当延长时间）。当从面筋球上挤出的水无淀粉时表示洗涤完成。为了测试洗出液是否无淀粉，可以从面筋球上挤出几滴洗涤液到表面皿上，加入几滴碘化钾/碘溶液，若溶液颜色无变化，表明洗涤已经完成。若溶液颜色变蓝，说明仍有淀粉，应继续进行洗涤直至检测不出淀粉为止。

(5) 排水

① 离心排水 将洗出的面筋球分成两半，分别置离心机的两个筛片上，离心脱去表面附着水。

② 挤压板排水 将洗出的面筋球放在挤压板上，压上另一块挤压板压挤面筋（约 5s），每压一次后取下一块挤压板用干纱布擦干，再挤压，再擦干，重复压挤 15 次。

(6) 测定湿面筋的质量 排水后取出面筋，放在预先称重的表面皿或滤纸上称重，准确至 0.01g（m_2）。

8. 结果计算

试样的湿面筋含量（G_{wet}）按式(6-14) 计算：

$$G_{wet}=\frac{m_2}{m_1}\times100\% \tag{6-14}$$

式中 G_{wet}——试样的湿面筋含量（以质量分数计）；

m_1——测试样品质量，g；

m_2——湿面筋的质量，g。

双试验允许差值应不超过 1.0%，求其平均数，即为测定结果，测定结果准确至 0.1%。结果保留一位小数。

二、仪器法

1. 测定原理

同手洗法测定面筋的原理相同。

2. 试剂

同手洗法测定面筋所用的试剂相同。

3. 仪器和用具

(1) 面筋仪　由一个或两个洗涤室、混合钩以及用于面筋分离的电动分离装置构成。

① 洗涤室　配有镀铬筛网架和筛孔为 88μm 的聚酯筛或筛孔为 80μm 的金属筛，以及筛孔为 840μm 的聚酰胺筛或筛孔为 800μm 的金属筛。

② 混合钩　与镀铬筛网架之间的距离为 0.7mm±0.05mm，并用筛规进行校正。

③ 塑料容器　容量为 10L，用于储存氯化钠溶液，通过塑料管与仪器相连。

④ 进液装置　输送氯化钠溶液的蠕动泵，使其可以 50～56mL/min 的恒定流量洗涤面筋。

(2) 可调移液器　可向试样加氯化钠溶液 3～10mL，精度为±0.1mL。

(3) 离心机　能够保持转速为 6000r/min±5r/min。

(4) 天平　感量为 0.01g。

(5) 不锈钢挤压板。

(6) 500mL 的烧杯（用于收集洗涤液）。

(7) 金属镊子。

(8) 小型实验磨　制备的样品粗细度应符合表 6-4 规定的要求。

4. 操作步骤

(1) 仪器准备及调整　调整制备面团的混合时间为 20s，洗涤时间为 5min。将洗涤器清洗干净，垫上筛网，用少许氯化钠溶液湿润筛网，放好接液杯。

(2) 称样　称取 10g 待测样品（m_1），准确至 0.01g，选择正确的清洁筛网，并在实验前润湿。将称好的样品全部放入面筋仪的洗涤室中。

小麦粉和颗粒粉样品的测试应使用筛孔径为 88μm 的聚酰胺筛或筛孔径为 80μm 的金属筛，测试全麦粉样品时应选用底部有环圈标记的筛网架，筛孔孔径为 840μm 的聚酰胺筛或筛孔孔径为 800μm 的金属筛。测试报告中应指明筛网孔径的大小。

(3) 面团制备　用可调移液器向待测样品中加入 4.8mL 氯化钠溶液，移液器流出的水流应直接对着洗涤室壁，避免其直接穿过筛网。轻轻摇动洗涤室，使溶液均匀分布在样品的表面。

氯化钠溶液的用量可以根据面筋的含量高低或者面筋强弱进行调整。如果混合时（混合时间为 20s）面团很粘（洗涤室的水溢出），应减少盐溶液的用量（最低为 4.2mL）；若混合过程中形成了很硬很坚实的面团，氯化钠溶液的加入量可增加到 5.2mL。

(4) 面团洗涤　洗涤过程中应注意观察洗涤室中排除液的清澈度。当排除液变得清澈时可认为洗涤完成、用碘化钾溶液可排查出液中是否还有淀粉。

① 小麦粉和颗粒粉的测试　仪器预设的洗涤时间为 5min，在操作过程中通常需要 250～280mL 氯化钠洗涤液。洗涤液通过仪器以预先设置的恒定流量自动传输，根据仪器的不同，流量设置为 50～56mL/min。

② 全麦粉测试　洗涤 2min 后停止，取下洗涤室，在水龙头下用冷水流小心地把全部已

经部分洗涤的含有麸皮的面筋转移到另一个筛孔孔径为 840μm 粗筛网的酰胺洗涤室中。建议把两个洗涤室口对口且细筛网的洗涤室在上，进行移动。

将盛有面筋的粗筛网洗涤室放在仪器的工作位置，继续洗涤面筋直至洗涤程序完成。

如果自动洗涤程序无法完成面团的充分洗涤，可以在洗涤过程中，人工加入氯化钠洗涤液，或调整仪器重复进行洗涤。

(5) 离心、称重

① 洗涤完成以后，用金属镊子将湿面筋从洗涤室中取出，确保洗涤室中不留有任何湿面筋。

② 将面筋分成大约相等的两份，轻轻压在离心机的筛盒上。

③ 启动离心机，离心 1min，用金属镊子取下湿面筋，并立即称重（m_3），精确到 0.01g。

④ 如果面筋仪可以同时洗涤两个样品，将会得到两块面筋，在随后的操作中应分别进行处理。

5. 结果计算

样品湿面筋的含量（G_{wet}）按照式(6-15) 计算：

$$G_{wet}=\frac{m_3}{m_1}\times 100\% \tag{6-15}$$

式中 G_{wet}——湿面筋含量；

m_3——湿面筋质量，g；

m_1——待测样品质量，g。

结果取两次试验结果的算术平均值，保留一位小数。

三、烘箱干燥法

1. 测定原理

将小麦粉、颗粒粉或全麦粉加入氯化钠溶液制成面团，静置一段时间以形成面筋网络结构。用氯化钠溶液手洗面团，去除面团中的淀粉等物质及多余的水，使面筋分离出来，即湿面筋。湿面筋经干燥后称取其质量，即为干面筋。

2. 仪器和用具

(1) 解剖刀或小刀。

(2) 金属或塑料盘 5cm×5cm。

(3) 烘箱 可保持（130±2)℃。

(4) 干燥器 带有有效干燥剂。

(5) 天平 感量为 0.01g。

3. 操作步骤

(1) 称样 称量盘子的质量，精确到 0.01g，记录为 m_0。取由手洗法或仪器法制得的湿面筋球，放在盘子上，称量盘子和湿面筋球的质量，精确至 0.01g，记录为 m_5。

(2) 测定 将盘子上的湿面筋置于 130℃烘箱中干燥 2h 后取出，用解剖刀或小刀在半干燥的面筋上划 3 个或 4 个平行的切口，再放回烘箱，继续干燥 4h，总计干燥时间为 6h。

取出盘子和干面筋，在干燥器中冷却至室温（通常需要 30min)。称量盘子和干面筋的质量，精确至 0.01g，记录为 m_4。

4. 结果计算

(1) 干面筋含量的计算 待测样品干面筋含量的计算按式(6-16)计算：

$$G_{dry}=\frac{m_4-m_0}{m_1}\times 100\% \tag{6-16}$$

式中 G_{dry}——测试样品干面筋占原始小麦样品的质量分数；

m_0——空盘子的质量，g；

m_4——盘子和干面筋的总质量，g；

m_1——测试湿面筋含量的原始小麦粉样品的质量，g。

如果考虑到原始小麦粉样品含水量不同的因素，则样品干基的干面筋含量可按式(6-17)计算：

$$G_{dm}=\frac{100\times(m_4-m_0)}{m_1\times(1-w)}\times 100\% \tag{6-17}$$

式中 G_{dm}——水分含量为 w 的测试小麦粉样品干面筋占原始样品（干基）的质量分数；

w——原始小麦粉样品的水分含量，%。

结果取两次测试的算术平均值。

(2) 湿面筋的水分含量的计算 湿面筋中的水分含量按式(6-18)计算：

$$w_G=\frac{m_5-m_4}{m_5-m_0}\times 100\% \tag{6-18}$$

式中 w_G——试样湿面筋中的水分含量；

m_5——盘子和湿面筋的总质量，g。

四、快速干燥法

1. 测定原理

将小麦粉、颗粒粉或全麦粉加入氯化钠溶液制成面团，静置一段时间以形成面筋网络结构。用氯化钠溶液手洗面团，去除面团中淀粉等物质及多余的水，使面筋分离出来（即湿面筋），经干燥后称其质量。

2. 仪器和用具

(1) 电加热干燥器 由表面涂有防粘材料的两个金属干燥盘和能够加热达到工作温度(150～200℃）的阻抗线圈组成（如图 6-4 所示）。

(2) 天平 感量为 0.01g。

3. 操作步骤

(1) 干燥器的准备 在进行干燥测试之前先将干燥器升温至工作温度。

(2) 将由手洗法或仪器法获得的、已去除大部分洗涤液并称重准确至 0.01g 的湿面筋球（m_7）置于已经预热的干燥器中，加热时间为 300s±5s。从干燥器中取出干面筋进行称量（m_6），准确至 0.01g。

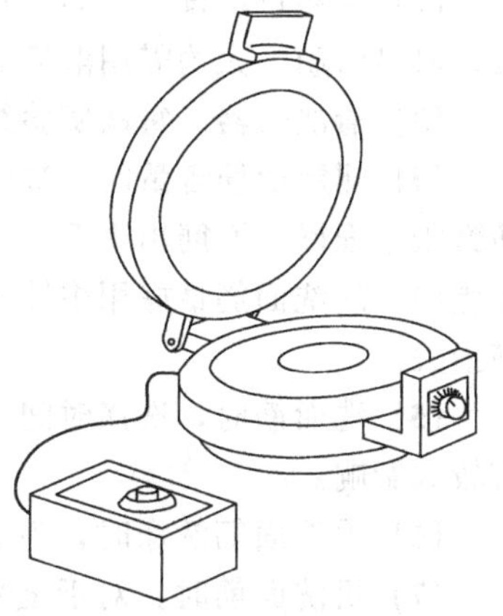

图 6-4 电加热干燥器

4. 结果计算

(1) 干面筋含量的计算 试样干面筋含量按式(6-19)计算：

$$G_{dry}=\frac{m_6}{m_1}\times 100\% \tag{6-19}$$

式中 G_{dry}——试样的干面筋含量，用试样的原始样品（小麦粉、二次碾磨的粗粒粉或全麦粉）的质量分数表示；

m_6——干面筋的质量，g；

m_1——用于测定湿面筋含量的原始小麦粉样品的质量，g。

如果考虑到原始小麦粉样品的水分含量不同的因素，则小麦粉样品干基的干面筋含量可按式(6-20)计算：

$$G_{dm}=\frac{100\times m_6}{m_1\times(1-w)}\times 100\% \tag{6-20}$$

式中 G_{dm}——试样干基的干面筋含量；

w——原始小麦粉样品的水分含量。

(2) 湿面筋水分含量的计算 试样湿面筋中的水分含量按式(6-21)计算：

$$w_G=\frac{m_7-m_6}{m_7}\times 100\% \tag{6-21}$$

式中 w_G——试样湿面筋中的水分含量；

m_7——试样的湿面筋质量，g。

(3) 面筋吸水率的计算 试样面筋吸水率按式(6-22)计算：

$$w_A=\frac{m_7-m_6}{m_6}\times 100\% \tag{6-22}$$

式中 w_A——试样面筋吸水率。

五、注意事项

(1) 测定全麦粉或面筋质量差的小麦粉（指按上述操作和面难以成块的小麦粉），称样10.0g于小搪瓷碗中，加入约4.5mL的氯化钠溶液，用牛角匙或玻璃棒和面团球，将面团球置于毛玻璃板上，用手将面团滚成7～8cm长条，再叠拢、滚成长条，重复五次，然后将面团揉成球状放入洗涤皿中，启动仪器进行洗涤。

(2) 仪器自动按50～54mL/min的流量用氯化钠溶液洗涤5min，自动停机，卸下洗涤皿，取出面筋。大约需用溶液250～280mL。

(3) 清洗仪器。每次实验结束后，须用蒸馏水洗涤仪器。

(4) 测定面筋含量时，洗涤面团用水温度对面筋形成及面筋出率影响较大，温度低，面筋膨胀过程慢，面筋出率低。一般水温在40℃时，面筋出率最高。弱酸、弱碱均能溶解麦谷蛋白，故洗面筋最好用中性水。低浓度的中性盐有促进麦醇溶蛋白凝结的作用，可减少面筋损失。

(5) 洗面筋时，洗涤时间、搅拌或揉和速度、洗涤用量等操作条件不同，对面筋得率都有较大影响。

(6) 手洗面筋洗涤时，为防止面团及碎面筋损失，操作应在绷有筛绢的筛具上进行。

(7) 机洗面筋时，对于全麦粉和面筋质量差的小麦粉，需手工制备面团。制备成的面团在放入洗涤皿时，必须检查筛网是否压紧，以免将金属筛网损坏。

第十节 小麦粉吸水量与流变学特性的测定

【学习要求】

▲ 通过学习，了解粉质仪法测定小麦粉吸水量和面团柔和性的测定原理；

▲ 通过训练，掌握粉质仪法测定小麦粉吸水量的操作技能。

优质小麦有两种，一种是优质强筋小麦，用于制作面包比较好；另一种是优质弱筋小麦，是制蛋糕和饼干的好材料。根据小麦粉筋力的强弱，生产出满足各种需要的专用小麦粉，才能做到因材而用，使企业产生最大的经济效益。测定小麦粉吸水量与面团稳定时间等特性，为小麦粉的合理利用提供科学的依据。

一、测定原理

用粉质仪测量和记录小麦粉在加水后面团形成以及扩展过程中的稠度随时间变化的曲线，并通过调整加水量使面团的最大稠度达到固定值（500FU），此时的加水量称为小麦粉吸水量，同时，由此获得一条完好的揉混曲线，该曲线的各特征值可表征小麦粉的流变学特性。

二、仪器和用具

1. 粉质仪

粉质仪由两个部分构成：粉质仪主机，由带水夹套的揉混器、以粉质曲线的形式记录面团稠度的装置和滴定管组成；循环水恒温控制装置如图 6-5 所示。

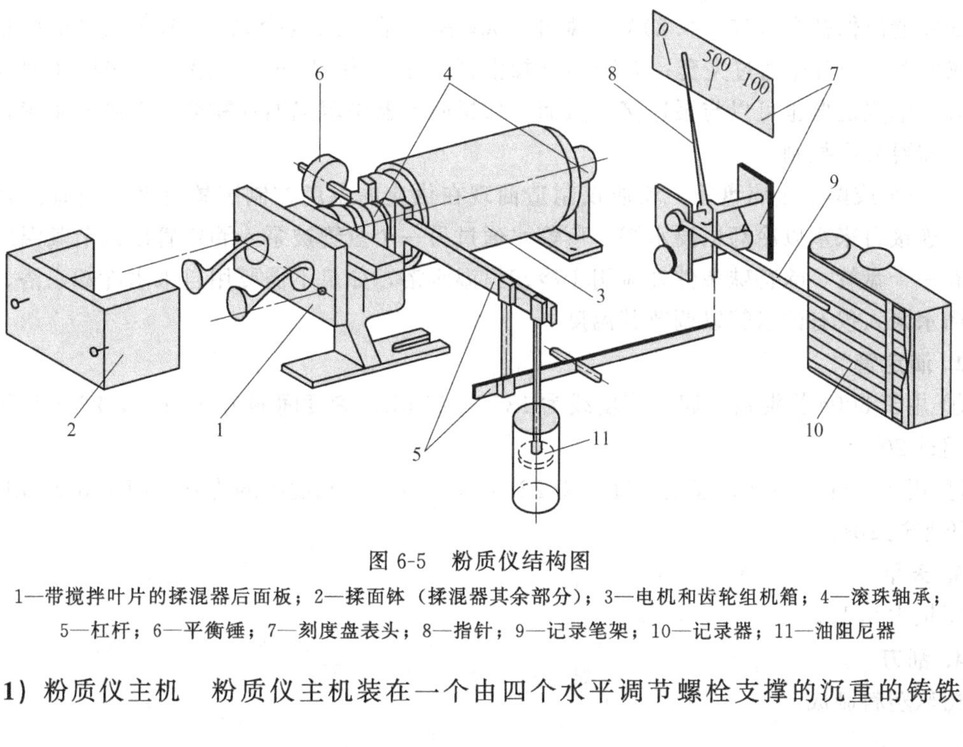

图 6-5 粉质仪结构图

1—带搅拌叶片的揉混器后面板；2—揉面钵（揉混器其余部分）；3—电机和齿轮组机箱；4—滚珠轴承；5—杠杆；6—平衡锤；7—刻度盘表头；8—指针；9—记录笔架；10—记录器；11—油阻尼器

(1) 粉质仪主机 粉质仪主机装在一个由四个水平调节螺栓支撑的沉重的铸铁基座

上，主要包括：揉混器、电动机、齿轮和杠杆系统、阻尼器、刻度盘、记录器、滴定管等。

① 可拆卸的带水夹套的揉混器　为双搅拌叶片型，并按揉混 300g 或 50g 小麦粉面团的要求分别设计。它由两部分组成：一是可通入来自恒温水浴的循环水的空心后壁，在其背面为齿轮箱，用于驱动通过后壁向前突出的两个搅拌叶片；二是揉混器的其余部分（简称为揉面钵），如两侧壁、前壁和底板，均可通入来自恒温水浴的循环水。这两部分由两个螺栓和蝶形螺母连接在一起，可以拆卸清洗。

在新式粉质仪中，可用盖子关闭揉混器。盖子由两个部分构成：一是底盖，仅在将小麦粉倒入揉混器时打开。当打开底盖时，安全系统就切断仪器的电源，在底盖上开有长形孔，可通过该长孔用刮刀将面团从揉面钵的侧壁刮下，必须通过揉混器右侧长孔的前端加水。二是上盖，位于底盖的上面，用以盖住长孔，仅在加水或刮除面团时打开。在老式粉质仪中，揉混器由置于其顶端的平整塑料板关闭，打开盖子才能加水或刮除面团。

② 电动机　用于驱动揉混器。

③ 齿轮和杠杆系统　作为测力计用于测定齿轮和揉混器之间驱动轴上的扭力矩。

④ 阻尼器　用于阻尼测力计的运动。

⑤ 刻度盘　其指针在测力计的带动下运动。

⑥ 记录器　其笔在测力计的带动下运动。

(2) 循环水恒温控制装置　循环水恒温控制装置通常由水箱和下述部分组成：

① 电子加热元件。

② 温度调节器　用以控制加热元件，可使揉面钵保持在（30±0.2)℃。在不利的条件下，需要略高的水温，使用同样的精确度控制。

③ 温度计。

④ 电机驱动泵和搅拌器　泵与揉面钵上的水央套之间以软管相连接。应有足够的功率使揉面钵壁温保持在（30±0.2)℃。对干 300g 揉混器，水至少以 2.5L/min（最好是 5L/min 或更大）的流速通过夹套；对于 50g 揉混器，至少为 1L/min。除了一些早期型号的粉质仪外，油阻尼器也可以与泵连接。然而，如果阻尼器中阻尼油的黏度对温度不敏感，则并不真正需要温度控制。

⑤ 一个或两个金属盘管　粉质仪制造商现在供应的温度控制装置有两个盘管。其中一个用于连接自来水以冷却恒温水浴。蒸馏水通过另一个盘管被泵入滴定管以调节其温度。如果只有一个盘管，除特殊条件外应用于冷却恒温水浴，如果不需要用自来水冷却水浴，可以将蒸馏水泵入仅有的盘管以调节其温度。

2. 滴定管

① 用于 300g 揉混器，起止刻度线为 135～225mL，刻度间隔为 0.2mL，225mL 排水时间不超过 20s。

② 用于 50g 揉混器，起止刻度线为 22.5～37.5mL，刻度间隔为 0.1mL，37.5mL 排水时间不超过 20s。

3. 天平

感量为 0.1g。

4. 刮刀

由软塑料制成。

三、测定流程

制备样品 → 仪器准备 → 加样揉混 → 加水揉混

四、测定步骤

1. 仪器的调试

(1) 接通粉质仪恒温控制装置的电源并使水循环，揉面钵达到所需温度（30±0.2）℃后方可使用仪器。在仪器使用前和使用的过程中，应随时检查恒温水浴和揉面钵的温度。揉面钵上设有测温孔。

(2) 从驱动轴端卸下揉混器，调节平衡锤的位置，使电动机在规定转速下运转时指针的偏转为零。关闭电动机，重新装上揉混器。

用一滴水润滑搅拌叶片与揉混器后面板间的缝隙处。在洁净的空揉面钵中，使搅拌叶片在规定的转速下转动，检查指针的偏转应在（0±5）FU 范围内。如果偏转大于 5FU（粉质单位），则应彻底清洁揉混器或消除其他引起摩擦阻力的因素。

调节记录笔架，使记录笔与指针的读数一致。

在电动机运转时，调节油阻尼器，使指针从 1000FU 到 100FU 所需时间为（1.0±0.1）s，从而使得曲线带宽大约为 60～90FU。

(3) 用温度为（30±0.5）℃的蒸馏水注满滴定管。

2. 试样准备

称取质量相当于 300g（300g 揉混器）或 50g（50g 揉混器）水分含量为 14%的小麦粉试验样品，精确至 0.1g。必要时，应将小麦粉的温度调节至（25±5）℃。试验样品质量设为 m，单位为克（g）；m 与水分含量的函数关系见表 6-5。

将小麦粉全部倒入揉混器中，盖好盖，直至揉混结束。除在短时间内向揉混器里加注蒸馏水和用刮刀刮除粘附在内壁上的碎面块外，揉混器上盖在测定过程中不得移开。

3. 测定

(1) 启动揉混器，以规定的转速揉混小麦粉 1min 或略长时间。当笔尖正好处于记录纸上的整分钟刻度线时，立即用滴定管自揉混器盖的右前角加水，并于 25s 内完成。

加入一定量的水以使面团的最大稠度接近于 500FU。当面团形成时，在不停机的状态下，用刮刀将粘附在揉面钵内壁的所有碎面块刮入面团中。如果稠度太大，可补加少量水使最大稠度约为 500FU，停止揉混，清洗揉混器，测定样品的粉质曲线。

(2) 根据需要进行重复测定，直至两次揉混符合：在 25s 内完成加水操作；最大稠度在 480～520FU 之间；如果需要报告弱化度，则在到达形成时间后继续记录至少 12min，停止揉混并清洗揉混器。

五、结果计算

1. 吸水量

吸水量是指以 14%水分为基础，每 100g 小麦粉在粉质仪中揉混成最大稠度为 500 粉质单位（FU）的面团时所需添加水的体积，以 mL/100g 表示。

(1) 如测定的最大稠度峰值中线不是准确处于 500FU 线上，而在 480～520FU 之间，则需对实验过程加水进行校正。

表 6-5　称样校正表（相当于 50g 或 300g 含水量 14%的基准小麦粉质量）

水分/%	应称取小麦粉质量/g		水分/%	应称取小麦粉质量/g		水分/%	应称取小麦粉质量/g	
	300g 钵	50g 钵		300g 钵	50g 钵		300g 钵	50g 钵
9.0	283.5	47.3	12.1	293.5	48.9	15.2	304.2	50.7
9.1	283.8	47.3	12.2	293.8	49.0	15.3	304.6	50.8
9.2	284.1	47.4	12.3	294.2	49.0	15.4	305.0	50.8
9.3	284.5	47.4	12.4	294.5	49.1	15.5	305.3	50.9
9.4	284.8	47.5	12.5	294.9	49.1	15.6	305.7	50.9
9.5	285.1	47.5	12.6	295.2	49.2	15.7	306.0	51.0
9.6	285.4	46.6	12.7	295.5	49.3	15.8	306.4	51.1
9.7	285.7	46.6	12.8	295.9	49.3	15.9	306.8	51.2
9.8	286.0	47.7	12.9	296.2	49.4	16.0	3067.1	51.3
9.9	286.3	47.7	13.0	296.6	49.4	16.1	307.5	51.3
10.0	286.7	47.8	13.1	296.9	49.5	16.2	307.9	51.3
10.1	287.0	47.8	13.2	297.2	49.5	16.3	308.2	51.4
10.2	287.3	47.9	13.3	297.6	49.6	16.4	308.6	51.4
10.3	287.6	47.9	13.4	297.9	49.7	16.5	309.0	51.5
10.4	287.9	48.0	13.5	298.3	49.7	16.6	309.4	51.6
10.5	288.3	48.0	13.6	298.6	49.8	16.7	309.7	51.6
10.6	288.6	48.1	13.7	299.0	49.8	16.8	310.1	51.7
10.7	288.9	48.2	13.8	299.3	49.9	16.9	310.5	51.7
10.8	289.2	48.2	13.9	299.7	49.9	17.0	310.8	51.8
10.9	289.6	48.3	14.0	300.0	50.0	17.1	311.2	51.9
11.0	289.9	48.3	14.1	300.3	50.1	17.2	311.6	51.9
11.1	290.2	48.4	14.2	300.7	50.1	17.3	312.0	52.0
11.2	290.5	48.4	14.3	301.1	50.2	17.4	312.3	52.1
11.3	290.9	48.5	14.4	301.4	50.3	17.5	312.7	52.1
11.4	291.2	48.6	14.5	301.8	50.4	17.6	313.1	52.2
11.5	291.5	48.6	14.6	302.1	50.4	17.7	313.5	52.2
11.6	291.9	48.7	14.7	302.5	50.4	17.8	314.9	52.3
11.7	292.2	48.8	14.8	302.8	50.5	17.9	314.3	52.4
11.8	292.5	48.8	14.9	303.2	50.5	18.0	314.6	52.4
11.9	292.8	48.9	15.0	303.5	50.6			
12.0	293.2	48.9	15.1	303.9	50.6			

注：可按下列公式计算本表中的值：

(1) 相当于 300g 14%水分的小麦粉的质量数值，单位为克（g）：$m=25800/(1-W)$。

(2) 相当于 300g 14%水分的小麦粉的质量数值，单位为克（g）：$m=4300/(1-W)$。

其中 W 为以质量分数表示的样品的水分含量。

加水量校正按式(6-23)、式(6-24)计算：

采用 50g 揉面钵：

$$V_C=V+0.016(C-500) \tag{6-23}$$

采用 300g 揉面钵： $$V_C=V+0.096(C-500) \tag{6-24}$$

式中 V_C——校正后的加水量，mL；

V——实际加水量，mL；

C——测定获得最大稠度的粉质曲线中线值（如出现双峰则取较高的峰值），FU。

最大稠度值 C 按式(6-25) 计算：

$$C=\frac{C_1+C_2}{2} \tag{6-25}$$

式中 C_1——曲线上轮廓的最高点的数值，FU；

C_2——曲线下轮廓的最低点的数值，FU。

注：在极少数情况下可测到两个最大值，这时取较高的峰值。

双试验 V_C 的平均值其差值应不大于 2.5mL（300s 揉混器）或 0.5mL（50s 揉混器）。

(2) 粉质仪吸水量　粉质仪吸水量以每 100g、水分含量为 14%的小麦粉所需添加水的体积（mL）来表示。吸水量按式(6-26)、式(6-27) 计算：

采用 50g 揉面钵： $$吸水量(mL/100g)=(V_C+m-50)\times 2 \tag{6-26}$$

采用 300g 揉面钵： $$吸水量(mL/100g)=\frac{V_C+m-300}{3} \tag{6-27}$$

式中 V_C——试样形成最大稠度为 500FU 的面团时加入的水量或校正后的加水量，mL；

m——试样量，即根据试样实际含水量查表 6-5 的实际称样量，g。

双试验测定结果允许差值不许超过 1.0mL/100g，求其平均值，即为测定结果，取小数点后一位数。

2. 面团形成时间

从小麦粉加水开始到粉质曲线达到最大稠度后开始下降的时刻点的时间间隔表示面团形成时间（如图 6-6 所示）以分钟（min）表示。在极少数情况下可以观测到两个最大值，用第二个最大值计算形成时间。取两条曲线的面团形成时间的平均值作为测定结果，精确到 0.5min。当面团形成时间小于或等于 4min 时，双实验差值不超过 1min；面团形成时间大于 4min 时，双实验测定结果差值不超过其平均值的 25%。

3. 稳定性（稳定时间）

以粉质曲线的上边缘首次与 500FU 标线相交至下降离开 500FU 标线两点之间的时间差值表示稳定性（稳定时间）（如图 6-5 所示），以分钟（min）表示，精确至 0.5min。通常稳定性可表示小麦粉的耐搅拌特性。

当最大稠度偏离 500FU 标线时，应使用平行于 500FU 标线的最大稠度中心线来评价。

4. 弱化度

以面团到达形成时间点时曲线带宽的中间值和此点后 12min 处粉质曲线带宽的中线值之间高度的差值表示弱化度（如图 6-5 所示），以 FU 表示。

取两条曲线测定的弱化度的平均值作为试验结果，精确至 5FU。当弱化度不超过 100FU 时，双试验差值应不超过 20FU；弱化度数值较大时，差值不超过平均值的 20%。

5. 粉质质量指数

从小麦粉加水开始到粉质曲线达到最大稠度后下降 30FU 时所需要的时间称为面团断裂时间，以分钟（min）计，断裂时间乘以 10 称为粉质质量指数，单位为毫米（mm）。

双试验测定结果差值如超过规定的范围，则需要重做试验。

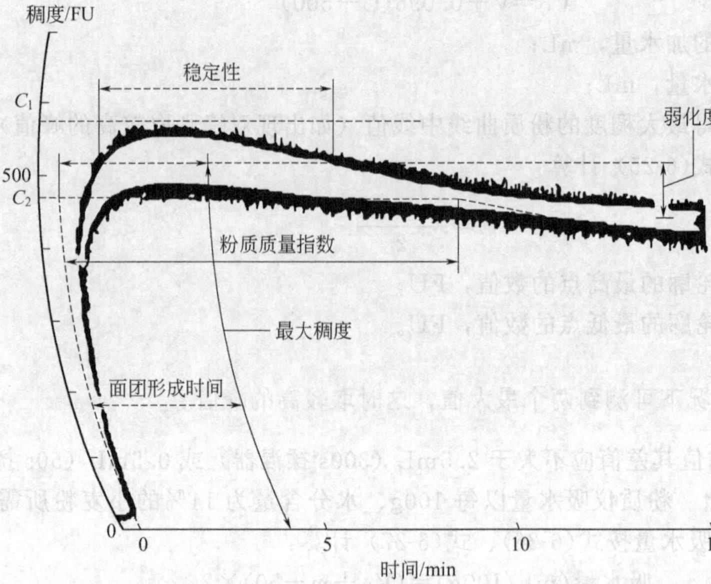

图 6-6　标有常规测定指标的典型粉质曲线

六、注意事项及情况说明

(1) 室温最好为 22～24℃，小麦粉的温度最好在 18℃以上。图 6-7 为各种类型小麦粉的粉质曲线。

(2) 在揉面钵中揉制面团时，所加的水充分揉进面团中需要一定时间，所以开始应一次将水加够，以后不能再加水。如面团揉和至形成峰值后，峰值不在 480～520FU，需停机，重新测定。

(3) 揉面钵长期使用后，容器的内壁、容器和和面刀的间隙将发生变化，叶片的斜度也将减少，这将使粉质曲线受到影响，有时粉质曲线出现分段现象，这是因为容器出现缺陷，揉制面团时，面团易黏附在容器侧面所致。

(4) 国家标准规定一等优质强筋小麦的面团稳定时间为≥10.0min，二等优质强筋小麦的面团稳定时间为≥7.0min，优质弱筋小麦的面团稳定时间为≤2.5min（见表 6-6 和表 6-7）。

(5) 用粉质质量指数代替稳定性和弱化度可缩短总的揉和时间，尤其适用于由较弱的小麦粉制备的面团。粉质质量指数、稳定性和弱化度三者之间各自存在良好的相关性。

(6) 在美国和其他一些国家，常用到达时间、峰值时间、公差指数、离开时间、20min 下降值、衰减时间以及评价值等特征值说明粉质曲线。

评价值是由面团形成时间和耐搅拌性来评价小麦粉样品品质的单一数值。评分范围为 0～100。但不能以评分高低来衡量小麦、小麦粉的品质好差，不同面制食品对评分值的要求不同，如制作面包一般要求评价值在 50 以上。评价值可用于两种或两种以上小麦的搭配制粉，迅速确定不同品质小麦的搭配比例，保证小麦粉产品达到所要求的评价值。

评价值测定步骤：将测得的粉质曲线置于附属的特殊测定板的黄色透明板的下面，首先将粉质曲线上的 500FU 标线（如曲线偏移时，此标线为通过面团形成时间的曲线中心，且平行于 500FU 直线）与黄色透明板的顶部边缘重合，然后调整粉质曲线开始端（开始加水时的曲线起始点）与黄色透明板的左边边缘重合，加盖滑板，滑板的左端对准面团形成时

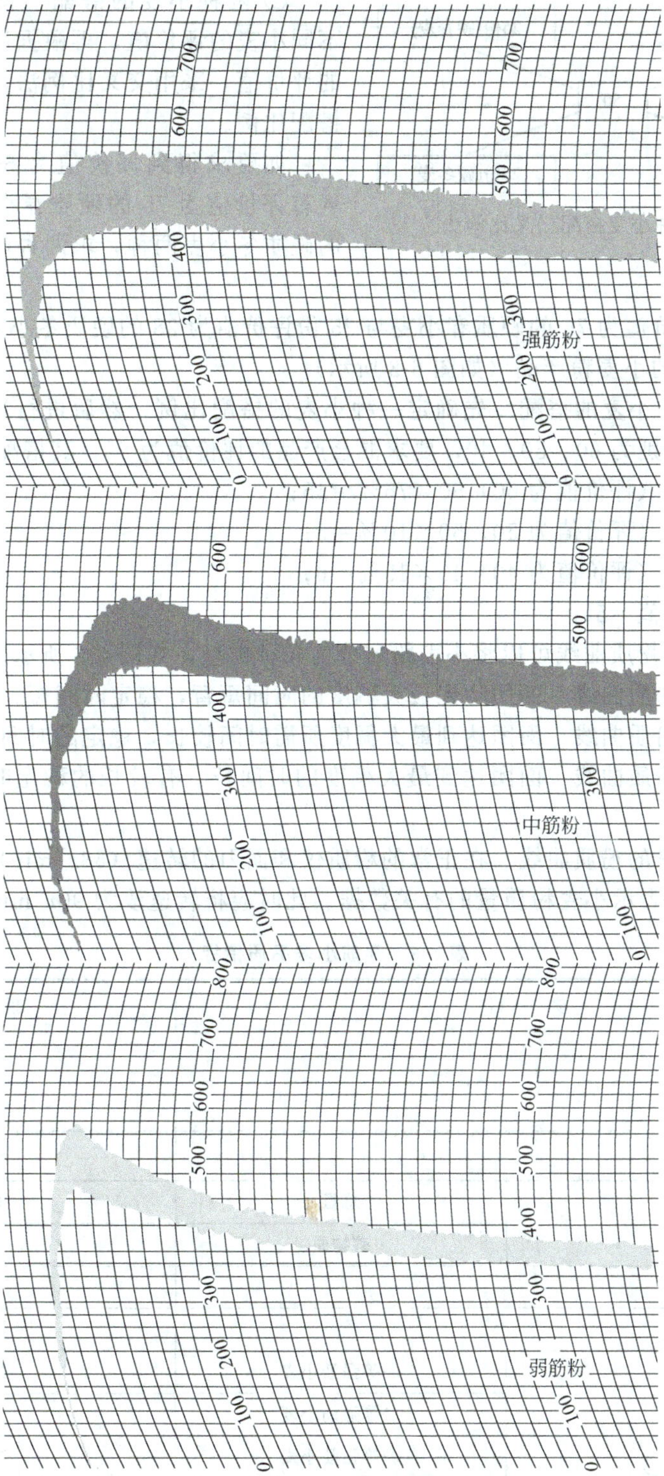

图 6-7　各种类型小麦粉的粉质曲线

间，滑板的右端（距面团形成时间 12min）与粉质曲线波带中心线相交，沿这一点的刻度板上的曲线向下移行，读出数值，即为评价值，最小单位为 1。

利用评价值决定小麦搭配比例的方法如下。

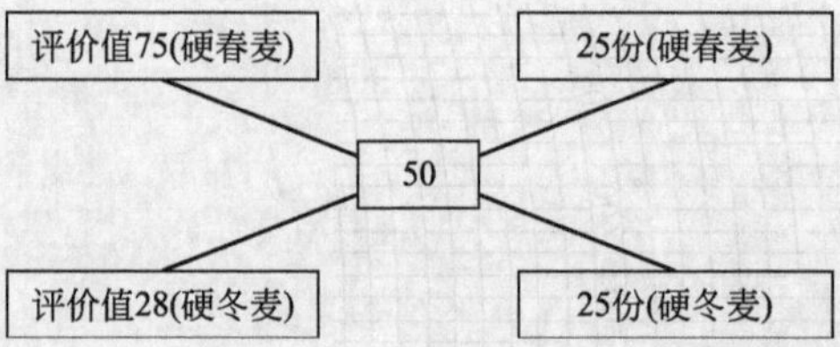

图 6-8　两种小麦搭配交叉比例法

① 两种小麦的搭配　首先分别测出两种不同小麦的评价值，再根据所要求的混合产品的评价值，采用交叉比例法，求出两种小麦的搭配比例。

如要求得到评价值为 50 的小麦粉产品，现有评价值为 75 的硬质春小麦和评价值为 28 的硬质冬小麦两种，求两种小麦搭配比例计算公式如下：

即用 22 份评价值为 75 的硬质春小麦与 25 份评价值为 28 的硬质冬小麦搭配混合，可生产出评价值为 50 的小麦粉产品（如图 6-8 所示）。

② 两种以上的小麦的搭配　先确定一种小麦的搭配比例，然后进行计算。例如用三种小麦，其评价值分别为 60、50、40，要求混合产品的评价值为 56，其搭配比例的选定如下：

75％的小麦Ⅰ（评价值为 60）60×75％＝45；

10％的小麦Ⅱ（评价值为 50）50×10％＝5；

15％的小麦Ⅲ（评价值为 40）40×15％＝6；

混合产品评价值＝56。

(7) 评价根据粉质曲线可以将小麦粉划分为几种类型，如图 6-6 所示。

① 弱力粉的粉质曲线　面团达到最大稠度的时间短暂，稳定时间短，评价值小。

② 中力粉的粉质曲线　面团达到最大稠度所需时间较长，稳定的时间也较长。

③ 强力粉的粉质曲线　面团达到最大稠度的时间长，有较长的稳定时间和较小的弱化度，评价值大。

④ 非常强力粉的粉质曲线　在正常的粉质仪和面刀的转速（63r/min）时，稳定时间达 20min 以上，难以表示小麦粉质量的有关数据。此时应将转速改为 90r/min 重新测定。

表 6-6　强筋小麦品质指标

项　目		指　标
容重/(g/L)		≥770
水分/％		≤12.5
不完善粒/％		≤6.0
杂质/％	总量	≤1.0
	矿物质	≤0.5
色泽、气味		正常
降落数值/s		≥300
粗蛋白质(干基)/％	一等强筋小麦	≥15.0
	二等强筋小麦	14.0
湿面筋(14％水分基)/％	一等强筋小麦	≥35.0
	二等强筋小麦	≥32.0
面团稳定时间/min	一等强筋小麦	≥10.0
	二等强筋小麦	≥7.0
烘焙品质评分值		≥800

表 6-7　弱筋小麦品质指标

<table>
<tr><th colspan="3">项　　目</th><th>指　　标</th></tr>
<tr><td rowspan="8">籽粒</td><td colspan="2">容重/(g/L)</td><td>≥750</td></tr>
<tr><td colspan="2">水分/%</td><td>≤12.5</td></tr>
<tr><td colspan="2">不完善粒/%</td><td>≤6.0</td></tr>
<tr><td rowspan="2">杂质/%</td><td>总量</td><td>≤1.0</td></tr>
<tr><td>矿物质</td><td>≤0.5</td></tr>
<tr><td colspan="2">色泽、气味</td><td>正常</td></tr>
<tr><td colspan="2">降落数值/s</td><td>≥300</td></tr>
<tr><td colspan="2">粗蛋白质(干基)/%</td><td>≤11.5</td></tr>
<tr><td rowspan="2">小麦粉</td><td colspan="2">湿面筋(14%水分基)/%</td><td>≤22.0</td></tr>
<tr><td colspan="2">面团稳定时间/min</td><td>≤2.5</td></tr>
</table>

第七章

粮油水分及灰分的测定

【本章主要内容】

- 粮油水分的测定
- 粮油灰分的测定

第一节 粮油水分的测定

【学习要求】

- ▲ 了解水分在粮食籽粒中的作用及存在的形式；
- ▲ 了解粮食、油料正常水分的临界值；
- ▲ 掌握各种粮食水分测定方法的原理及操作技能；
- ▲ 正确进行数据处理。

水分是一种重要的营养成分，是生物体内化学反应的介质，也是生化反应的参与者，且具有体内物质运输载体的作用。水分与糖类、脂类、蛋白质、维生素、矿物质等是构成粮油及制品的基本物质，是粮食成分中不可缺少的成分。

粮食、油料的水分含量是指粮食、油料试样中水分的质量占试样质量的百分比。

粮食、油料的水分包括自由水和结合水。自由水又称游离水，它存在于粮粒的细胞间隙与毛细管中，具有普通水的性质，即0℃结冰，100℃沸腾，可以作溶剂，参与一切生物体的生理生化反应，可以自由出入于粮油籽粒内外，并随外界温、湿度的变化而变化。粮油在储藏期间水分的变化主要是自由水的变化。结合水又称束缚水，它存在于植物细胞内，与粮粒内部的亲水胶体物质以氢键的形式结合。结合水的性质稳定，0℃时不结冰，不易随环境的变化而增减。一般来说，安全水分的粮油所含的水基本是结合水，游离水是很少的，此时，粮油籽粒的生命活动很微弱，储藏较稳定。

粮食、油料中含有适量的水分，是维持粮油种子正常生命活动和保持其固有的色、香、味所必需的。但含水量过高，粮油种子的呼吸作用加强，将加速营养物质的分解，容易引起粮食发热、霉变、生虫；粮油水分含量过低影响加工出品率和产品质量。因此，粮食、油料水分含量的测定，在评价粮食、油料的品质中是最基本的检验项目，对于粮食、油料的安全储藏和加工生产，以及购、销等方面都有着很重要的作用。

粮食、油料水分的测定方法很多，目前我国检验方法标准（GB/T 5497—1985《粮食、油料检验 水分测定法》）中规定有105℃恒重法、定温定时烘干法、隧道式烘箱法和两次烘干法。其中以105℃恒重法为经典方法，也是仲裁方法；定温定时烘干法为经验方法，因时间相对较短，其检测结果与105℃恒重法相差0.1%左右，多为使用者采用；隧道式烘干法已经淘汰；两次烘干法是对玉米水分超过16%时采用的。另外，为了能快速测定粮食、油料中水分的含量，还可以根据电阻、电容、微波、红外线、核磁共振、气相色谱等原理制造的快速水分测定仪进行测定。

一、105℃恒重法

1. 测定原理

将试样置于（105±2)℃的温度下干燥至质量不变（实际变动的幅度允许±0.005g)，试样烘干前后的质量差即为水分的质量。

2. 仪器和用具

(1) 电热恒温箱（80～150℃温度范围内，能保持规定温度±1℃)。

(2) 分析天平　感量为0.001g。

(3) 实验室用电动粉碎机或手摇粉碎机。

(4) 谷物选筛。

(5) 备有变色硅胶的干燥器　变色硅胶一经呈现红色就不能继续使用，应在130～140℃下烘至全部呈蓝色后再用。

(6) 铝盒　内径4.5cm、高2.0cm，带盖。

3. 操作流程

样品制备 → 定温 → 铝盒恒重 → 称样 → 样品烘干 → 冷却 → 称重 → 复烘至恒重 → 结果计算

4. 测定步骤

(1) 样品制备　从平均样品中分取一定量的样品，按表7-1中规定的方法制备试样。

表7-1　试样制备方法

粮　　种	分样量/g	制　备　方　法
粒状原粮或成品粮	30～50	除去大样杂质和矿物质，粉碎细度通过1.5mm圆孔筛的不少于90%，装入磨口瓶备用
大豆	30～50	除去大样杂质和矿物质，粉碎细度通过2.0mm圆孔筛的不少于90%，装入磨口瓶备用
花生仁、桐仁等	约50	取净仁切成0.5mm以下的薄片或剪碎，装入磨口瓶备用
带壳果实(花生、菜籽、桐籽、蓖麻籽、文冠果等)	约100	取净果(籽)剥壳，分别称量，计算壳、仁百分比；将壳磨碎或研碎；将仁切成薄片，分别装入磨口瓶内备用
棉籽、葵花籽	约30	取净籽剪碎或用研钵敲碎，装入磨口瓶内备用
油菜籽、芝麻	约30	除去大样杂质的整粒试样，装入磨口瓶内备用
甘薯片、甘薯丝、甘薯条	约100	取净片(丝、条)，细度同粒状粮，装入磨口瓶内备用

(2) 定温　使烘箱中温度计的水银球距离烘网2.5cm左右，调节烘箱温度至（105±2)℃。

(3) 烘干铝盒　取干净的空铝盒，放在烘箱内温度计水银球下方的烘网上，烘30～

60min 取出，置于干燥器内冷却至室温，取出称重，再烘 30min，烘至前后两次质量之差不超过 0.005g，即为恒重。

(4) 称取试样　用烘至恒重的铝盒（m_0）称取试样约 3g（m_1，精确至 0.001g），对带壳油料可按仁、壳比例称样或将仁、壳分别称样。

(5) 烘干试样　将铝盒盖套在盒底上，放入烘箱内温度计周围的烘网上，在 105℃温度下烘 3h（油料烘 90min）后取出铝盒，加盖，置于干燥器内冷却至室温，取出称量后，再按以上方法进行复烘，每隔 30min 取出冷却称量一次，烘至前后两次质量差不超过 0.005g 为止。如后一次质量高于前一次质量，以前一次质量计算（m_2）。

5. 结果计算

粮食、油料含水量按式(7-1) 计算：

$$w=\frac{m_1-m_2}{m_1-m_0}\times100\% \tag{7-1}$$

式中 w——试样中水分的含量（以质量分数计）；

m_0——铝盒质量，g；

m_1——烘前试样和铝盒质量，g；

m_2——烘后试样和铝盒质量，g。

对带壳油料按仁、壳分别测定水分时，则带壳油料含水量按式(7-2) 计算：

$$水分=w_1\times A+w_2\times(1-A) \tag{7-2}$$

式中 w_1——仁水分百分率；

w_2——壳水分百分率；

A——出仁总量百分率。

双试验结果允许差应不超过 0.2%，求其平均数，即为测定结果。测定结果取小数点后一位。

6. 注意事项

(1) 样品粉碎应使用测水用的水分磨，每份样品粉碎前应将膛清理干净。样品粉碎过程中磨膛温度明显高于室温时，应停止粉碎，待温度降至室温继续操作。粉碎细度应达到标准规定的要求。称量时应用角匙将样品充分混合均匀。

(2) 称量前应将天平调至水平，称量时应将样品放置于天平托盘中心，天平门应关闭，称量过程中应避免震动。

(3) 烘箱有各种形式，常用的有普通电烘箱和鼓风烘箱。鼓风电烘箱风量较大，烘干大量试样时效率较高，但质轻的试样会飞散，因此，测定水分时，宜采用普通烘箱。

(4) 烘盒放入烘箱时，应放在温度计水银球下方同一烘网上，占烘网 1/3～1/2 面积排列，与门、壁有一定距离，烘箱内一次烘干的铝盒不宜太多，一次测定的铝盒最多 8～12 个。送取烘盒后应立即关闭烘箱门，放入烘盒后 5min 内将烘箱温度升至所需温度。

(5) 为减少取出过程中因吸湿而产生误差，烘干后的铝盒要加盖。

(6) 干燥器的大小以内径 20～22cm 较好，规定 8 个铝盒为一批放入干燥器内。变色硅胶干燥剂置于干燥器底部，占底部容积的 1/3～1/2。

(7) 采用其他方法测定含水量时，其结果与此方法比较不超过 0.5%。

二、定温定时烘干法

1. 测定原理

在一定规格的烘盒内称取一定质量的试样，在规定加热温度的烘箱内，烘干一定时间，烘干前后质量差即为水分含量。

2. 仪器和用具

同 105℃恒重法。

3. 操作流程

样品制备 → 定温 → 铝盒恒重 → 称样 → 样品烘干 → 冷却 → 称重 → 结果计算

4. 测定步骤

(1) 试样制备　从平均样品中分取一定样品，按表 7-1 中规定的方法制备试样。

试样用量计算：本法用定量试样，先计算铝盒底面积，再按 0.126g/cm^2 计算试样用量（底面积×0.126）。如用直径 4.5cm 的铝盒，试样用量为 2g；用直径为 5.5cm 的铝盒，试样用量为 3g。

(2) 测定　用已烘至恒重的铝盒称取定量试样（精确至 0.001g），待烘箱温度升至 135～145℃时，将盛有试样的铝盒送入烘箱内温度计周围的烘网上，在 5min 内将烘箱温度调到 (130±2)℃，开始计时，烘 40min 后取出放干燥器内冷却，称重。

(3) 结果计算　定温定时法的含水量计算同 105℃恒重法。

5. 注意事项

(1) 定温定时法用 105℃恒重法进行校正，找出在一定规格的铝盒中，盛装一定质量的试样烘干的适宜温度和时间，使其测定值与 105℃恒重法测定值之差不超过 0.5%。

(2) 定温定时法不能忽视大气湿度的影响，必须把烘箱放置在相对湿度不大于 70% 的室内进行干燥。

(3) 为保证测定有良好的准确性和精密度，必须严格控制干燥温度、时间以及样品称样量和铝盒规格。

三、隧道式烘箱法

隧道式烘箱法也是定温定时法的一种，普通电烘箱定温定时法，虽然将烘干温度提高，从而使烘干时间缩短至 40min，但烘盒、试样都需要冷却至室温后，才能使用分析天平称量。测定一个样品的时间需要约 2h，这样仍然不能满足生产的要求。隧道式烘箱是将象限秤与烘箱结合起来的一种测定粮食、油料水分含量的专用仪器。使用该仪器烘干试样后，无需冷却，即可直接用象限秤称量，并可在象限秤上直接读出试样的水分含量，无需计算，因而大大简化了操作和设备，缩短了测定时间。测定一个试样只需要 20min，并可连续测定试样，测定值与 105℃恒重法之差不超过 0.5%，适宜广大基层采用。

隧道式烘箱法测定禾谷类粮食水分的温度为 (160±2)℃，烘干 20min，试样质量为 10g。烘盒规格：直径为 7.5cm、高为 2cm；测定油料和豆类水分温度为 (130±2)℃，烘干 30min。

1. 测定原理

见定温定时法。

2. 仪器和用具

(1) 隧道式电烘箱（图 7-1）。

(2) 秒表。

3. 操作流程

仪器校正 → 定温 → 称样 → 连续进样烘干 → 读取结果

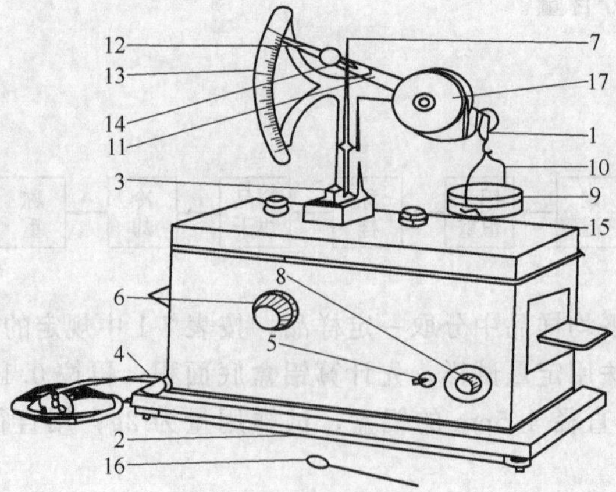

图 7-1　隧道式电烘箱

1—阻尼盒；2—水平螺丝；3—水准仪；4—电源线；5—电源开关；
6—温度调节旋钮；7—温度计；8—指示灯；9—铝盒；10—秤盘；
11—指针固定托架；12—指针；13—标尺；14—平衡螺丝；
15—内部秤盘挂钩；16—铝匙；17—夹刀座壳

4. 测定步骤

(1) 试样制备　从平均样品中分别取一定量的样品，按表 7-1 中规定的方法制备试样。

(2) 检查仪器并校准

① 检查仪器是否水平。

② 检查象限秤指针，阻尼盒内机油是否在刻度线处，若机油低于刻度线，应补加机油(见图 7-2)。

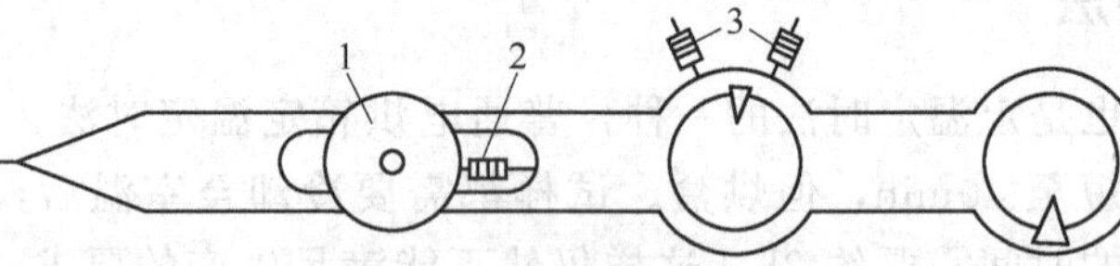

图 7-2　隧道式电烘箱象限秤指针

1—指针；2—重心螺丝；3—牛角螺丝

③ 检查烘盒的质量是否一致。使用中机械损伤或污染后，应及时进行校正。

④ 调节仪器的零点，将烘盒放在秤盘上，加 10g 砝码，指针应指在标尺 0% 刻度处。否则，需调节指针上的重心螺丝，使指针指在 0% 刻度处。

⑤ 检查象限秤的称量是否准确，如不准确应进行校正。在秤盘中加 10g 砝码，调节象限秤指针在标尺 0% 刻度处，换 7.5g 砝码，如指针不在标尺 25% 刻度处，则需对仪器进行校正。

⑥ 仪器校正的方法：将指针上牛角螺丝的盖打开（见图 7-2），调节左侧牛角螺丝（上旋降低指针，下旋调高指针），将指针调至 25% 处，再换上 10g 砝码，如指针在 0% 处，即仪器校正完毕，否则，需再调节右侧牛角螺丝（上旋调高指针，下旋降低指针），反复调节至加 10g 砝码时，指针在标尺 0% 处；换上加 7.5g 砝码时，指针标尺在 25% 刻度处。校正时注意，切勿同时调节两个牛角螺丝，否则难以校正好仪器。

(3) 定温　放平仪器，将温度计插入烘干室内，使水银球距烘盒口约 1cm，接通电源进行定温。

(4) 烘盒称样　将干净的烘盒向烘干室内推进三个，到 10min 后再推进一个，这时先推进的烘盒有一个被推出隧道，将这个烘盒放在烘箱上的秤盘内，加 10g 砝码，调整象限秤上的螺丝，使指针指向标尺的零点。取下砝码向烘盒内放入制备的试样，增减试样使指针停于零点位置。再将称好的试样均匀地分布在烘盒内，推入烘干室，关闭左门，同时计时。

(5) 烘干试样　采用 160℃，烘 20min 时，每隔 6min40s，向烘干室内推进一个盛有试样的烘盒；采用 130℃，烘 30min 时，则每隔 10min 推进一个盛有试样的烘盒。待推进第四个试样盒时，第一个试样盒的烘干时间已到，即被推出到秤盘上，拉下天平指针的固定托杆，观察指针所指的数值，即为测定的水分含量。

双实验结果允许差值应不超过 0.5%。

5. 注意事项

(1) 隧道式烘箱应定期用 105℃恒重法进行校核，使隧道式烘箱法测定值与 105℃恒重法测定值之差不超过 0.5%。

(2) 使用隧道式烘箱前应检查指针阻力盒内机油是否在刻度线处，如低于刻度线应补加机油至刻度线。

(3) 隧道式烘箱所附一套烘盒质量是一致的，使用时应避免污染或机械损伤，造成烘盒质量的改变而带来误差。因此，应定期校正烘盒的质量。个别烘盒因污染或机械损伤致质量改变，可通过用附加物增重，或将盒口挫去部分减重，使其与一套烘盒质量保持一致。

四、两次烘干法

粮食水分在 16%以上，油料水分在 13%以上，均认为是高水分粮油样品，在水分测定时，一般采用二次烘干法。其主要原因是由于在制备试样时不易粉碎，难以达到规定要求的细度，并且容易粘附在磨辊和设备内壁上，而且制备过程中水分损失较大；另外在烘干时，往往使试样表层固化，影响试样内部水分蒸发逸出，并且还会引起试样中某些组分的水解或发生其他变化，使测定结果不准确。

所谓两次烘干法，就是对一份高水分粮食、油料试样通过风干和烘干两个过程来测定其水分含量的方法。

1. 测定原理

在常压和一定温度（105℃或 130℃）下对样品进行烘干，测定样品烘干后损失的质量，即水分含量。

2. 仪器和用具

(1) 天平　感量为 0.001g。

(2) 电热恒温干燥箱　80～150℃温度范围内，能保持规定温度±1℃。

(3) 粮食粉碎机　粉碎过程迅速，没有明显的发热现象，尽可能少地与外界空气接触；粉碎过的物料颗粒均匀，并且颗粒细度符合试样制备的要求。

(4) 干燥器　内装有充足的干燥剂，放置在冷凉且干燥的场所。干燥剂要求及时更新，如用变色硅胶作干燥剂，当其呈现红色时应停止使用，在 130～140℃下烘干至全部呈蓝色后再使用。

(5) 带盖铝盒　直径 5.5cm、10cm、12cm 和 15cm，高 2.5cm，各铝盒底及盒盖应有配套标号。

3. 操作流程

铝盒恒重 → 称取整粒试样 → 第一次烘干 → 冷却 → 样品制备 → 称样 → 第二次烘干 → 冷却 → 称样 → 结果计算

4. 测定步骤

(1) 烘干铝盒　调节烘箱温度至105℃，取干净的空铝盒，放在烘箱内温度计水银球下方烘网上，烘干0.5～1h，取出后置于干燥器内冷却至室温，取出称量；再复烘30min，烘至前后两次质量差不超过0.005g，即为质量恒重。取质量较小的数作为铝盒质量，铝盒放入干燥器内备用。

(2) 第一次烘干　按照表7-2规定的试样用量，用已知质量的铝盒，从平均样品中称取整粒净试样（m），轻摇铝盒使试样分布平均。

调节烘箱温度至105℃（油料至70℃），将铝盒放入烘箱烘40min，取出，自然冷却至室温，称量，除去铝盒质量，即为第一次烘干后试样质量（m_1）。

表7-2　试样用量

粮食、油料	铝盒直径/cm	试样量/g
粟、芝麻、油菜籽等	10	20
稻谷、小麦、高粱、小豆、棉籽等	12	30
葵花籽、花生果、蓖麻籽、文冠果等	15	50
玉米、大豆、豌豆、蚕豆、花生仁等	15	80

(3) 第二次烘干

① 试样制备　将第一次烘干后的试样充分混合均匀，按表7-3规定的方法制备。将制备完毕的样品立即装入洁净干燥的密闭容器中备用。

表7-3　试样制备

粮食品种	粉碎试样/g	试样要求
粮粒原粮和成品粮	30	粉碎后的试样应全部通过1.7mm圆孔筛，留存于1.0mm的筛上物少于10%，穿过0.5mm圆孔筛的筛下物多于50%
大豆	30	试样粉碎后的细度通过2.0mm圆孔筛不少于90%
花生仁、桐仁等	约50	用手摇切片机或小刀切成0.5mm以下的薄片或剪碎
棉籽、葵花籽等	约30	将籽粒剪碎或用研钵敲碎
油菜籽、芝麻等	全部试样	直接称取整粒试样
花生果(仁)、茶籽、蓖麻籽、文冠果等	全部试样	取籽粒剥壳，分别称量，计算壳、仁百分比；将壳磨碎或研碎；将仁切成薄

② 试样称量　将制备完毕的试样充分混匀，用已知质量的铝盒（直径为5.5cm），称取试样约3g（m_2），轻摇铝盒使试样分布均匀，对带壳油料可按仁、壳比例称样或将仁、壳分别称样。

③ 试样的测定（m_3）　粮食可采用下述两种方法烘干测定，以105℃法为标准法，以130℃法为常用法；油料应采用105℃法测定。

5. 结果计算

水分含量按式(7-3)计算：

$$w=\frac{m-m_1\times\frac{m_3}{m_2}}{m}\times100\%=\frac{m\times m_2-m_1\times m_3}{m\times m_2}\times100\% \tag{7-3}$$

式中　w——试样中水分的含量（以质量分数计）；

m——第一次烘干前试样的质量，g；

m_1——第一次烘干后试样的质量，g；

m_2——第二次烘干前试样的质量，g；

m_3——第二次烘干后试样的质量，g。

计算结果保留到小数点后一位。

双试验测定结果的绝对差值不得超过 0.2%。当双试验测定结果的绝对值超过 0.2% 的允许差时，需要重新在每个样品中取样测定。如果四次结果均超过允许差，则取四次测定结果的算术平均值作为测定结果。但每个测定结果与算术平均值的绝对差值不得超过 0.5%。

五、水分快速测定法

粮食、油料收购入库时，接收的粮食、油料批次多、量大，要求能迅速测定出水分含量，以便立即进行定等作价。采用国标方法测定粮食、油料中的含水含量，虽然准确高、误差小，但干燥测定时间长，操作烦琐、无法实现现场快速测定，因此在实际应用中很不方便。

近年来，国内外应用新材料、新技术研制出一系列快速水分测定仪，以适应粮库收粮时能够快速测定水分的要求。目前我国应用最多的快速水分测定法有红外线加热式水分测定法、电容式水分测定法和电阻式水分测定法等。

1. 红外线加热式水分测定法

红外线是由于物质内部分子的热运动引起的，电子激发跃迁而形成的一种电磁波，它经辐射以光速向四周传播，在传播过程中，当遇到物体时，一部分被其表面反射，一部分进入物体内部或被物体吸收或穿过物体继续前进。水、有机物等材料对红外线有强烈的吸收作用，它们吸收红外线后，内部的分子、原子的运动加剧，能量提高，从而使物体温度升高，达到迅速加热干燥的目的。红外线快速水分测定仪如图 7-3 所示。

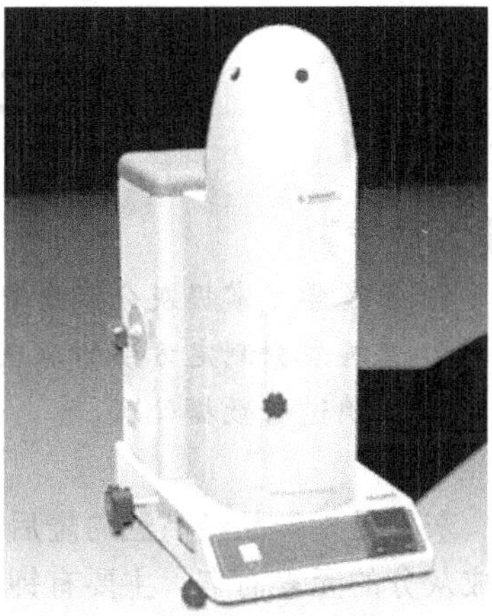

图 7-3　红外线快速水分测定仪

(1) 测定原理　在测定样品重量的同时，红外线加热单元和水分蒸发通道快速干燥样品，在干燥过程中，水分仪持续测量并即时显示样品丢失的水分含量，当水分含量在 1min 内变化小于 0.1%时，干燥程序完成，记录测定结果。

(2) 操作步骤　将温度调至 105℃，时间调至 0min，系统归零。称取大约 5g 的样品粉末于铝盒中，关闭仪器罩，按 Start 键开始测定，当数据基本保持不变，按 Stop 键停止，记录测定结果。在摸索出不同样品所需要的时间之后，采用的模式为将时间设置为不同样品测定水分具体所需时间，其他条件不变，然后开始测定。

2. 电容式快速水分测定法

(1) 测定原理　物质都有一定的介电常数。粮食中水的介电常数很大（约 80），而淀粉等物质的介电常数较小（2.5～3.0），样品中水分含量在 10%～20%之间变化，是引起介电常数变化的主要原因。水分越高，介电常数越大，电容值越高。电容式水分测定仪就是通过测定与样品中水分变化相对应的电容的变化来测定粮食水分的。电容式快速水分测定仪如图 7-4 所示。

图 7-4　电容式快速水分测定仪

(2) 操作步骤　用量杯量一筒谷物，用手刮平，倒入测试筒，倒入时要注意速度均匀，且谷物颗粒对着筒中圆锥的锥顶倒入，使其自由散落至四周，选择谷物种类，按动开关，读数就可显示出来，即为仪器水分测定值。

(3) 注意事项

① 仪器应置于无风、无振荡的水平面上使用。

② 倒入样品的速度应缓慢均匀、不中断。

③ 样品和仪器应与环境的温度一致，并在仪器允许的谷物温湿度、环境温湿度范围内测量。

④ 连续测几次，取其平均值。

第二节　粮油灰分的测定

【学习要求】

▲ 通过学习掌握灰分概念与组成以及在粮食油料中的含量；

▲ 掌握灰分测定方法的原理和操作技能；

▲ 正确进行数据处理。

灰分是指样品经高温灼烧后残留的物质。一般认为，灰分代表样品中无机物的总量。就构成灰分的元素而言，主要有钾、镁、磷、钙、硫、硅等元素。各种粮食、油料所含灰分受品种、生长条件等方面的影响，含量一般为 1.5%～3.0%。灰分在粮食籽粒中的分布是由外到里含量愈来愈低，一般粮食的外层和胚部的灰分含量较高，约为 1.2%（干基），而胚乳的灰分含量约为 0.6%，通常仅有外层组织的 1/2。

灰分通常指总灰分，根据溶解性的不同，又可分为水溶性灰分、酸溶性灰分、水不溶性灰分、酸不溶性灰分。水溶性灰分大部分是钾、钠、镁、钙等的氧化物和可溶性盐类；水不溶性灰分是除泥砂外，还有铁、铝等的氧化物和碱土金属盐碱式磷酸盐；酸不溶性灰分大部分为污染物掺入的泥砂和原来存在于粮食组织中的二氧化硅。

总灰分是样品经高温灼烧后残留物的总称。在灰化过程中，样品中有机物氧化分解，灼烧后的无机物以盐或氧化物的形式保留下来，而样品中的部分无机物可能在灼烧中挥发损失，所以，严格地说，灰分不能真正代表样品中无机物的总量，而被称为粗灰分。

灰化是将样品经高温处理分解而变为无机态物质的过程。对样品中难挥发组分而言，可起到与其他组分分离，并达到浓缩的目的。灰化有干法灰化、湿法灰化、低温灰化等之分，按照灰分的准确定义，灰分是干法灰化法测定的结果。

粮食灰分的测定是鉴定成品粮加工精度高低和品质优劣的重要依据之一。灰分测定对指导粮食加工、提高成品粮品质具有重要意义。小麦粉灰分含量见表 7-4。

表 7-4 小麦粉灰分含量

粮 种	面 粉			
加工等级	特制一等粉	特制二等粉	标准粉	普通粉
灰分/%	0.70	0.85	1.10	1.40

目前灰分测定主要采用高温灰化的方法。国家标准中对食品、谷物、油脂、淀粉、饲料、油料饼粕中灰分的测定，均采用此方法。

一、测定原理

把一定量的样品经炭化后放入高温炉内灼烧，使有机物被氧化分解，以二氧化碳、氮的氧化物及水等形式逸出，而无机物质以硫酸盐、磷酸盐、碳酸盐、氯化物等无机盐和金属氧化物、非金属氧化物等形式残留下来，这些残留物即为灰分，称量残留物的质量即可计算出样品中总灰分的含量。

二、试剂

(1) 0.5%三氯化铁溶液。

(2) 乙酸镁乙醇溶液 称取 1.5g 乙酸镁溶于 100mL95%乙醇中。

三、仪器和用具

(1) 高温电炉。

(2) 万用电炉。

(3) 瓷坩埚 容量为 18～20mL。

(4) 坩埚钳 长柄和短柄。

(5) 分析天平 感量为 0.0001g。

(6) 干燥器 内装有效的变色硅胶。

(7) 容量瓶 100mL、5mL。

(8) 分样筛 孔径为 0.45mm（40 目）。

(9) 无灰滤纸。

四、操作流程

样品制备 → 坩埚处理 → 称样 → 炭化 → 灼烧 → 称量 → 结果计算

五、操作方法

1. 样品处理

不同样品灰化的难易程度不同，为保证样品能迅速灰化以及灰化结果的一致性，样品测定前需进行粉碎处理。对固体、糊状样品，取具有代表性的样品至少 200g，用研钵研细，并混合均匀。不易研细、捣碎的样品，用切碎机切成细粒，然后混合均匀，置于玻璃容器内。油料饼粕样品，用四分法从 2kg 原始样品中分取，然后用大约 1/20 的试样清洗粉碎机，弃去粉碎物后，其余样品磨碎，粉碎后样品全部通过 1mm 筛，混匀后置于玻璃容器内。

固液状样品按固体、液体比例，取具有代表性的样品至少 200g，组织捣碎机捣碎，混匀后置于玻璃容器内。

2. 坩埚处理

测定用坩埚应洁净，一般视坩埚的洁净程度，将坩埚浸泡于 1∶5 盐酸溶液中，然后加热煮沸 10～60min，洗净后烘干，用三氯化铁蓝墨水溶液将坩埚编号，然后送入（550±10）℃高温电炉内灼烧 30～60min，取出坩埚放在炉门口处，待红热消失后，放入干燥器内冷却至室温，称量。再灼烧、冷却、称量，直至前后两次质量差不超过 0.0002g，即为恒重（m_0）。

3. 试样称量

不同样品中灰分含量不同，为保证样品灼烧后有适量的残留物，应根据其种类和性状来称取样品。灰分含量大于 10%的固体试样准确称取 2g；灰分小于 10%则准确称取 3～10g；液体试样则称取 30～40g。如粮食、油料、饲料的称样量为 2～5g，淀粉为 2～10g；油料饼粕为 5g 左右。

4. 测定方法

(1) 550℃灼烧法　用灼烧至恒重的坩埚称取粉碎试样 2～3g（m，精确至 0.0002g），放在电炉上，错开坩埚盖，加热至试样完全炭化，即无烟发生时为止。炭化时只许发烟不许起火，以免火焰带走试样及灰分。将炭化好的试样连同坩埚一起放在高温炉口片刻，再移入炉膛内，错开坩埚盖，关闭炉门，在（550±10）℃温度下灼烧 2～3h。在灼烧过程中，可将坩埚位置调换 1～2 次，灼烧至黑点全部消失，变成灰白色为止。取出坩埚，冷却至室温，称量。再灼烧 30min 至恒重（m_1）为止。最后一次灼烧的质量如果增加，则取前一次质量计算。

(2) 乙酸镁法　用已灼烧至恒重的坩埚称取粉碎试样（m）2～3g，加入乙酸镁乙醇溶液 3mL，静置 2～3min，放在电炉上，错开坩埚盖，加热至试样完全炭化为止。然后将坩埚送入高温炉口预热片刻，再移入炉膛内，错开坩埚盖，关闭炉门，在 800～850℃温度下灼烧 1h，待剩余物变成浅灰色或白色时，停止灼烧，取出坩埚置于炉门口处，待红热消失后，移入干燥器内，冷却至室温，称重（m_1）。

空白试验。在已恒重的坩埚（m_2）内准确加入 3mL 乙酸镁乙醇溶液，在电炉上灰化后，再放入高温炉内在 800～850℃温度下灼烧 1h，取出、冷却、称重（m_3）。

六、结果计算

(1) 550℃灼烧法　灰分含量按式(7-4) 计算：

$$X=\frac{m_1-m_0}{m(1-w)}\times 100\% \tag{7-4}$$

式中　X——试样灰分（干基）含量；

m_0——坩埚质量，g；

m_1——坩埚和灰分质量，g；

m——试样质量，g；

w——试样的水分含量。

双试验结果允许误差应不超过 0.03%，求其平均值，即为测定结果。测定结果取小数点后两位数。

(2) 乙酸镁法　灰分含量按式(7-5) 计算：

$$X=\frac{(m_1-m_0)-(m_3-m_2)}{m(1-w)}\times 100\% \tag{7-5}$$

式中　X——试样灰分（干基）含量；

m_0——坩埚质量，g；

m_1——坩埚和灰分质量，g；

m_2——空白试验坩埚质量，g；

m_3——氧化镁和坩埚质量，g；

m——试样质量，g；

w——试样的水分含量。

双试验结果允许误差应不超过 0.03%，求其平均值，即为测定结果。测定结果取小数点后两位数。

七、注意事项

(1) 为了防止在灼烧时因温度高，试样中的水分急剧蒸发使试样飞扬和防止粉、淀粉、蛋白质等易发泡膨胀的物质在高温下发泡膨胀而逸出坩埚，灰化前应对样品进行炭化。

(2) 易发泡的粉、淀粉、蛋白质等样品，在炭化之前可在样品上酌加数滴纯植物油，炭化时不允许有燃烧的现象发生。

(3) 高温电炉的炉膛内各处温度有很大的差别。对炉膛深 30cm、宽 20cm、高 15cm 带有自动温度控制装置的电炉内各处温度进行测定，设置温度为 600℃ 时，热电偶附近是 (600±10)℃，中间部分是 (590±10)℃，前面部分是 (560±10)℃。上述温度差因电炉大小不同而不同，但是炉前部的温度比设定的温度低得多，所以炉口附近的部分最好不使用。

(4) 有些试样即使完全灼烧，残灰也不一定是灰白色。例如，铁含量高的试样，残灰呈褐色；锰、铜含量高的食品，残灰呈蓝绿色。有时即使残灰的表面呈白色，但灼烧不完全，内部仍残留有炭块，所以应注意观察残灰。

(5) 乙酸镁法中样品灼烧前加入乙酸镁乙醇溶液，可润湿和分散样品，在高温下变为氧化镁，提高了灰化的熔点，可避免熔融现象，缩短灰化时间。

(6) 谷物及其制品，磷酸一般过剩于阳离子，随着灰化的进行，磷酸将以磷酸二氢钾的形式存在，容易形成在比较低的温度下熔融的无机物，因为包裹了未灰化的碳，造成供氧不足，难以灰化完全，灰化需要相当长的时间，对于常规分析是适宜的。为此，采用提高温度，将灰化温度增高至 800～850℃，并且添加灰化辅助剂——乙酸镁，在灰化过程中，镁盐随着灰化的进行分解，与过剩的磷酸结合，避免了残灰熔融结块现象，成为白色松散状态，达到了既能使试样灰化完全，又可缩短灰化时间的作用。

(7) 3mL 乙酸镁溶液的氧化镁质量为 0.0085～0.0090g，应以空白试验所得的氧化镁质量为依据。

(8) 使用坩埚时应注意：由于温度骤升或骤降，常使坩埚破裂，最好将坩埚放入冷的（未加热）的炉膛中逐渐升高温度。灰化完毕后，应使炉温度降到 200℃以下，再打开炉门。坩埚在钳热坩埚时，要在电炉上预热。

第八章

植物油脂物理检验

【本章主要内容】

- 植物油脂透明度、气味、滋味的测定
- 植物油脂色泽的测定
- 植物油脂相对密度的测定
- 植物油脂折射率的测定
- 植物油脂加热试验
- 植物油脂冷冻试验
- 植物油脂烟点的测定
- 植物油脂熔点的测定

第一节 植物油脂透明度、气味、滋味的测定

【学习要求】

▲ 通过学习和训练，了解油脂透明度、气味、滋味的测定意义；

▲ 掌握油脂透明度、气味、滋味的测定方法及结果表述等知识和技能。

透明度、气味、滋味等感官指标反映了油脂的品种特性、精炼程度和感官品质的好坏，能够直观地反映出油脂的内在品质。

一、透明度

1. 透明度概念

油脂透明度是指油脂试样在一定温度下，静置一定时间后出现的透明程度。

品质正常合格的油脂应是澄清、透明的。若油脂中含有过高的水分、磷脂、蛋白质、固体脂肪、蜡质或含皂量过多时，油脂会出现混浊，影响其透明度。因此，油脂透明度的鉴定是借助检验者的视觉，初步判断油脂的纯净程度。

我国植物油国家标准规定：一级香油透明，二级香油允许微浊；一级普通芝麻油透明，二级普通芝麻油允许微浊；食用亚麻籽油允许微浊；大豆、花生、玉米、葵花籽的一级油、二级油均应澄清、透明；三、四级葵花籽油均应透明；玉米胚油，三级透明，四级允许微浊。

2. 仪器和用具

（1）比色管　100mL，直径为 25mm。

（2）乳白灯泡。

3. 操作流程

取样 → 静置 → 观察 → 记录

4. 测定步骤

量取混匀试样 100mL 注入比色管中，在 20℃下静置 24h（蓖麻油静置 48h），然后移至乳白灯泡前（或在比色管后衬以白纸），观察透明度，记录观察结果。

5. 结果表示

观察结果以“透明”、“微浊”、“混浊”表示。

二、气味、滋味的鉴定

油脂的气味、滋味主要由两种完全不同的原因产生：第一，油脂本身具有天然的气味、滋味；例如，大豆油一般带有腥味，菜籽油常带有芥酸的辣味，芝麻油则带有令人喜爱的香味等。第二，油脂在发生化学变化时所产生的气味，即“衍生”而得到的气味、滋味。如酸败变质的油脂会产生哈喇滋味。因此，通过油脂气味和滋味的鉴定，可以了解油脂的品质、酸败的程度、能否食用以及有无掺杂等。

取少量试样注入烧杯中，加温至 50℃用玻璃棒边搅拌边嗅气味，同时尝辨滋味。凡具有该油脂固有的气味和滋味，无异味的为合格。不合格的应注明异味情况。

三、几点说明

(1) 静置后，合格的油脂是透明的。如含有磷脂、固体脂肪、蜡质以及含皂量过多或含水量过大时，油脂会出现混浊，影响透明度。因此，根据油脂的透明程度，可以初步了解油脂的纯净程度。

(2) 没有絮状悬浮物和混浊时认为透明。棉籽油在比色管的上半部没有絮状沉淀物和混浊时也认为透明。

(3) 气味的测试是基于油脂变质过程中产生的某些微量成分，这些物质具有特殊的气味。

第二节　植物油脂色泽的测定

【学习要求】

△ 通过学习和训练，了解油脂色泽的测定意义；

△ 掌握油脂色泽的测定方法，熟悉结果表述等知识和技能。

色泽是指植物油脂固有的颜色。植物油脂之所以具有各种不同的颜色，如淡黄色、橙黄色、棕红色以及青绿色等，主要是由于油料籽粒中含有叶黄素、叶绿素、叶红素、类胡萝卜素、棉酚等色素，在制油过程中溶于油脂的缘故。油脂的色泽，除了与油料籽粒的粒色有关外，还与加工工艺以及精炼程度有关。一般以水代法和压榨法制油时，油色较深，而以浸出法制油时，油色较浅。此外，油料品质劣变和油脂酸败也会导致油色变深或影响油脂色泽。所以，测定油脂的色泽，可以了解油脂的纯净程度、加工工艺和精炼程度以及判断其是否变质。

我国植物油国家标准中对各类、各等级植物油的色泽，应用罗维朋比色计进行测定，并制定了相应的标准（GB/T 22460—2008《动植物油脂 罗维朋色泽的测定》）。

一、测定原理

在同一光源下，由透过已知光程的液态油脂样品的光的颜色与透过标准玻璃色片的光的颜色进行匹配，用罗维朋色值表示其测定结果。

图 8-1 罗维朋比色计

二、罗维朋比色计

罗维朋比色计主要由比色槽、比色槽托架、碳酸镁反光片、乳白灯泡、观察管以及红、黄、蓝、中性色的标准颜色色阶玻璃片等部件组成（见图 8-1）。

罗维朋比色计是一种常见的色泽比色计。仪器中有 4 套标准比色片，分别是红色片（三组，表示为 R）、黄色片（三组，表示为 Y）、蓝色片（三组，表示为 B）、中性色片（两组，表示为 N）。

红色片（R）：0.1～0.9　1.0～9.0　10.0～70.0。

黄色片（Y）：0.1～0.9　1.0～9.0　10.0～70.0。

蓝色片（B）：0.1～0.9　1.0～9.0　10.0～40.0。

中性色片（N）：0.1～0.9　1.0～3.0。

标准颜色玻璃片中常用的是红、黄两种。红色为主色，黄色为调配色用，蓝色片作为调配青色用，中性色片作为调配亮度用。红、黄两色玻璃片的选用方法是，先根据油脂质量标准中的规定固定黄色片，然后用不同号码的红色片配色，必要时加入蓝色片或中性色片，直到观测管视野中样品与比色板色样一致。当配色不能达到油样色泽与比色片色泽完全相同时，则采用最接近色片，使比色片稍深于油样的色泽，结果以不深于 Y××、R×表示。蓝色片记作暗度，中性色片记作亮度。

三、仪器和设备

(1) 罗维朋比色计。

(2) 漏斗、锥形瓶、滴管、滤纸等。

四、操作流程

仪器安装 → 检查 → 取样 → 比色 → 记录

五、测定步骤

(1) 放平仪器，安置观测管和碳酸镁片，检查光源是否完好。

(2) 取混匀的澄清（或过滤）试样注入比色槽中，达到距离比色槽上口 5mm。

(3) 将比色槽置于比色箱中的比色槽托架上。

(4) 先按规定固定黄色片色值，打开光源，移动红色片，调整颜色，直至色片色与油样色完全匹配为止。为了得到一个近似的匹配，开始使用黄色片与红色片的罗维朋值的比值为 10∶1，然后进行校正，测定过程中不必总是保持上述这个比值，必要时可以使用最小值的蓝色片或中性色片（蓝色片和中性色片不能同时使用），直至得到精确的颜色匹配。使用中，蓝色值不应超过 9.0，中性色值不应超过 3.0。

注意：为避免眼睛疲劳，每观察比色 30s 后，操作者的眼睛必须移开目镜。

(5) 结果注明不深于黄多少号和红多少号，同时注明比色槽厚度。

双试验结果允许差红色比值应不超过 0.2，以试验结果高的作为测定结果。

六、注意事项

(1) 植物油之所以有颜色，是因为油料籽粒含有的各种色素溶于油脂中的缘故。油色有淡黄色、橙黄色乃至棕红色，有的油脂呈青绿色。油脂的各种色泽主要取决于油料籽粒粒色和加工精炼程度。此外，油料品质劣变和油脂酸败时会使油色变深。

(2) 比色槽厚度有 3.18mm、6.35mm、12.7mm、25.4mm、5.08mm、133.4mm 数种。油色深，选用薄槽；油色浅，选用厚槽，一般常用 25.4mm 或 133.4mm 的比色槽。

(3) 试样必须在完全透明的状态下测定色泽，必要时用干燥滤纸过滤，去除引起混浊的水分等杂质。对于固态油脂，可微微加热使其熔解透明后，再进行测定，并记下油温。

(4) 色泽标准：一级油≤黄 70、红 4；二级油≤黄 70、红 6。

(5) 比色槽：25.4mm 测二、三级油；133.4mm 测一、二级油（浅色）。

第三节　植物油脂相对密度的测定

【学习要求】

▲ 通过学习和训练，了解油脂相对密度测定的意义；

▲ 通过训练，掌握油脂相对密度测定原理和测定方法及对结果进行处理等知识和技能。

油脂的相对密度是指油脂在 20℃时的质量与 4℃的同体积纯水质量之比，用 d_4^{20} 表示。

油脂的相对密度与油脂的分子组成有密切的关系。组成三酰甘油的脂肪酸相对分子质量越小，不饱和程度越大，羟酸含量越高，则其相对密度越大。例如，蓖麻酸中含有羟酸基，故蓖麻油的相对密度较其他植物油的相对密度大，在 0.9515～0.9674 之间。同时，油脂中游离脂肪酸的含量、储存时间的长短、氧化程度和酸败情况以及温度等均会影响油脂的相对密度。

各种纯净、正常的油脂，在一定温度下均有不同的相对密度范围。天然油脂的相对密度均小于 1，其数值在 0.908～0.970 之间变动。如菜籽油的相对密度为 0.9090～0.9145；花生油为 0.9110～0.9175；大豆油为 0.9180～0.9250；亚麻籽油为 0.9260～0.9365；桐油为 0.9360～0.9395；蓖麻籽油为 0.9515～0.9675。

测定油脂的相对密度，可作为评定优质纯度、掺杂、品质变化的参考，还可以根据相对密度和容积计算储油罐、油池、油槽及运输油脂的质量。

油脂相对密度的测定方法有液体相对密度天平法（液体比重天平法）和相对密度瓶（比重瓶）法。

一、液体密度天平法

1. 测定原理

液体密度天平是以阿基米德定律“任何物体沉入液体时，物体减轻的质量等于该物体排开液体体积的质量”为基础而制成的一架不等臂天平。

将一质量测锤浸没于标准体积容器的液体中，使测锤获得浮力而失去平衡，然后在横梁V形槽里放置各种定量砝码，使横量恢复平衡，就能迅速测得该液体的密度。

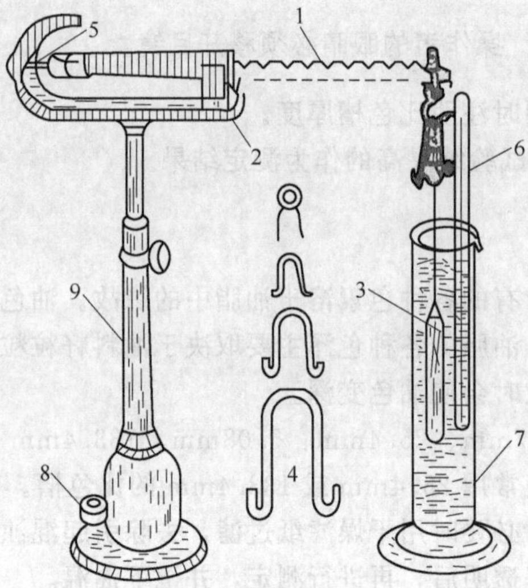

图 8-2 液体密度天平

1—秤杆；2—刀口座；3—浮标；4—砝码；5—锥尖；6—温度计；7—量筒；8—水平调节螺丝；9—支架

2. 液体密度天平

液体密度天平由天平座、支柱、天平梁、浮标、平衡砝码、量筒和温度计等部件组成（见图 8-2）。天平座上有一个水平调节螺钉，支柱中部的螺丝用来调节天平梁的高低。天平梁由两臂组成，天平平衡时，左臂的锥尖与梁架上的锥尖正好对准；右臂上有 10 个刻槽，在第 10 槽上有挂钩，钩子上挂一用白金丝吊的浮标（浮标中附有温度计），浮标的质量恰好使天平在空气中保持平衡。液体相对密度天平配有五个砝码，其中有两个质量相同的大砝码（1 号等于 20℃时被浮标排开水的质量），其余三个砝码分别是大砝码质量的 1/10（2 号）、1/100（3 号）、1/1000（4 号），这些砝码可以骑在刻槽上或挂在挂钩上。

3. 试剂

(1) 洗涤剂。

(2) 乙醇、乙醚。

(3) 无二氧化碳蒸馏水。

4. 仪器和设备

(1) 液体密度天平。

(2) 烧杯、吸管。

(3) 脱脂棉、滤纸等。

5. 操作流程

仪器安装 → 校正 → 注入试样 → 测量 → 记录

6. 测定步骤

(1) 按照仪器使用说明，先将仪器校正，在挂钩上挂上 1 号砝码，向量筒内注入 25℃蒸馏水达到浮标上的白金丝浸入水中 1cm 为止。将水温降到 20℃时，拧动天平座上的螺丝，使天平达到平衡，再不要移动，倒出量筒内的水，先用乙醇，后用乙醚将浮标、量筒和温度计上的水除净，再用脱脂棉揩干。

(2) 将试样注入量筒内，达到浮标上的白金丝浸入试样中 1cm 为止，待试样温度达到 20℃时，在天平刻槽上移砝码使天平恢复平衡。

(3) 砝码的使用方法：先将挂钩上的 1 号砝码移至刻槽 9 上，然后在刻槽上添加 2 号、3 号、4 号砝码，使天平达到平衡。

7. 结果计算

天平达到平衡后，按大小砝码所在的位置计算结果。1 号、2 号、3 号和 4 号砝码分别为小数点后第一位、第二位、第三位和第四位。

例如，油温、水温均为 20℃，1 号砝码在 9 号处，2 号砝码在 4 处，3 号砝码在 3 处，4 号砝码在 5 处，此时油脂的比重 $d_{20}^{20}=0.9435$。

测出的相对密度按式(8-1) 换算为标准相对密度：

$$d_4^{20}=d_{20}^{20}d_{20} \tag{8-1}$$

式中 d_4^{20}——油温 20℃、水温 4℃时油脂试样的相对密度；

d_{20}^{20}——油温 20℃、水温 20℃时油脂试样的相对密度；

d_{20}——水在 20℃时的相对密度，为 0.998230。

如试样温度和水温度都须换算时，则按式(8-2) 计算：

$$d_4^{20}=[d_{t_2}^{t_1}+0.00064\times(t_1-t_2)]\times d_{t_2} \tag{8-2}$$

式中 t_1——试样温度，℃；

t_2——水温度，℃；

$d_{t_2}^{t_1}$——试样在温度 t_1 时测得的相对密度；

d_{t_2}——水温在 t_2 时，水的相对密度，可由表 8-1 查得；

0.00064——油脂在 10～30℃每差 1℃时的膨胀系数（平均值）。

表 8-1 水的相对密度

温度/℃	相对密度	温度/℃	相对密度
0	0.999868	20	0.998230
4	1.000000	21	0.998019
5	0.999992	22	0.997797
6	0.999968	23	0.997565
7	0.999926	24	0.997323
8	0.999876	25	0.997071
9	0.999808	26	0.996810
10	0.999727	27	0.996539
15	0.999126	28	0.996259
16	0.998970	29	0.995971
17	0.998801	30	0.995673
18	0.998622	31	0.995367
19	0.998432	32	0.995052

双试验结果允许差应不超过 0.0004，求其平均数即为测定结果。测定结果精确至小数点后四位。

二、比重瓶法

1. 测定原理

同液体密度天平法。

2. 试剂

(1) 乙醇。

(2) 乙醚。

(3) 无二氧化碳的蒸馏水。

3. 仪器和设备

(1) 比重瓶 25mL 或 50mL（带温度计塞）(见图 8-3)。

(2) 电热恒温水浴锅。

(3) 吸管（25mL)、烧杯。

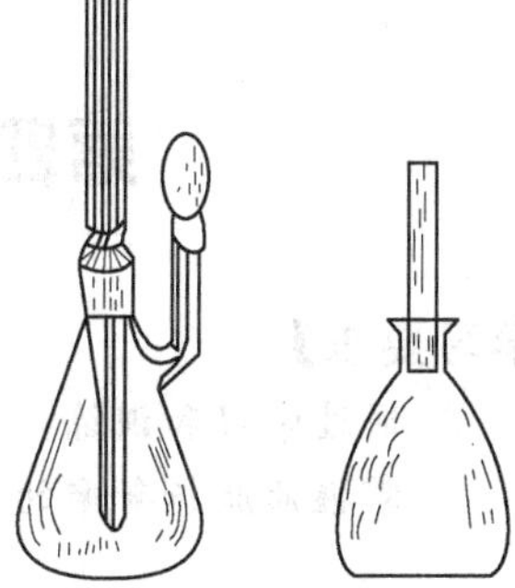

图 8-3 比重瓶

(4) 分析天平　感量为 0.0001g。

(5) 电吹风。

4. 操作流程

洗瓶 → 测水重 → 测瓶重 → 测样重 → 记录

5. 测定步骤

(1) 洗瓶　用洗涤液、水、乙醇、水依次洗净比重瓶。

(2) 测定水重　用吸管吸取蒸馏水沿瓶口内壁注入比重瓶，插入带温度计的瓶塞（加塞后瓶内不得有气泡存在），将比重瓶置于 20℃恒温水浴中，待瓶内水温达到 (20±0.2)℃时，取出比重瓶用滤纸吸去排水管溢出的水，盖上瓶帽，揩干瓶外部，约经 30min 后称重。

(3) 测定瓶重　倒出瓶内水，用乙醇和乙醚洗净瓶内水分，用干燥空气吹去瓶内残留的乙醚，并吹干瓶内外，然后加瓶塞和瓶帽称重（瓶重应减去瓶内空气重量，$1cm^3$ 的干燥空气质量在标准状况下为 0.001293g≈0.0013g）。

(4) 测定试样重　吸取 20℃以下澄清试样，按测定水重法注入瓶内，加塞，用滤纸蘸乙醚揩净外部，置于 20℃恒温水浴中，经 30min 后取出，揩净排水管溢出的试样和瓶外部，盖上瓶帽，称重。

6. 结果计算

在试样和水的温度为 20℃条件下测得的试样重（W_1）和水重（W_2），按式(8-3) 计算相对密度：

$$d_{20}^{20}=\frac{W_2}{W_1} \tag{8-3}$$

式中　W_1——水的质量，g；

W_2——试样质量，g；

d_{20}^{20}——油温、水温均为 20℃时油脂的相对密度。

换算为水温 4℃时的相对密度，试样和水温都须换算时按式(8-1) 和式(8-2) 计算。一定温度下水的相对密度见表 8-1。

三、几点说明

(1) 绝对密度：油脂在单位体积内所具有的质量称为该油脂的绝对密度。相对密度：20℃时油脂的质量与同体积 20℃蒸馏水的质量之比称为相对密度。

(2) 测定油脂相对密度的方法中，比重瓶法具有结果准确、价格便宜，但操作烦琐、费时间的特点，而液体比重天平法具有操作迅速，结果准确，但仪器价格高等特点。

(3) 油脂的化学组成和纯度都影响密度，一般油脂的脂肪酸分子质量越低和不饱和程度越高时，相对密度就越大。

第四节　植物油脂折射率的测定

【学习要求】

▲ 通过学习和训练，了解油脂折射率的测定意义；

▲ 掌握油脂折射率的测定原理和测定方法，并对结果进行处理。

折射率是油脂的重要物理特征常数之一。在一定温度和波长下，它由油脂的组成和结构所决定。不同的油脂具有不同的折射率，折射率可以鉴别油脂的种类和纯度。国家标准将折射率作为植物油脂的特征指标。

一、测定原理

1. 光疏介质、光密介质

光在不同介质中传播速度不同，其中传播速度快的，称为光疏介质；光在其中传播速度慢的称为光密介质。

2. 折射

光线从一个介质进入另一个介质，由于光在两种介质中的传播速度不同，光的方向就要发生改变，即光被折射，称为折光（见图 8-4）。

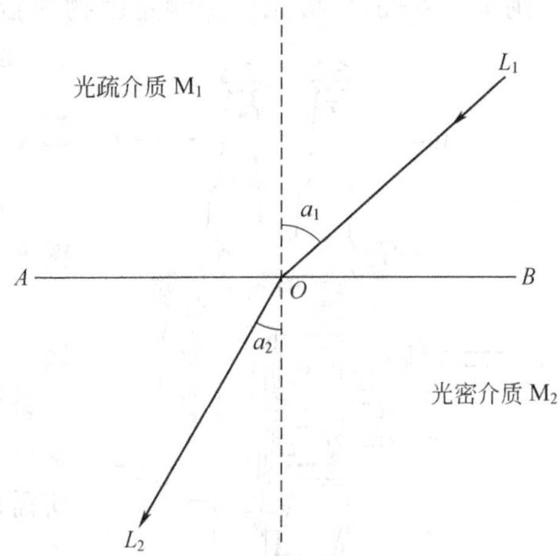

图 8-4 折光现象示意图

M_1、M_2 为两种介质，AB 为分界面；L_1O 为入射光，a_1 为入射角，OL_2 为折射光，a_2 为折射角

3. 折射率

光在真空或空气（光在空气中的速度几乎等于在真空中的速度）中的速度与光在某物质中的速度之比值，或者是入射角的正弦与折射角的正弦的比值，称为折射率，用 $n_{2,1}$ 表示：

$$n_{2,1}=\frac{\sin a_1}{\sin a_2}=\frac{v_1}{v_2}$$

当光线从空气中进入油脂时，入射角大于折射角，所以油脂的折射率大于 1。

4. 折射率与温度、波长以及物质的性质的关系

(1) 折射率与温度成正比，对于油脂（在0～30℃范围内）每相差 1℃，其折射率相差 0.00038。

(2) 波长越短，光的偏向越大，折射率也越大；相反波长越长，折射率越小。

阿贝折光仪则以钠黄光 D 线（λ 为 589.0nm）作为光源，并以符号 n_D 或 n 表示。

(3) 折射率与相对分子质量成正比，其脂肪酸不饱和程度大，含有共轭双键和烃基部分能使折射率增大。此外，含有共轭双键和羟基的脂肪酸的油脂，其折射率也要比一般油脂高。例如，菜籽油、花生油，分子中含不饱和脂肪酸较少，其折射率较低。菜籽油、花生油折射率分别为 $n^{20}=1.4710\sim1.4755$，$n^{20}=1.4695\sim1.4720$；而桐油含有共轭双键，其 $n^{20}=1.5161\sim1.5220$，蓖麻油含有羟基，其 $n^{20}=1.4765\sim1.4810$。所以，不同的油脂，具有不同的折射率，可以用来鉴别油脂的种类和纯度，我国植物油脂国家标准中将折射率列为特征指标，各类油脂的折射率见表 8-2。在植物油标准中规定，测定油脂的折射率以 20℃作为标准，其结果用 n_D^{20} 或 n^{20} 来表示。

表 8-2 食用植物油折射率

油　脂	折射率	油　脂	折射率
大豆油	1.4720～1.4770	亚麻籽油	1.4785～1.4840
菜籽油	1.4710～1.4775	葵花籽油	1.4764～1.4766
精炼棉籽油	1.4690～1.4750	油菜籽油	1.4671～1.4720
芝麻油	1.4692～1.4791	花生油	1.4795～1.4720
玉米胚油	1.4726～1.4759	精炼米糠油	1.4700～1.4750
蓖麻油	1.4765～1.4816	桐油	1.5161～1.5220

阿贝（Abbe）折光仪是测定植物油脂折射率的常用仪器，它适用于测定折射率在1.3～1.7的物质的折射率。

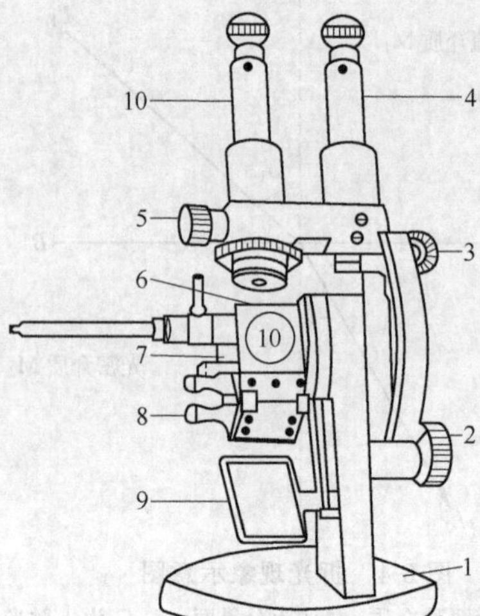

图 8-5　阿贝折光仪

1—底座；2—棱镜调节旋钮；3—小反光镜；4—读数望远镜；5—棱镜微调旋钮；6—棱镜；7—温度计插孔；8—恒温器接头；9—反光镜；10—目镜

二、阿贝折光仪的构造

阿贝折光仪由光学系统和机械系统两部分组成（见图 8-5）。

左半边为光学系统，主要部件有棱镜组、阿米西棱镜、目镜、反光镜等。棱镜组由两块直角棱镜组成，下棱镜为毛面棱镜，上棱镜是光面棱镜。两棱镜玻璃的折射率为1.75。两棱镜置于金属框中，通过金属框可用所需温度的水流来调节棱镜温度，测定温度可在上棱镜内插入温度计（带有温度计座）。两棱镜之间有约0.15mm的空隙，用来装被测液体。阿米西棱镜又称色散补偿器，由两组棱镜组成，每一组棱镜包括两个无铅玻璃棱镜和一个带直角的燧石玻璃棱镜，后者位于中间。此两组棱镜通过补偿器旋钮调节，两者转动方向相反。

右半边为机械系统，主要由底座、支架、主轴、小反光镜及圆盘组成。圆盘内装有读数标尺，通过齿轮啮合与左边的棱镜组相连。右边筒为读数镜，用来观察读数标尺。棱镜转动手轮用来调节棱镜组的位置，使全反射临界线位于十字交叉线的中心。小反光镜为读数标尺提供光源。

三、折射率的测定

1. 仪器和用具

(1) 阿贝折光仪。

(2) 小烧杯。

(3) 玻璃棒　一头烧成圆形。

(4) 擦镜纸、镊子、脱脂棉等。

2. 试剂

(1) 乙醚。

(2) 乙醇。

3. 操作流程

安装 → 校正 → 调温 → 取样 → 读数 → 记录

4. 操作方法

(1) 校正仪器　将折光仪放置在光线充足的位置，与恒温水浴锅循环泵系统连接，用脱脂棉蘸乙醇揩净上下棱镜，在温度计座处插入温度计。用已知折射率的物质校正仪器（常用纯水或α-溴代萘或标准玻片进行校正），如不符合校准物质的折射率时，用小钥匙拧动目镜下方的小螺丝，把明暗分界线调整正切在十字交叉线的交叉点上。

(2) 测定　将折光仪的温度调至试样规定的温度（20℃），分开两面棱镜，用圆头玻璃棒取混匀、过滤的试样两滴，滴在棱镜上（玻璃棒不要触及镜面），转动上棱镜，关紧两块棱镜，约经3min，待试样温度稳定后，拧动阿米西棱镜手轮和棱镜转动手轮，使视野分成清晰可见的两个明暗部分，其分界线恰好在十字交叉的交点上，记下标尺读数和温度。

5. 结果计算

标尺读数即为测定温度条件下的折射率值。按照植物油标准规定的折射率以 n^{20} 或 n^{40} 表示。如测定温度不在 20℃时，则必须按式(8-4) 换算为 20℃时的折射率（n^{20}）：

$$n^{20}=n^{t}+0.00038\times(t-20) \tag{8-4}$$

式中 n^{20}——油脂在 20℃时测得的折射率；

n^{t}——油温在 t℃时测得的折射率；

t——测定折射率时的油温；

0.00038——油温在 10～30℃范围内，每差 1℃时折射率的校正系数。

四、注意事项

(1) 阿贝折光仪主要由两块直角棱镜、两块上目镜、读数标尺（装在圆盘内）和反光镜等部件组成。两块直角棱镜的 n_D 均为 1.75，装在金属框内，用一定温度的水流通过金属框内，可以调整棱镜温度。两块棱镜和接触面相距 0.15mm，是装被测液体用的。阿米西棱镜又称补偿器，调整它可以只允许白光中的黄光通过，因而省去了纳黄光光源的设备。光线经反射镜的反射，由下棱镜射入界面，从目镜观察视野，调整棱镜转动手轮和补偿器，使视野明、暗的分界线恰在十字线的正中后，即可从刻度标尺上读取折射率。

(2) 水的折射率（n_D）如表 8-3 所示，可以进行校正。

(3) 折射率是物质的重要光学常数之一，均一物质各有其恒定的折射率，且同种物质溶液的折射率随着浓度的增大而递增，因此测出样品的折射率就可以判断其均一程度和纯度。

(4) 开闭棱镜时不能用力过大，净化棱镜时必须用擦镜纸沾干，不得来回擦抹镜面。

(5) 根据相应植物油产品标准规定的要求，来确定是以 n^{20} 还是以 n^{40} 表示。

表 8-3 水的折射率

温度/℃	n_D	温度/℃	n_D	温度/℃	n_D
5	1.33368	18	1.33317	28	1.33219
10	1.33354	20	1.33299	30	1.33192
14	1.33348	22	1.33281	40	1.33009
15	1.33341	24	1.33262	50	1.32906
16	1.33333	26	1.33241		

第五节 植物油脂加热试验

【学习要求】

- 通过学习和训练，了解测定油脂加热试验的意义；
- 掌握油脂加热试验的测定方法，并具有对结果进行准确判断和表述的技能。

磷脂是由甘油、脂肪酸、磷酸和氨基醇所组成的复杂化合物，它是脂溶性和亲水性物质，含量过多影响油脂的质量。当油脂加热至 280℃时，磷脂会产生絮状沉淀，因此加热试验是检验油脂中磷脂含量的简易方法。

加热试验即油脂样品加热至 280℃时，观察有无析出物和油脂色泽的变化情况。

一、测定原理

植物油脂中磷脂含量高时，经加热至280℃时会产生絮状沉淀物；同时油脂酸败时，油色变深或变黑。

二、仪器和用具

(1) 电炉　1000W可调电炉。

(2) 装有细沙的金属盘（沙浴盘）或石棉网。

(3) 烧杯　100mL。

(4) 温度计　0～300℃。

(5) 罗维朋比色计。

(6) 铁支柱等。

三、操作流程

取样 → 加热 → 观察 → 记录

四、操作步骤

1. 初始样品色泽测定

水平放置罗维朋比色计，安装观测管和碳酸镁片，检查光源是否完好。将混匀并澄清（或过滤）的试样注入25.4mm比色槽中，达到距离比色槽上口约5mm处。将比色槽置于比色计中。打开光源，先移动黄色、红色片色值调色，直至色片颜色与油样色近似相同为止。如果油色有青绿色，须配入蓝色片，这时移动红色片，使配入蓝色片的号码达到最小值为止，记下黄、红或黄、红、蓝色片的色值的各自总数，即为被测初始样品的色值。

2. 样品加热

取混匀样品约50mL于100mL烧杯内，置于带有沙浴盘的电炉上加热，用铁支柱悬挂温度计，使水银球恰在试样中心，在16～18min内加热使试样温度升至280℃（亚麻油加热至282℃），取下烧杯，趁热观察有无析出物。

3. 加热后样品色泽的测定

将加热后的样品冷却至室温，注入25.4mm比色槽中，达到距离比色槽上口约5mm处。将比色槽置于已调好的罗维朋比色计中。按照初始样品固定黄色片色值，打开光源，移动红色片调色，直至色片色与油样色相近色泽为止。如果油色变浅，移动红色片调色，至色片色与油样色基本相近为止。如果油色有青绿色，须配入蓝色片，这时移动红色片，使配入蓝色片的号码达到最小值为止，记下黄、红或黄、红、蓝色片的色值的各自总数，即为被测油样的色值。

五、结果表示

观察析出物的实验结果以“无析出物”、“微量析出物”、“多量析出物”以及“有刺激性异味”中的一个来表示。

罗维朋比色值差值的结果以“黄色值不变，红色值增加（或小于）××，蓝色值增加（或小于）××”等表示。

六、注意事项

(1) 试验要求在16～18min内使试样温度升至280℃，因此加热不能采用电炉直接加热法，因为电炉直接加热，升温过快。加热时应在电炉上加砂浴盘或石棉网，使试样升温均匀。

(2) 有多量析出物是指析出物成串、成片结团。

(3) 有微量析出物是指有析出物悬浮。

第六节　植物油脂冷冻试验

【学习要求】

▲ 通过学习和训练，了解测定油脂冷冻试验的意义；

▲ 掌握油脂冷冻试验的测定方法，并具有对结果进行准确判断和表述的技能。

冷冻试验是用于检验一级油在冬季（0℃以下）有无结晶析出和油样的耐寒性的检验。植物油大多含有一些蜡，蜡在40℃以上溶解于油脂。因此，无论是压榨法还是浸出法制得的毛油中，一般都含有一定量的蜡质。各种毛油的含蜡量有很大的差异，大多数含量极微，制油和加工过程中可不必考虑。但有些则含蜡量较高，如玉米胚芽油含0.01%～0.04%，葵花籽油含0.06%～0.2%，米糠油含1%～5%。油脂中含有少量蜡质，既可使浊点升高，透明度下降，又可使气味、滋味和适口性变差，从而降低了油脂的食用品质和营养价值。

一、测定原理

各种油脂在0℃的冰水浴中放置5.5h后取出，观察油样是否有结晶及油样的不透明现象。

二、仪器和设备

(1) 油样杯　115mL（直径约40mm），必须清洁干燥。

(2) 0℃冰水浴　容积约为2L（高约250mm）、内装碎冰块的桶。

(3) 温度计　－10～50℃。

(4) 软木塞和石蜡（封口用）。

三、操作流程

取样→加热→过滤→注瓶→封口→冰水浴放置→观察→记录

四、测定步骤

(1) 加热、过滤　将混合均匀的一级大豆油样（200～300mL）加热至130℃，立即停止加热，并趁热过滤，将过滤油样移入油样瓶中，用软木塞塞紧，冷却至25℃，用石蜡封口。

(2) 冰水浴　将油样瓶浸入0℃冰水浴中，用冰水覆盖，使冰水浴保持在0℃（为使保持在 0℃可随时补充冰块），放置 5.5h 后取出油样瓶，仔细观察脂肪结晶或絮状物，合格的样品应无结晶和絮状物，样液为澄清透明状。

五、注意事项

(1) 切勿错误地认为分散于样品中的细小空气泡是脂肪结晶。

(2) 预先热处理的目的是除去微量的水分，并破坏可能出现的结晶核。因为两者都会影响试验，会带来絮状物或过早的结晶。

(3) 如果需要延长冷冻试验时间，可在 5.5h 后，将油样瓶继续放入冰水浴中，根据需要时间，再取出观察。观察后油样瓶尽快放回冰水浴，以防止温度上升。

(4) 冷冻试验仅适用于一级油。

第七节　植物油脂烟点的测定

【学习要求】

▲ 通过学习，了解油脂烟点测定的意义；

▲ 掌握其测定方法，并具有对结果进行准确判断和表述的能力。

烟点是指在本书规定的测定条件下，油脂加热至开始连续发蓝烟时的温度。

一般由短碳链或不饱和度大的脂肪酸组成的油脂烟点比长碳链的饱和脂肪酸组成的油脂烟点低；未精炼油脂烟点低于一级及二级油脂烟点。如精炼程度高的油脂其烟点范围为 205～220℃，甚至可达 240℃。而未精炼好的植物油如芝麻油等的烟点为 160～170℃。此外，油脂在长时间加热并煎炸食品时，其烟点会逐渐降低，这是由于油脂发生了水解、氧化等反应，产生了一些低分子的物质。所以烟点与油脂的煎炸特性及其产品品质有关。我国植物油标准将烟点作为各种一级油、二级油质量标准的一项，其测定方法有自动测定仪法和目视测定法。

一、自动测定仪方法

1. 测定原理

样品被快速加热至 150℃，然后以 5～6℃/min 的速率继续加热升温，样品中低沸点和热不稳定物质挥发出来并产生烟雾，产生的初次连续蓝烟进入光电烟雾检测器后，对检测器发出的光线（波长范围为 380～780nm）产生特征吸收，使检测器产生响应并达到设定的检测阈值，检测此时样品的温度即为烟点值。

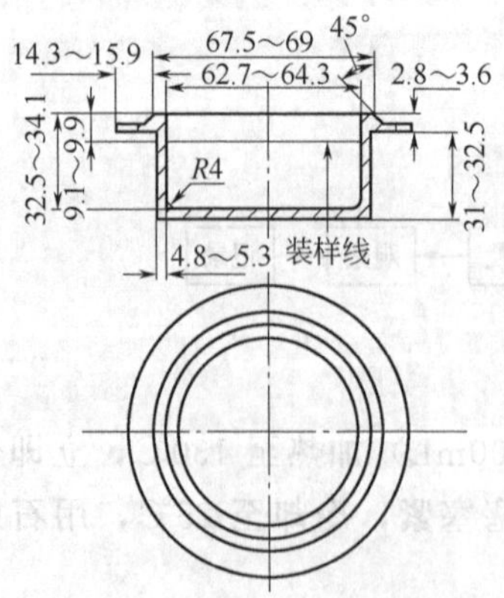

图 8-6　样品杯尺寸示意图

2. 仪器和设备

(1) 植物油脂烟点测定仪　植物油脂烟点测定仪由加热器、烟雾收集器、光电烟雾检测器、温度传感器、控制与补偿电路、系统控制软件等组成（见本节后附录）。

(2) 样品杯　由黄铜制成，外形与尺寸如图 8-6 所示。

3. 操作流程

预热仪器 → 取样 → 样品置于加热器 → 关闭机箱 → 观察 → 记录

4. 测定步骤

(1) 仪器预热 打开电源开关，仪器自动进行预热和检查，待加热器和光电烟雾检测器等达到热稳定状态，并完成自检，进入样品测定状态。

(2) 样品测定 用酒精棉球擦拭清洁样品杯，待酒精挥发干后，取约 75mL 油脂样品注入样品杯至装样线，装样时不得有油样溅出。

将样品杯置于加热器凹槽。关闭机箱，使仪器处于闭合状态。在系统控制软件中输入样品编号、名称等基础信息后，启动样品测定程序。加热器按程序升温方式加热样品，样品被快速加热至 150℃后，按 5～6℃/min 的升温速率继续加热。当样品产生烟雾时，集烟器自动收集烟雾，并将其导入光电烟雾检测器。光电烟雾检测器对蓝色烟雾产生响应，同时温度传感器检测样品温度。系统控制软件检测、显示和记录测定过程的技术数据和烟点测定结果。

打开机箱，用样杯钳小心取出样品杯，置于妥善的地方。立即用酒精棉球小心清洗集烟器及温度传感器等部件上黏附的油渍。启动冷却风扇，使机箱内的加热器快速冷却，进行下一次测定。

(3) 样品杯清洗 取出样品杯时应防止热油溢出和被加热器等烫伤，待油样冷却至室温后，倒出油样，用洗洁精等洗涤剂清洗残留油脂，并用清水洗涤样品杯，清洗后的样品杯不得残留油渍和碳化物。

5. 结果表示

双试验测定结果的算术平均值作为样品的烟点测定值，结果保留到整数位。两次测定结果之差如果超过 2℃，应重复进行第三次实验，取最相近的两次测定结果的平均值作为测定结果。

二、目视测定方法

1. 测定原理

在规定的测定条件下，油脂加热至肉眼能初次看见热分解物连续发蓝烟时的最低温度。

2. 仪器和设备

(1) 烟点试验箱 如图 8-7 和图 8-8 所示（图中单位为 mm）。

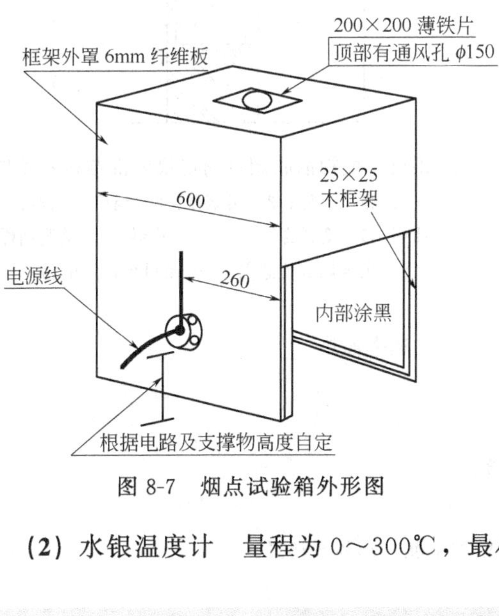

图 8-7 烟点试验箱外形图

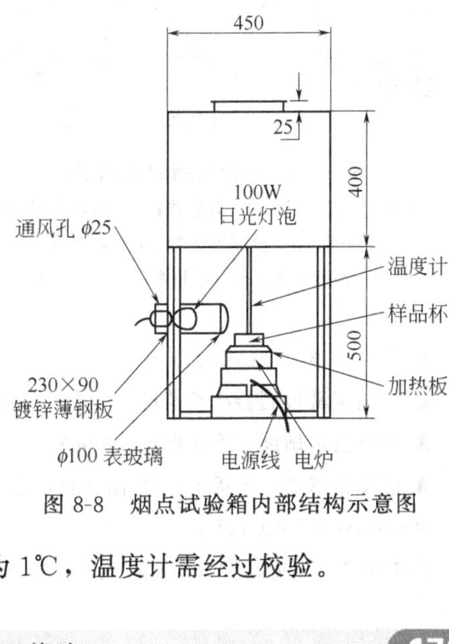

图 8-8 烟点试验箱内部结构示意图

(2) 水银温度计 量程为 0～300℃，最小分度为 1℃，温度计需经过校验。

(3) 样品杯　由黄铜或不锈钢制成，如图 8-6 所示。

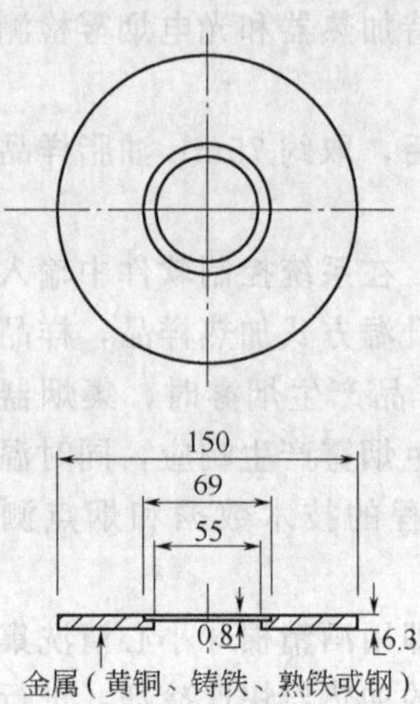

图 8-9　加热板尺寸图

(4) 加热板　如图 8-9 所示。

(5) 石棉板。

(6) 加热装置　可调压电炉或酒精灯、煤气灯。

3. 测定步骤

(1) 将油脂样品小心地装入样品杯中，使其液面恰好在装样线上。

(2) 调节装置的位置，使照明光束正好通过抽样杯杯口中心，火苗集中在杯底部的中央，将温度计垂直地悬挂在样品杯中央，水银球离杯底约 6.3mm。

(3) 迅速加热样品到发烟点前 42℃左右，然后调节热源，使样品升温速率为 5～6℃/min。

(4) 看见样品有少量、连续带蓝色的烟（油脂中热分解物）冒出时，读取温度计指示的温度，即为烟点。

4. 结果表示

双试验允许差不超过 2℃，求其平均数即为测定结果，测定结果取整数。

注意：样品开始连续发烟前，有股轻微烟出现，此烟可以忽略。

附录　植物油脂烟点测定仪

植物油脂烟点测定仪由加热器、烟雾收集器、光电烟雾检测器、温度传感器、控制与补偿电路、计算机以及系统控制软件等组成（见图 8-10 和图 8-11）。主要技术参数如下：

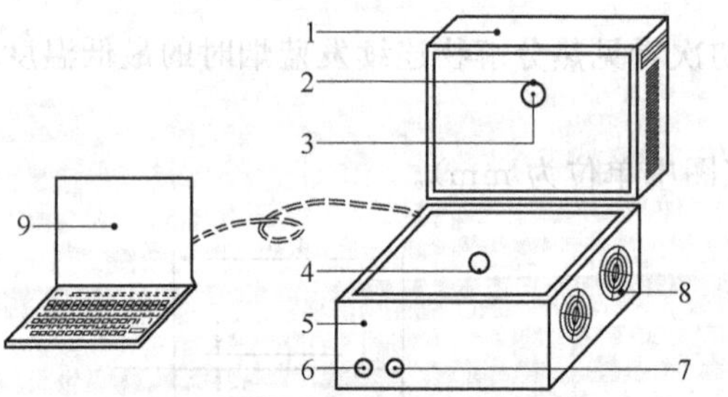

图 8-10　植物油脂烟点测定仪

1—检测仪上部；2—集烟器；3—温度传感器；4—油杯；5—检测器下部；6—电源开关；7—风扇开关；8—散热窗；9—计算机

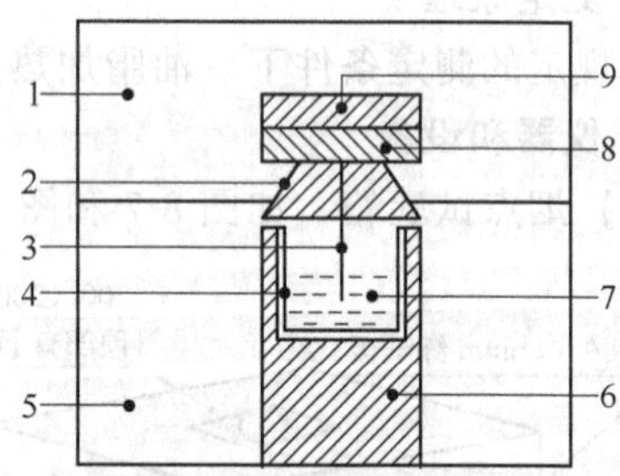

图 8-11　植物油脂烟点测定仪内部结构示意图

1—检测仪上部；2—集烟器；3—温度传感器；4—油杯；5—检测器下部；6—加热器；7—被测油样；8—光电烟雾传感器；9—控制与补偿电路

▲ 程序升温：样品快速加热至 150℃后，以 5～6℃/min 的速率加热。

▲ 光电烟雾检测器波长范围：380～780nm。

▲ 检测器灵敏度：响应电流≥80μA。

▲ 温度传感器：A 级 PT100 铂电阻，定期进行校验。

电源：AC220V±10V。

工作环境：温度，10～35℃；气压，70～106kPa；相对湿度，45%～75%。

第八节 植物油脂熔点的测定

【学习要求】

▲ 通过学习，了解油脂熔点的影响因素和测定原理；

▲ 掌握油脂熔点测定的操作方法和技能。

一般来说，脂肪酸的熔点随着碳链的增长而增高，饱和脂肪酸熔点高于同碳数不饱和脂肪酸的熔点；碳原子数相同的不饱和脂肪酸，随不饱和程度的增加其熔点会下降。共轭酸的熔点接近于饱和脂肪酸，反式酸的熔点高于顺式酸。混合脂肪酸的实际熔点一般都低于组成脂肪酸的理论平均熔点。脂肪酸碳链上引入取代基，则其熔点就发生变化，引入的取代基越多，则熔点变化越大。碳链上引入羟基，脂肪酸的熔点升高，引入甲基则熔点降低，甲基引入的位置愈靠近碳链中部，熔点下降愈多。

在甘油酯中，甘油一酯的熔点最高，甘油二酯次之，甘油三酯熔点最低。天然油脂是不同脂肪酸甘油三酯的混合物，没有确定的熔点，具有一个熔化温度的范围。

一、测定原理

油脂样品在固体时进行加热，在样品由固态转化为液态时的温度即为油脂熔点。

二、仪器和用具

(1) 毛细玻璃管　内径为1mm，外径最大为2mm，长度为80mm。

(2) 水银温度计　100℃，分度值为0.1℃。

(3) 冰箱、恒温烘箱、电炉、恒温水浴锅。

(4) 烧杯　500mL。

三、操作流程

样品处理 → 加热 → 观察 → 记录

四、测定步骤

(1) 样品处理　将样品过滤、烘干。取洁净干燥的毛细玻璃管3支。分别吸取试样达10mm高度，用喷灯火焰将吸取试样的管端封闭，然后放入烧杯中，置4～10℃的冰箱中过夜，到时取出用橡皮筋将3支毛细玻璃管紧扎在温度计上，使试样与水银球相平。

(2) 加热　在500mL烧杯中，先注入半杯水，悬挂1支温度计，然后将试样管和温度计也悬挂在杯内的水中，使水银球浸入水中30mm处。置于水浴中开始加热。开始温度要低于试验熔点8～10℃，同时搅动杯中水，使水温上升的速度为0.5℃/min。

(3) 测定结果　试样在熔化前常发生软化状态，继续加热直至毛细管内的试样完全变成透明的液体为止，立即读取当时的温度，即为油脂的熔点。

五、注意事项

(1) 在对毛细管进行封闭之前，应对毛细管进行干燥。

(2) 水浴加热时升温一定要缓慢。

第九章

植物油脂化学检验

【本章主要内容】

- 植物油脂水分及挥发物的测定
- 植物油脂不溶性杂质的测定
- 植物油料含油量的测定
- 油脂酸值和酸度的测定
- 油脂过氧化值的测定
- 植物油脂碘值的测定
- 植物油脂皂化值的测定
- 动植物油脂含皂量的测定
- 油脂不皂化物的测定
- 浸出油中残留溶剂的测定

第一节 植物油脂水分及挥发物的测定

【学习要求】

▲ 通过学习和训练，了解测定油脂水分及挥发物含量的意义；

▲ 掌握油脂水分及挥发物的测定方法，并具有对结果进行处理等相关知识和技能。

油脂是不溶于水的疏水性物质，在一般情况下，油和水是互不相溶的。但是在油脂中由于含有少量的亲水性物质，如磷脂、固醇及其他杂质，能吸收水分形成胶体物质而存在于油脂中。因此，在油脂制取过程中虽经脱水处理，仍含有少量的水分。

油脂中水分含量过多时，会影响烹调品质，加热时冒沫或引起爆沸现象。油脂水分含量过多增加了酶的活性，促进了微生物的生长，使油脂储藏稳定性降低。测定油脂水分含量对评定油脂品质和指导油脂的安全储藏具有重要的意义。

油脂水分的测定通常采用加热蒸发的方法。油脂在加热的过程中除水分蒸发外，其中的微量低沸点物质也挥发逸出，因此称测定结果为水分及挥发物含量。

测定油脂水分及挥发物的方法很多，常用的有电热板法和电烘箱［(103±2)℃］法等。

一、测定原理

(1) 砂浴或电热板法　在高温短时间里，使水分及挥发物快速蒸发，而油脂本身变化甚微。

(2) 电烘箱法　用稍高于水的沸点的温度 103℃将油脂中的水分蒸去，从而测得水分及挥发物的含量。

二、试剂

干燥剂。

三、仪器和设备

(1) 电热干燥箱　可保持温度于 (103±2)℃。

(2) 干燥器　内含有有效的干燥剂。

(3) 分析天平　分度值为 0.001g、0.0001g。

(4) 玻璃容器　平底，直径约 50mm，高约 30mm。

(5) 沙浴或电热板。

(6) 碟子　陶瓷或玻璃的平底碟，直径 80～90mm，深约 30mm。

(7) 温度计　80～110℃范围内有刻度，约长 100mm，具有加固水银球并在上端具有膨胀腔。

四、操作流程

称样皿恒重 → 称样 → 烘干 → 冷却 → 称量 → 复烘至恒重 → 计算结果

五、测定方法

1. 砂浴或电热板法

(1) 试样准备　在预先干燥并与温度计一起称量的碟子中，称取试样约 20g。精确至 0.001g。

(2) 测定　将装有试样的碟子在沙浴或电热板上加热至 90℃，升温速度控制在 10℃/min 左右，边加热边用温度计搅拌。

降低加热速度观察碟子底部气泡的上升，控制温度上升至 (103±2)℃，确保不超过 105℃。继续搅拌至碟子底部无气泡放出。

为确保水分完全散尽，重复多次加热至 (103±2)℃、冷却至 90℃的步骤，将碟子和温度计置于干燥器中，冷却至室温，称量，精确至 0.001g。重复上述操作，直至连续两次结果之差不超过 2mg 为止。

(3) 测定次数　同一测试样品测定两次。

2. 电烘箱法

(1) 试样　根据试样预计的水分及挥发物含量，称取 5g 或 10g 试样 (精确至 0.001g)，置于已预先干燥至恒重并称量的玻璃容器中。

(2) 测定　将盛有试样的玻璃容器放入温度为 (103±2)℃的电热干燥箱中，加热 1h。取出，置于干燥器中，冷却至室温，称量，精确至 0.001g。重复以上加热、冷却及称量的操作步骤，每次复烘的时间为 30min，直至连续两次称量结果之差不超过 2～4mg 为止。

(3) 测定次数　同一测试样品测定两次。

六、结果计算

水分及挥发物的质量分数按式(9-1) 计算：

$$w=\frac{m_1-m_2}{m_1-m_0}\times 100\% \tag{9-1}$$

式中 w——水分及挥发物的质量分数；

m_0——碟子和温度计的质量或玻璃容器的质量，g；

m_1——加热前碟子、温度计和测试样品的质量或玻璃容器和测试样品的质量，g；

m_2——加热后碟子、温度计和测试样品的质量或玻璃容器和测试样品的质量，g。

取两次测定的算术平均值作为结果，结果精确至小数点后两位。

七、精密度

1. 重复性

在同一实验室，同一操作者，使用相同的仪器，采用相同的方法，在很短的时间间隔内，检测同一份样品，获得两个独立的测定结果。当水分及挥发物含量约为 0.3%时，这两个独立测定结果的绝对差值不大于 0.03%的情况不得超过 5%。

2. 再现性

在不同的实验室，由不同的操作者，使用不同的仪器，采用相同的测试方法，对于同一份被测样品，获得两个独立的测定结果。当水分及挥发物含量约为 0.3%时，这两个独立测定结果的绝对差值大于 0.15%的情况不得超过 5%。

八、注意事项

(1) 沙浴或电热板法　电热板上细沙要洁净，三个小烧杯加热时温度要一致（要靠近）。

(2) 电烘箱法　反复加热后，试样质量增加表明脂肪或油发生了氧化。在这种情况下，应取最小的质量读数进行计算，或采用沙浴或电热板法。

(3) 沙浴或电热板法适用于所有动植物油脂，电烘箱法仅适用于酸值小于 4 的非干燥性动植物油脂。

第二节　植物油脂不溶性杂质的测定

【学习要求】

▲ 通过学习和训练，了解测定油脂不溶性杂质的意义；

▲ 掌握油脂不溶性杂质的测定方法，并对结果进行处理。

植物油脂中的杂质是不溶于石油醚等有机溶剂的残留物。油脂中含有杂质不仅降低了油脂的品质，而且能加速油脂品质的劣变，影响油脂储藏的稳定性。通过检测油脂的杂质含量，可以对油脂的品质加以评价，也可检查在生产过程中过滤设备的工艺效能。

不溶性杂质含量是指不溶于正已烷或石油醚的物质及外来杂质的量（含量用质量分数表示）。这些杂质包括机械杂质、矿物质、糖、含氮化合物、各种树脂、钙皂、氧化脂肪酸、脂肪酸内酯和（部分）碱皂、羟基脂肪酸及其甘油酯等。

一、测定原理

利用杂质不溶于有机溶剂的性质，将油脂样品在玻璃沙芯漏斗中用石油醚进行冲洗，干燥后，玻璃砂芯漏斗质量的增加即为油脂的不溶性杂质。

二、试剂

(1) 石油醚（沸程 60～90℃）。

(2) 95%乙醇。

(3) 酸洗石棉。

(4) 脱脂棉。

(5) 定量滤纸（代替石棉用）。

三、仪器和设备

(1) 抽气泵。

(2) 抽气瓶。

(3) 安全瓶。

(4) 2 号玻璃砂芯漏斗。

(5) 胶管。

(6) 称量皿。

(7) 镊子、量筒、玻璃棒。

(8) 天平　感量为 0.0001g。

四、操作流程

准备抽气装置 → 玻璃砂芯漏斗 → 称样 → 抽滤 → 烘干 → 记录

五、测定步骤

(1) 准备抽气装置　用胶管连接抽气泵、安全瓶和抽气瓶。用水将石棉分成粗、细两部分，先用粗的，后用细的石棉铺垫玻璃砂芯漏斗（约 3mm 厚），先用水沿玻璃棒倾入漏斗中抽洗，后用少量乙醇和石油醚先后抽洗，待石油醚挥发净后，将漏斗送入 105℃电烘箱中，烘至前后两次质量差不超过 0.001g 为止。

(2) 抽滤杂质　称取混匀试样 15～20g（m）于烧杯中，加入 20～25mL 石油醚（蓖麻油用 95%乙醇），用玻璃棒搅拌使试样溶解，倾入漏斗中，用石油醚将烧杯中的杂质干净地洗入漏斗内，再用石油醚分数次抽洗杂质，洗至无油迹为止。

(3) 烘干杂质　用脱脂棉揩净漏斗外部，在 105℃温度下烘至恒重（m_1）。

六、结果计算

杂质质量分数按式(9-2) 计算：

$$w=\frac{m_1}{m}\times 100\% \tag{9-2}$$

式中　w——杂质质量分数；

m_1——杂质质量（杂质质量=试样砂芯漏斗质量−空砂芯漏斗质量），g；

m——试样质量，g。

双试验结果允许差应不超过 0.04%，求其平均数，即为测定结果。测定结果精确至小数点后两位。

七、注意事项

(1) 玻璃砂芯漏斗两次烘干所用的时间应保持一致，一般为 1h。

(2) 抽洗杂质时，石油醚的用量一般采取少量多次的原则。

(3) 取样过程中一定要注意样品的均一性，因为杂质在油中的分布可能不均匀，因此取样时应将其摇匀。

第三节　植物油料含油量的测定

【学习要求】

▲ 通过学习和训练，掌握植物油料含油量的测定原理及操作技术。

植物油料含油量是指用正己烷或石油醚作溶剂对油料进行抽提，所得提取物占原始样品或净样品的质量分数（如有需要可用干物质含油量表示）。

一、测定原理

用正己烷或石油醚作溶剂，使用适当的抽提装置，将植物油料中的正己烷或石油醚可溶物提取出来，除去溶剂，称量提取物的质量。

二、试剂

正己烷或石油醚　沸程为 40～60℃或 50～70℃，沸程低于 40℃的物质少于 5%。每 100mL 溶剂的蒸馏残留物不得超过 2mg。

三、仪器和用具

(1) 分析天平　感量为 0.001g。

(2) 碾磨机　易于清理，适合碾磨油料，能将油料碾磨成均匀的颗粒。碾磨过程中不发热，碾磨后水分、挥发物或含油量不发生明显变化。

(3) 粉碎机　能将油料粉碎成粒度小于 160μm 的细粉，但不包括壳。粉碎后壳的部分的粒度能达到 400μm。

(4) 滤纸筒和脱脂棉　无正己烷或石油醚可溶物。

(5) 抽提器　回流式抽提器、直滴式抽提器及其他抽提器。其中回流式抽提器和直滴式抽提器的抽提瓶容量为 200～250mL。为保证不同抽提器所测含油量的一致性，需通过测定已知含油量的样品来确定所选的抽提设备是否满足要求。

(6) 沸石　轻质小石粒或其他沸石：用前先在 (130±2)℃的烘箱中烘干，置干燥器中备用。

(7) 挥发滤纸筒中的有机溶剂的装置（如可产生热风的电吹风机）。

(8) 电加热装置　沙浴锅、水浴锅、加热套或电热板等。

(9) 电烘箱　控温要求 (103±2)℃，具有常压干燥和真空干燥功能。

(10) 干燥器　装有有效干燥剂，如变色硅胶或五氧化二磷。

(11) 平底金属盘　直径为 100mm，高约 40mm。

四、操作流程

预干燥(水分低于10%) → 粉碎试样 → 转移至滤纸筒 → 抽提4h → 第二次粉碎 → 抽提2h →

第三次粉碎 → 抽提2h → 103℃烘干 → 冷却 → 称重 → 反复至前后质量差小于5mg

五、测定步骤

1. 分样

按要求进行分样。如在分样前已将大的不含油杂质去除，按式(9-5) 计算含油量。根据检验要求来决定是否除去杂质。

2. 预干燥

在对样品进行油脂的抽提之前，应使样品的水分低于10%。

注：如果没有注意到这一点，可能会导致测定结果不准确。

用快速筛选法来估测试样的水分含量，如果试样水分大于10%，需将试样装入铝盒，在不高于80℃的烘箱中烘干试样，使其水分达到10%以下。烘干后的样品置于广口瓶中密闭备用。在测试样品含油量时，需按GB/T 14489.1—2008《油料 水分及挥发物含量测定》的规定，分别测定原始试样和烘后试样的水分含量。其含油量按式(9-3) 进行计算。

3. 试样制备

(1) 总则　样品磨碎后要在30min内进行抽提，尤其是游离脂肪酸较高的样品。在磨碎样品前后都应仔细清理实验磨，残留在磨子上的样品应与粉碎后的样品混合均匀。

注：以下提及的种子或仁，指的是完整的种子或仁和它们的破碎粒。

(2) 棕榈仁　在测定含油量时，需准备600g样品，将外壳作为杂质和其他杂质一并去掉后，将棕榈仁粉碎至细度不超过6mm后进行测试。如果需测毛样的含油量，因外壳难于碾磨，需分开碾磨棕榈仁和杂质，以免样品粉碎不均匀，然后分别测定棕榈仁和杂质的含油量，按式(9-4) 计算含油量。杂质的测定按GB/T 14488.2—2008《油料 杂质含量的测定》进行。

注：可用配有6mm条形筛的Christy Norris 8 Laboratory Mill Christy Norris 8 Laboratory Mill（克里斯蒂-诺里斯8号实验室磨）来粉碎棕榈仁。对壳和泥土杂质可用配有3cm直径钢珠的粉碎机粉碎10min。

(3) 椰干（椰子）　整个样品可用备有6mm条状筛的粉碎，在磨碎前样品要先冷冻。试样在粉碎过程中及粉碎后应避免吸收水分。粉碎细度约为2mm，不要超过5mm。试样混匀后要迅速测定。

(4) 大中粒油料（雾冰草籽、酪脂果、葵花籽、大豆等）　用碾磨机快速地磨碎成均匀的细颗粒状。大豆、葵花籽粒度小于1mm，花生果粒度小于3mm，其他大中粒的油料种子的粒度小于6mm。弃去最先粉碎的约1/20的样品，收集余下部分迅速混匀进行测定。

大豆可用装有 0.8mm 筛孔板的 Christy Norris 8 号实验室磨或备有 1mm 筛孔的 Ultra Centrifugal Mill（超离心磨）来粉碎。

葵花籽可用装有 1mm 筛孔的 Ultra Centrifugal Mill（UCM 超离心磨）粉碎。

花生可用装有 3mm 条形筛孔的 Christy Norris 8 号实验室磨粉碎，当样品的含油量超过 45%时，应尽可能避免样品结成糊状。

其他油料粉碎时可用 6mm 的条形筛。

注：为便于粉碎含油量高的样品，在粉碎前可将其先放到−20～−10℃条件下进行冷冻。冷冻后的试样在粉碎过程中及粉碎后应避免吸收水分。

(5) 小粒油料（亚麻籽、油菜籽等） 选取有代表性的样品大约 100g 进行粉碎，要确保每粒都被粉碎。收集磨子上残留的样品与其他粉碎样品混合，粉碎后的样品整体上应混合均匀，整个过程应防止样品水分挥发散失。

如果粉碎机粉碎样品的时间和速度是可调的，应在测定前根据粉碎机和样品的特性设定粉碎时间和速度。粉碎不应引起仁壳分离，样品不应出油并应有至少 95%（质量分数）能通过 1mm 的筛孔。

如需测定净样品的含油量，除去杂质，制备至少 30g 净样品（含破碎籽粒）。因为对于芝麻等特别小粒的样品，制备 100g 净样品可操作性差。

4. 测定

(1) 称取粉碎后的试样 10g±0.5g，精确至 0.001g。

(2) 将试样小心转移至一滤纸筒中，并用蘸有少量溶剂的脱脂棉擦拭称量所用的托盘及转移试样所用的器具，直到无试样和油迹为止。最后将脱脂棉一并移入滤纸筒内，用脱脂棉封顶，压住试样。

5. 抽提

(1) 准备抽提瓶 将装有沸石的抽提瓶置于烘箱中烘至恒重，放入干燥器中冷却后称取质量，精确至 0.001g。

(2) 抽提 以下三个抽提步骤中所规定的时间允许有±10min 的差别，如无特殊说明不需延长抽提时间。

第一步：在抽提瓶中加入适量的溶剂。将装有滤纸筒的抽提管与抽提瓶连接好，装上冷凝管，打开冷却水，将抽提烧瓶放置在电热器上加热。控制温度使溶剂回流速度至少每秒 3 滴。沸腾适度，无爆沸现象。抽提 4h 后，将滤纸筒从冷却后的抽提管中取出，用溶剂挥发装置将大部分的溶剂挥发掉。

第二步：将滤纸筒中的样品倒出来，进行第二次粉碎，粉碎 7min 后将样品转入滤纸筒中，用蘸有少量溶剂的脱脂棉擦洗磨碎机，直到无试样和油迹为止。最后将脱脂棉一并移入滤纸筒内，用脱脂棉封顶，压住试样。将滤纸筒放回抽提装置中，继续使用第一步中所用的抽提烧瓶，再抽提 2h。抽提完后取出滤纸筒，排净大部分的残留溶剂并冷却，然后对样品进行第三次粉碎。

第三步：将粉碎后的样品转入滤纸筒中，同第二步中的操作，并清洗粉碎机。使用同一抽提瓶，同第一步中的操作，再抽提 2h。

(3) 蒸发溶剂、称量 取出滤纸筒，将抽提瓶放在电加热器上蒸发并回收大部分溶剂，可往抽提瓶中通入空气或惰性气体（如氮气、二氧化碳）以辅助溶剂挥发。然后将其放入

(103±2)℃的烘箱中，常压条件下烘干 30～60min，或加入 80℃的烘箱中真空条件下烘干 30～60min。取出后置于干燥器内冷却 1h，称量，精确至 0.001g。同等条件下再烘干 20～30min，冷却后称量，两次的称量结果之差不应超过 5mg。如超过，需重新烘干、冷却后称量，直到两次的称量结果之差在 5mg 之内，记录抽提瓶的最终质量。抽提瓶增加的质量即为所测试样的含油量。

如果烘干后抽提瓶质量增加超过 5mg，则说明在干燥过程中油被氧化，应在分析过程中采取措施防止油被氧化：

▲ 含较多挥发性酸的油料，其提取物必须在常压 80℃以下烘干；

▲ 干性油或半干性油必须用减压烘干法烘干；

▲ 不含月桂酸的油，应在 80℃的烘箱中真空条件下烘干。

(4) 抽提油中杂质的测定　如果抽提得到的油中含有杂质，则将适量的溶剂加至抽提瓶中使油溶解，再用一张预先已在（103±2）℃烘箱中烘至恒重，且冷却称量的滤纸过滤，然后用石油醚反复洗涤滤纸，以完全除去滤纸上残留的油。将滤纸放在（103±2）℃烘箱中烘至恒重，取出置于干燥器中冷却称量。滤纸增加的质量即为杂质的质量。全部抽提物的质量减去杂质的质量即为油的质量。

(5) 杂质含油量的测定　杂质中含油量的测定方法与样品一致。将称取得到的 5～10g 杂质进行 4h 的抽提即可。

六、结果计算

(1) 含油量（w_0）　以测试样的质量分数表示，按式(9-3) 计算：

$$w_0=\frac{m_1}{m_0}\times 100\% \tag{9-3}$$

式中　w_0——含油量（以质量分数计）；

m_0——测试样质量，g；

m_1——干燥后提取物质量，g。

(2) 棕榈仁含油量（w_0）　按式(9-4) 计算：

先分别测定籽粒和杂质的含油量，按式(9-3) 计算。

$$w_0=w_1-(w_1-w_2)p \tag{9-4}$$

式中　w_0——棕榈仁含油量（以质量分数计）；

w_1——纯子仁含油量（以质量分数计）；

w_2——杂质中含油量（以质量分数计）；

p——杂质占总样品的质量分数。

(3) 如在测试前已除去大的非含油杂质　则根据式(9-4) 计算所得的结果，否则应按式(9-5) 计算原始样品的含油量：

$$w_0\times(1-x) \tag{9-5}$$

式中　w_0——除去大的非含油杂质后样品的含油量（以质量分数计，根据不同的油料来确定 w_0 的计算公式）；

x——大的非含油杂质的质量分数。

(4) 花生油含量（w_0）　按式(9-6) 计算：

$$w_0=w_1-(P+I_0+I_n)(w_1-w_2) \tag{9-6}$$

式中　w_0——花生油含量（以质量分数计）；

P——细杂的质量分数；

I_0——含油杂质的质量分数；

I_n——非含油杂质的质量分数；

w_1——纯子仁含油量（以质量分数计）；

w_2——杂质中含油量（以质量分数计）。

如果测试的是原始样品的含油量，则按式(9-3) 进行计算。

(5) 含油量以试样干物质的质量分数表示　按式(9-7) 计算：

$$X=w_0\times\frac{1}{1-U} \tag{9-7}$$

式中　X——试样干物质含油量；

w_0——样品的含油量；

U——样品水分及挥发物含量。

(6) 特定水分下含油量（w'）按式(9-8) 计算：

$$w'=w\times\frac{1-U'}{1-U} \tag{9-8}$$

式中　w——水分为 U 时样品的含油量；

w'——水分为 U' 时样品的含油量。

有时需要将一种水分含量下的含油量换算成另外一种水分含量下的含油量。例如经过预干燥的样品其含油量按式(9-8) 进行计算。

七、精密度

(1) 重复性　在短时间内，在同一实验室，由同一操作者使用相同的仪器，采用相同的方法，检测同一份样品，两次测定结果的绝对差值不应大于：油菜籽 0.4%，大豆 0.4%，葵花籽 0.5%。以大于这种情况不超过 5%为前提。

(2) 再现性　在不同的实验室，由不同的操作者，使用不同的仪器，采用相同的测试方法，检测同一份被测样品，测出两个独立的结果。两次测定结果的绝对差值不应大于其平均值：油菜籽 1.6%，大豆 1.1%，葵花籽 1.6%。以大于这种情况不超过 5%为前提。

第四节　油脂酸值和酸度的测定

【学习要求】

▲ 通过学习和训练，了解油脂酸值和酸度的影响因素和测定原理；

▲ 熟练掌握油脂酸值和酸度的测定方法、结果表示等知识和技能。

油脂酸值是指中和 1g 油脂中游离脂肪酸所需氢氧化钾的毫克数，用 mg/g 表示。该指标是评价油脂品质好坏的重要依据之一。

油脂的酸度是指游离脂肪酸所占油的质量分数。

一般从新收获、成熟的油料种子中制取的植物油脂，含有游离脂肪酸的质量分数约为 1%，但是当原料中含有较多的未熟粒、生芽粒、霉变粒等时，制取的植物油脂中将会有较高的酸值。此外，在油脂储藏过程中，如果水分、杂质含量高，储存温度高时，脂肪酶活性增大，会使植物油中游离脂肪酸含量增高。因此，测定油脂中酸值可以评价油脂品质的好坏，也可以判断储藏期间品质的变化情况，还可以指导油脂碱炼工艺，提供需要加碱量。

按照GB/T 5530—2005《动植物油脂 酸值和酸度测定》中的规定，酸值的测定方法有三种，即热乙醇测定法、冷凝剂测定法和电位计测定法三种。酸度测定参照GB/T 15689—2008《植物油料 油的酸度测定》。

一、植物油脂酸值的测定

（一）热乙醇测定法

1. 测定原理

试样溶解在热乙醇中，加入指示剂，用氢氧化钾或氢氧化钠水溶液滴定反应至终点，根据氢氧化钾或氢氧化钠的消耗量，来计算油脂酸值。滴定反应如下：

$$R—COOH+KOH \longrightarrow R—COOK+H_2O$$

2. 试剂

（1）乙醇　最低浓度为95％的乙醇。

（2）氢氧化钠或氢氧化钾　标准滴定溶液的浓度 c(KOH 或 NaOH)＝0.1mol/L。

（3）氢氧化钠或氢氧化钾　标准滴定溶液的浓度 c(KOH 或 NaOH)＝0.5mol/L。

（4）酚酞指示剂 10g/L　10g的酚酞溶解于1000mL的95％乙醇溶液中。

注：在测定颜色较深的样品时，每100mL酚酞指示剂溶液可加入1mL的0.1％亚甲基蓝溶液观察滴定终点。

（5）碱性蓝6B或百里酚酞（适用于深色油脂）20g/L　20g碱性蓝6B或百里酚酞溶解于1000mL的95％乙醇溶液中。

3. 仪器和设备

实验室常规仪器及以下几种。

（1）微量滴定管　10mL，最小刻度为0.02mL。

（2）分析天平　精确度参见表9-1。

表9-1　试样称样表

估计的酸值	试样量/g	试样称重的精确度/g	估计的酸值	试样量/g	试样称重的精确度/g
＜1	20	0.05	15～75	0.5	0.001
1～4	10	0.02	＞75	0.1	0.0002
4～15	2.5	0.01			

4. 测定步骤

（1）称样　根据样品的颜色和估计的酸值按表9-1所示称样，装入锥形瓶中。

（2）测定　将含有0.5mL酚酞指示剂的50mL乙醇溶液置于锥形瓶中，加热至沸腾，当乙醇的温度高于70℃时，用0.1mol/L的氢氧化钠或氢氧化钾溶液滴定至溶液变色。并保持溶液15s不褪色，即为终点。

注：当油脂颜色深时，需加入更多量的乙醇和指示剂。

将中和后的乙醇转移至装有测试样品的锥形瓶中，充分混合，煮沸。用氢氧化钠或氢氧化钾标准溶液滴定，滴定过程中要充分摇动，至溶液颜色发生变化，并且保持15s不褪色，即为滴定终点。

5. 结果计算

酸值（S）按式(9-9)计算：

$$S=\frac{56.1Vc}{m} \tag{9-9}$$

式中 V——所用氢氧化钾标准溶液的体积，mL；

c——所用氢氧化钾标准溶液的准确浓度，mol/L；

m——试样的质量，g；

56.1——氢氧化钾的摩尔质量，g/mol。

注：氢氧化钾或氢氧化钠乙醇溶液的浓度随温度而发生变化，可按式(9-10) 来校正：

$$V'=V_t\ [1-0.0011(t-t_0)] \tag{9-10}$$

式中 V'——校正后氢氧化钠或氢氧化钾标准溶液的体积，mL；

V_t——在温度 t 时测得的氢氧化钾或氢氧化钠标准溶液的体积，mL；

t——测量时的温度，℃；

t_0——标定氢氧化钠或氢氧化钾标准溶液的温度，℃。

（二）冷凝剂法（适用于浅色油脂）

1. 测定原理

试样溶解于混合溶剂中，用氢氧化钾乙醇溶液滴定。

2. 试剂

(1) 乙醚和浓度为95%乙醇　1+1体积混合；临使用前，每100mL混合溶剂中加入0.3mL酚酞溶液，用氢氧化钾乙醇溶液准确中和。

(2) 如果不可能使用乙醚，可用下列混合溶剂：

① 甲苯和浓度为95%的乙醇　1+1体积混合。

② 甲苯和浓度为95%的异丙醇　1+1体积混合。

③ 测定原油和精炼植物油脂时，可用浓度为99%的异丙醇替代混合溶剂。

(3) 氢氧化钾乙醇标准溶液　c(KOH)=0.1mol/L（溶液A）或 c(KOH)=0.5mol/L（溶液B）。可以用氢氧化钾或氢氧化钠水溶液代替氢氧化钾或氢氧化钠的乙醇溶液，但加入水溶液的量不得造成滴定两相分离。

① 溶液A　称取氢氧化钾7g，溶解于1000mL的乙醇溶液中。

② 溶液B　称取氢氧化钾35g，溶解于1000mL的乙醇溶液中。

注意：可以用异丙醇代替乙醇。

临使用前按下述方法标定溶液的浓度：

① 标定溶液A　称取含量大于99.9%的苯甲酸0.15g，精确至0.0002g。装入150mL的锥形瓶中，用50mL的4-甲基-2-戊酮溶解。

② 标定溶液B　称取含量大于99.9%的苯甲酸0.75g，精确至0.0002g。装入150mL的锥形瓶中，用50mL的4-甲基-2-戊酮溶解。

标定溶液 A 或溶液 B 都需要插入 pH 计，启动搅拌器，用氢氧化钾溶液滴定至等当点。

氢氧化钾溶液浓度 c 用摩尔每升表示，按式(9-11) 计算：

$$c=\frac{1000m_0}{122.1V_0} \tag{9-11}$$

式中 c——KOH 溶液的浓度，mol/L；

m_0——所用苯甲酸的质量，g；

V_0——滴定所用氢氧化钾溶液的体积，mL。

122.1——2mol KOH 的质量，g/mol。

至少应在使用前 5d 配制溶液，保存在带橡胶塞的棕色瓶中，橡胶塞需配有温度计，用来校正温度。溶液应为无色或浅黄色。如果瓶子与滴定管连接，应有防止二氧化碳进入的措施。例如，在瓶塞上连接一个充满碱石灰的管子。

(4) 稳定、无色的氢氧化钾溶液的配制　1000mL 乙醇与 8g 氢氧化钾和 0.5g 铝片，煮沸回流 1h 后立即进行蒸馏，在馏出液中溶解需要量的氢氧化钾，静置几天后，慢慢倒出上层清液，弃去碳酸钾沉淀。

也可用非蒸馏法制备溶液：添加 4mL 丁酸铝至 1000mL 乙醇中，静置几天后，慢慢倒出上层清液并溶入所需的氢氧化钾。配好的溶液需进行标定。

(5) 酚酞指示剂。

(6) 碱性蓝 6B 或百里酚酞。

3. 仪器和设备

实验室常规仪器及微量滴定管（10mL，最小刻度为 0.02mL)。

4. 测定步骤

(1) 称样　根据样品的颜色和估计的酸值按表 9-1 称样，装入 250mL 的锥形瓶中。

(2) 测定　将样品溶解在 50～150mL 预先中和过的混合溶剂中。用氢氧化钾溶液边摇动边滴定，直到指示剂显色所描述的终点。

(3) 酸值<1 时，溶液中需缓缓通入氮气流　滴定所需 0.1mol/L 氢氧化钾溶液体积超过 10mL 时，改用 0.5mol/L 氢氧化钾溶液（溶液 B)。

滴定中溶液发生浑浊可补加适量混合溶剂至澄清。

5. 结果计算

同热乙醇测定法。

（三）电位计法

1. 测定原理

在无水介质中，以氢氧化钾异丙醇溶液，采用电位滴定法滴定试样中的游离脂肪酸。

2. 试剂

(1) 4-甲基-2-戊酮　临使用前用氢氧化钾异丙醇溶液中和，用 pH 计测定。

(2) 氢氧化钾标准溶液 C　0.1mol/L 的氢氧化钾异丙醇溶液，制备方法见制备溶液 A 的方法。

(3) 氢氧化钾标准溶液 D　0.5mol/L 的氢氧化钾异丙醇溶液，制备方法见制备溶液 B 的方法。

3. 仪器和设备

实验室常规仪器及下列仪器：

(1) pH 计　备有玻璃电极和甘汞电极；饱和氯化钾溶液和实验溶液之间用厚度至少 3mm

的烧结玻璃或瓷质圆盘保持接触。

注：1. 滴定前将玻璃电极浸在甲基异丁基酮中 12h。使用前用滤纸轻轻擦干，测定后立即用甲基异丁基酮、异丙醇、蒸馏水依次冲洗。

2. 如果电极效应欠佳，用 1mol/L 的盐酸异丙醇溶液浸泡 14h，使电极复苏，浸泡过的电极应该用蒸馏水、异丙醇、甲基异丁基酮依次冲洗。

3. 在饱和氯化钾溶液和实验溶液之间用一粗烧结玻璃或瓷质圆盘保持接触，以防止扩散电流和附加电压的产生。

(2) 磁力搅拌器。

(3) 分析天平　精确度参见表 9-2。

4. 测定步骤

(1) 称样　称取 5～10g 样品，精确至 0.01g，装入 150mL 的烧杯中。

(2) 测定

① 用 50mL 的 4-甲基-2-戊酮溶解样品。插入 pH 计电极，启动磁力搅拌器，用氢氧化钾溶液滴定至等当点。

② 棉酚高的毛棉籽油不能测出其转折点，在此情况下，可任意选取油酸被氢氧化钾中和时等当点相应的 pH 值作为转折点。所用溶液应与滴定时所用溶剂相同。

将约 0.282g 油酸溶于 50mL 的 4-甲基-2-戊酮中，绘制用氢氧化钾溶液中和油酸的曲线。从曲线上读出转折点的 pH 值（理论上相应于加入 0.1mol/L 的氢氧化钾溶液 10mL）。将此数据应用到棉籽油中和曲线上，以便推算中和棉籽油所需氢氧化钾溶液的量。

5. 结果计算

同热乙醇测定法。

（四）精密度

(1) 重复性　在很短的时间间隔内，在同一实验室，由同一操作者，使用相同仪器，采用相同方法，检测同一份样品，测出两个独立的结果。当酸度小于或等于 3%时，两次测试结果的绝对差值不应大于其平均值的 3%；当酸度大于 3%时，两次测试结果的绝对值不应大于其平均值的 1%。

(2) 再现性　在不同的实验室，由不同的操作者，使用不同的仪器，采用相同的方法，检测同一份样品，测出两个独立的结果。当酸度小于或等于 3%时，两次测试结果的绝对差值不应大于其平均值的 15%；当酸度大于 3%时，两次测试结果的绝对值不应大于其平均值的 5%。

（五）注意事项

(1) 热乙醇测定法为基准法，适用于所有油脂，冷凝剂法仅适用于浅色油脂，电位计法适用于所有油脂。

(2) 酸值<1 时需缓缓通入氮气流，防止空气氧化油脂。若不通入氮气流，则测定结果偏高。

(3) 在保证测定精密度的情况下，试样的量和滴定液的浓度应使滴定液的用量不超过 10mL。如果滴定所需氢氧化钾溶液（$c=0.1$mol/L）体积超过 10mL 时，可用浓度为 0.5mol/L 的氢氧化钾溶液。

(4) 测定深色油的酸值，可减少试样用量，或适当增加混合溶剂的用量，以碱性蓝 6B 或百里酚酞为指示剂，终点变色明显。

(5) 对于深色油滴定，为便于观察终点，还可以改变指示剂，改用碱性蓝 6B 或麝香草酚酞（20g/L，20g 碱性蓝 6B 或麝香草酚酞溶解于 1L 的 95％乙醇溶液中）。碱性蓝 6B 指示剂的变色范围为 pH9.4～14，酸性呈蓝色，中性显紫色，碱性显淡红色；麝香草酚酞变色范围为 pH9.3～10.5，从无色到蓝色即为终点。

(6) 若样品含有易挥发脂肪酸，则不得加热或过滤。

(7) 氢氧化钾标准滴定溶液应提前 5 天配制，移清液于棕色玻璃瓶中储存，用橡皮塞塞紧，溶液应为无色或淡黄色。氢氧化钾或氢氧化钠标准溶液的配制和标定，也可按照国家标准 GB/T 601—2002《化学试剂　标准滴定溶液的制备》执行。

(8) 滴定前将玻璃电极浸在甲基异丁基酮中 2h。使用前用滤纸轻轻擦干，测定后立即用甲基异丁基、异丙酮、蒸馏水依次冲洗；如果电极效应欠佳，用 1mol/L 的盐酸异丙醇溶液浸泡 14h，使电极复苏，浸泡过的电极应该用蒸馏水、异丙酮、甲基异丁基酮依次冲洗；在饱和氯化钾溶液和实验溶液之间用粗烧结玻璃或瓷质圆盘保持接触，以防止扩散电流和附加电压的产生。

(9) 等当点通常近似地对应于某个 pH 值，可用图解法观察中和曲线的转折点来确定；也可用 pH 变化值（加入的氢氧化钾异丙醇溶液函数关系的一级微分求极大值，或二级微分等于零）计算化学计量点。

(10) 如果结果仅以“酸度”表示，没有进一步说明，通常为油酸；当样品含有矿物酸时，通常按脂肪酸测定。

(11) 氢氧化钾或氢氧化钠乙醇溶液的浓度，随温度而发生变化，按式(9-10) 校正。

(12) 滴定中溶液发生浑浊可补加适量混合溶剂至澄清。

二、酸度的测定

1. 测定原理

将油籽含油量测定时提取的油溶解在乙醚和乙醇的混合溶剂中，然后用氢氧化钾标准溶液滴定存在于油中的游离脂肪酸，并计算游离脂肪酸含量，以酸度或酸值表示。

2. 试剂

(1) 乙醚与 95％乙醇混合溶剂　按体积比 1∶1 混合　使用前每 100mL 混合溶剂中，加入 0.3mL 酚酞指示剂用 KOH 标准溶液准确中和。

注： 甲苯可代替乙醚；必要时异丙烷可代替乙醇。

警告： 乙醚高度易燃并能生成爆炸性过氧化物，使用时必须特别谨慎。

(2) KOH 标准溶液　[在 95％(体积分数)乙醇中] c(KOH)＝0.1mol/L(溶液 A)或必要时 c(KOH)＝0.5mol/L(溶液 B)。配制及标定方法同(二)冷凝剂法。

(3) 酚酞指示剂溶液　10g/L 的 95％乙醇溶液，或碱性蓝 6B 指示剂溶液（适用于深色油）：20g/L 的 95％乙醇溶液。

3. 仪器和设备

一般实验室仪器及以下仪器：

(1) 抽提油所需设备。

(2) 滴定管　10mL，最小刻度为 0.05mL。

(3) 分析天平　精确度为 0.0001g。

4. 操作步骤

(1) 试样　由 GB/T 14488.1—2008《植物油料　含油量测定》方法所得全部抽提物即为试样，称准至 0.0001g，称量后立即进行测定。

(2) 测定　将试样加入 50～150mL 预先中和过的乙醚-乙醇混合溶剂溶解，然后用 KOH 标准溶液边滴定边摇动，直到指示剂变色（酚酞变为红色或碱性蓝 6B 变为红色，最少维持 10s 不褪色）。

注：1. 如果滴定所需 0.1mol/L KOH 标准溶液体积超过 10mL 时，可用浓度为 0.5mol/L 的 KOH 标准溶液。

2. 如果滴定中溶液变浑浊可加适量乙醚-乙醇混合溶剂至形成清液。

5. 结果计算

(1) 试样的酸度测定　用酸值（S）表示时，按式(9-9) 计算。

(2) 试样的酸度测定　用酸度（S'）表示时，按式(9-12) 计算：

$$S'=\frac{VcM}{10m} \tag{9-12}$$

式中　S'——试样的酸度，%；

M——表示结果选用的酸的摩尔质量（见表 9-2），g/mol；

V——所用 KOH 标准溶液的体积，mL；

c——所用 KOH 标准溶液的准确浓度，mol/L；

m——试样的质量，g。

表 9-2　不同种类油脂的酸度表示方法

油脂的种类	表示的脂肪酸	摩尔质量/(g/mol)
椰子油、棕榈仁油和月桂酸含量高的油类	月桂酸	200
其他油类	油酸	282

注：当结果写的是“油酸”而又无详细说明时，则这个“酸度”通常是用油酸来表示。

(3) 单独分析纯种子或杂质中的油　测定杂质中油的酸度时，可用 10g 杂质提取油。试样中油的酸值及酸度可由式(9-13) 和式(9-14) 计算：

① 试样中油的酸值：

$$X_1=\frac{a_1 w_{x1} w_{h1}+a_2 w_{x2} w_{h2}}{w_{x1} w_{h1}+w_{x2} w_{h2}} \tag{9-13}$$

② 试样中油的酸度，以%表示：

$$X_2=\frac{w_{p1} w_{x1} w_{h1}+w_{p2} w_{x2} w_{h2}}{w_{x1} w_{h1}+w_{x2} w_{h2}} \tag{9-14}$$

式中　X_1——试样的酸值，mg/g；

X_2——试样的酸度，%；

a_1——纯种子中油的酸值，mg/g；

a_2——杂质中油的酸值，mg/g；

w_{h1}——纯种子中油的质量分数，%；

w_{h2}——杂质中油的质量分数，%；

w_{p1}——纯种子中油的酸度，%；

w_{p2}——杂质中油的酸度，%；

w_{x1}——纯种子占样品的质量分数，%；

w_{x2}——杂质占样品的质量分数，%。

对于花生果：

w_{h2}——所有细杂（细杂来自于种子和外来物）以及其他杂质中油的质量分数，%；

w_{x1}——纯种子（不包括粗粉）占样品的质量分数，%；

w_{x2}——所有细杂和其他杂质占样品的质量分数，%。

酸值结果允许差：两次同时测定的结果允许差应不超过 0.4mg/g，以其算术平均作为测定结果，测定结果保留一位小数。

酸度结果允许差：两次同时测定的结果允许差应不超过 0.2mg/g，以其算术平均作为测定结果，测定结果保留一位小数。

第五节　油脂过氧化值的测定

【学习要求】

- 通过学习和训练，了解油脂过氧化值的测定原理；
- 熟悉油脂过氧化值测定中各种试剂的配制；
- 掌握测定步骤和结果计算的基本技能，了解油脂过氧化值测定中应注意的事项。

油脂在储存运输过程中，受光、热、空气中的氧以及油脂中的水分和酶的作用，常会发生各种复杂的化学变化而引起油脂性质的变化，这就是我们通常所说的“酸败”。油脂酸败过程中的中间产物——过氧化物是油脂与空气中的氧发生氧化作用产生的，它具有高度的活性，能继续分解生成具有挥发性的醛类、酮类和低分子的脂肪酸等，使油脂具有一种特殊的臭气和异味，俗称“哈喇味”，降低了油脂的品质。由于过氧化物是油脂酸败的中间产物，所以通过测定过氧化值，可作为评定油脂是否酸败或酸败程度的参考指标。油脂中过氧化值偏高时，说明油脂品质发生了严重变化，所产生的醛类、酮类和低分子的脂肪酸对人体的健康会产生不利影响。为了保障油脂的质量和食用安全，在国家食用植物油标准中，油脂过氧化值强制性的限量指标当然是必不可少的。新鲜的油脂其过氧化值小于 1.2mmol/kg；过氧化值在 1.2～2.4mmol/kg 之间时，感官检验不觉异常；过氧化值高于 4mmol/kg 时，会出现不愉快的辛辣味；如果过氧化值超过 6mmol/kg 时，人们食用了这种油脂后可引起呕吐、腹泻等中毒症状。因此，油脂过氧化值的测定是油脂酸败定性和定量检验的参考，是鉴定油脂品质的重要依据。

所谓过氧化值是指 1kg 油脂中过氧化物的物质的量（mmol）。对其检测的依据是国家标准 GB/T 5538—2005《动植物油脂　过氧化值测定》。

一、测定原理

油脂在氧化酸败过程中产生的氢过氧化物及过氧化物很不稳定，氧化能力较强，能氧化碘化钾成为游离碘，用硫代硫酸钠标准溶液滴定，根据吸出的碘量计算过氧化值。其结果以每千克油脂中活性氧的物质的量（mmol/kg）来表示，也有用碘占油脂样品的质量分数（以%计）来表示。其反应为：

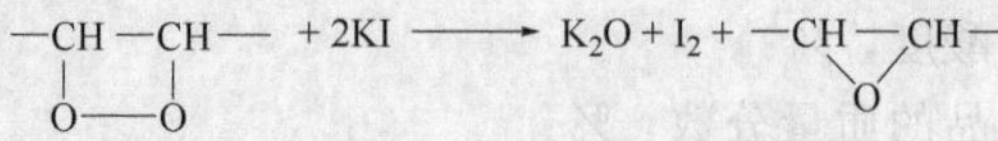

$$I_2 + 2Na_2S_2O_3 \longrightarrow Na_2S_4O_6 + 2NaI$$

二、试剂

(1) 冰乙酸　用纯净、干燥的惰性气体（二氧化碳或氮气）气流除氧。

(2) 异辛烷　用纯净、干燥的惰性气体（二氧化碳或氮气）气流除氧。

(3) 乙酸与异辛烷混合液（体积比 60∶40）　将 3 份冰乙酸与 2 份异辛烷混合。

(4) 碘化钾饱和溶液　新配制且不得含有游离碘和碘酸盐。称取 14g 碘化钾，加 10mL 水溶解，必要时微热使其溶解，冷却后储存于棕色瓶中。为了确保溶液中有结晶存在，应存放于避光处。如果在 30mL 乙酸-异辛烷溶液中添加 0.5mL 碘化钾饱和溶液和 2 滴淀粉溶液，出现蓝色，需用硫代硫酸钠溶液 1 滴以上才能消除，则重新配制此溶液。

(5) 硫代硫酸钠溶液　$c(Na_2S_2O_3)=0.1mol/L$，临使用前标定。将 24.9g 五水硫代硫酸钠溶解于蒸馏水中，稀释至 1000mL。

(6) 硫代硫酸钠标准溶液　$c(Na_2S_2O_3)=0.01mol/L$，取 0.1mol/L 硫代硫酸钠溶液稀释而成，临使用前标定。

(7) 5g/L 淀粉指示剂　称取 1g 可溶性淀粉，用少量水混合后，在搅拌的情况下，倒入 200mL 沸水中，添加 250mg 水杨酸作为防腐剂并煮沸 3min，立即从热源上取下并冷却。此溶液在 4～10℃的冰箱中可储藏 2～3 周，当滴定终点从蓝色到无色不明显时，需重新配制。

灵敏度检验方法：将 5mL 淀粉溶液加入 100mL 水中，添加 0.05%碘化钾溶液和 1 滴 0.05%次氯酸钠溶液，当滴入硫代硫酸钠溶液 0.05mL 以上时，蓝色消失，即表示灵敏度不够。

三、仪器和用具

(1) 分析天平　感量为 0.1mg。

(2) 碘量瓶　250mL（或 500mL）。

(3) 半微量滴定管　5mL。

(4) 量筒　50mL、100mL。

(5) 移液管　10mL。

(6) 容量瓶　500mL。

(7) 滴定管　10mL 最小刻度 0.05mL。

(8) 滴瓶、洗瓶、烧杯等。

四、操作流程

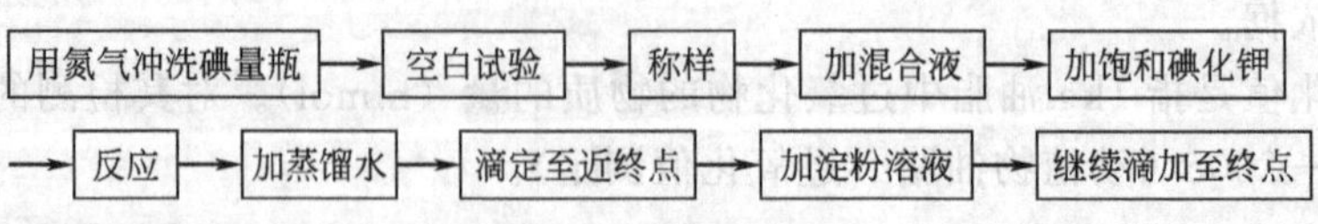

五、测定步骤

(1) 称样　用纯净干燥的二氧化碳或氮气冲洗碘量瓶，根据不同样品的过氧化值的范围称取一定的样品（按表 9-3 称样），装入碘量瓶中。

表 9-3　取样量和称量的精确度

估计的过氧化值/(mmol/kg)	样品量/g	称量的精确度/g
0～6(0～12)	5.0～2.0	±0.01
6～10(12～20)	2.0～1.2	±0.01
10～15(20～30)	1.2～0.8	±0.01
15～25(30～50)	0.8～0.5	±0.01
25～45(50～90)	0.5～0.3	±0.01

(2) 反应　将 50mL 异辛烷-冰乙酸混合液加入碘量瓶中，盖上塞子至样品溶解。加入 0.5mL 饱和碘化钾溶液，盖上塞子使其反应，时间为 1min±1s，在此期间摇动碘量瓶至少 3 次，然后立即加入 30mL 蒸馏水。

(3) 滴定　用硫代硫酸钠标准溶液（0.01mol/L）滴定上述溶液。逐渐地、不间断地添加滴定液，同时伴随有力的搅动，直到黄色几乎消失。添加约 0.5mL 淀粉溶液，继续滴定，临近终点时，不断摇动使所有的碘从溶剂层释放出来，逐滴添加滴定液，至蓝色消失，即为终点。

当油样溶解性较差时（如加硬脂或动物脂肪），在碘量瓶中加入 20mL 异辛烷，摇动使样品溶解，加 30mL 冰乙酸，再按步骤进行反应、滴定。

(4) 空白实验　测定须进行空白试验，当空白试验消耗 0.01mol/L 硫代硫酸钠溶液超过 0.1mL 时，应更换试剂，重新对样品进行测定。

六、计算结果

(1) 硫代硫酸钠溶液浓度按式(9-15) 计算：

$$c=\frac{m}{(V_1-V_2)\times 0.04903} \tag{9-15}$$

式中　c——硫代硫酸钠溶液浓度，mol/L；

m——重铬酸钾的质量，g；

V_1——硫代硫酸钠消耗的体积，mL；

V_2——空白滴定消耗硫代硫酸钠的体积，mL；

0.04903——与 1mL 硫代硫酸钠标准滴定溶液 c（$Na_2S_2O_3 \cdot 5H_2O$=1mol/L）相当重铬酸钾质量，g。

(2) 过氧化值以每千克中活性氧的质量（mg）表示，按式(9-16) 计算：

$$p=\frac{1000\times(V-V_0)\times c}{m} \tag{9-16}$$

式中　p——过氧化值，mg/kg；

V——试样中用去的硫代硫酸钠溶液体积，mL；

V_0——空白试验消耗硫代硫酸钠标准滴定溶液体积，mL；

c——硫代硫酸钠溶液的浓度，mol/L；

m——试样质量，g。

过氧化值以 mmol/kg 表示，按式(9-17) 计算：

$$P_v=\frac{1000\times(V-V_0)\times c}{2m} \tag{9-17}$$

式中　P_v——过氧化值（每千克中活性氧的物质的量），mmol/kg；

V——试样中用去的硫代硫酸钠溶液的体积，mL；

V_0——空白试验消耗硫代硫酸钠标准滴定溶液的体积，mL；

c——硫代硫酸钠溶液的浓度，mol/L；

m——试样质量，g。

七、精密度

(1) 重复性　在很短的时间间隔内，在同一实验室，由同一操作者，使用相同的仪器，采用相同方法检测同一份样品，测出两个独立的结果。当过氧化值小于或等于 5mmol/kg 时，两次测试结果的绝对差值大于其平均值的 10%的事例不得超过 5%。

(2) 再现性　在不同的实验室，由不同的操作者，使用不同的仪器，采用相同的方法，检测同一份样品，测出两个独立的结果。当过氧化值小于或等于 5mmol/kg 时，两次测试结果的绝对差值大于其平均值的 15%的事例不得超过 5%。

八、注意事项

(1) 盛装异辛烷-冰乙酸溶液的细口瓶，250mL 的碘量瓶，量取 30mL 异辛烷-冰乙酸溶液的量筒和 1mL 移液管都要烘干去水。

(2) 异辛烷漂浮在水相的表面，溶剂和滴定液需要充分的时间混合，当过氧化值≥35mmol/kg 时，用淀粉溶液指示终点，会滞后 15～30s。为充分释放碘，可加入少量的（浓度为 0.5%～1.0%）高效 HLB 乳化剂（如吐温-60）以缓解反应液的分层和减少碘释放的滞后时间。

(3) 当油样溶解性较差时，按下述步骤操作：在碘量瓶中加入 20mL 异辛烷，摇动使样品溶解，加 30mL 冰乙酸，再按测定操作步骤中的（2）开始操作。

(4) 光线会促进空气对试剂的氧化，因此实验应在漫射日光或人造光下进行。

(5) 本方法因称样量、放置时间、是否避光、溶剂、温度等的改变，结果会有所不同，因此，操作条件应一致。

(6) 所有试剂和水不得含有溶解氧。

(7) 碘化钾溶液应澄清无色，进行空白试验时，当加入淀粉溶液后，若呈蓝色，应考虑试剂是否符合要求。

(8) 应用纯净干燥的二氧化碳或氮气冲洗碘量瓶，尽可能减少空气的氧化作用。

(9) 制备 $Na_2S_2O_3$ 标准溶液所用的水必须经过新煮沸，用以除去二氧化碳和微生物的作用。日光能促使 $Na_2S_2O_3$ 溶液分解，因此 $Na_2S_2O_3$ 溶液应放在棕色瓶中保存。配成的 $Na_2S_2O_3$ 标准溶液其浓度随放置时间的延长而稍有改变，在最初 10～14d 中，浓度常有增加（由于 $Na_2S_2O_3$ 的生成），以后浓度会慢慢地减小。长期保存的 $Na_2S_2O_3$ 标准溶液，应每隔一个时期重新加以标定。

第六节　植物油脂碘值的测定

【学习要求】

▲ 通过学习和训练，了解油脂碘值的测定原理及要求；

▲ 掌握油脂碘值测定的操作步骤、操作方法等知识和技能。

植物油脂中含有不饱和脂肪酸与饱和脂肪酸，其中不饱和脂肪酸无论在游离状态或以甘油酯存在时，都能在双键处与卤素起加成反应。由于组成每种油脂的各种脂肪酸的含量都有一定的范围，因此，油脂吸收卤素的能力就成为它的特殊常数之一。油脂吸收卤素的程度常以碘值（又称碘价）来表示。

碘值是指在规定条件下与100g油脂发生加成反应所需碘的质量，其单位为g/100g。

碘值的大小在一定范围内反映了油脂的不饱和程度。不饱和程度大者，碘值大；反之则小。因此，根据油脂碘值，可以判定油脂的干性程度。例如，碘值大于130g/100g的油脂属于干性油类，可用作油漆；小于100g/100g的油脂属于不干性油类；碘值在100～130g/100g之间的油脂则为半干性油类，多数为食用油。

各种油脂的碘值大小和变化范围是一定的。例如，大豆油碘值为123～142g/100g，菜籽油碘值为94～120g/100g，花生油碘值为80～106g/100g，棉籽油碘值为99～115g/100g，葵花籽油碘值为110～143g/100g，米糠油碘值为92～115g/100g，蓖麻籽油碘值为80～88g/100g；玉米胚芽油碘值为109～133g/100g。因此，测定油脂的碘值，还有助于了解它们的组成是否正常，有无掺杂等。

在油脂氢化过程中，根据碘值的大小可以计算氢化油脂所需要的氢量及检查油脂的氢化程度。测定油脂碘值对油脂的选择氢化，改善油脂的储藏稳定性和提高食用品质等方面均有重要意义。

碘值的测定方法有很多，其原理多数基本相同：把试样溶入惰性溶剂，加入过量的卤素标准溶液，与卤素起加成反应，但不使卤素取代脂肪酸中的氢原子。再加入碘化钾与未起反应的卤素作用，用硫代硫酸钠滴定放出的碘。卤素加成作用的速度和程度与采用何种卤素及反应条件有很大的关系。氯和溴加成得很快，同时还要发生取代作用，碘的反应进行得非常缓慢，但卤素的化合物，例如氯化碘（ICl）、溴化碘（IBr）、次碘酸（HIO）等，在一定的反应条件下，能迅速地定量饱和双键，而不发生取代反应。因此，在测定碘值时，通常不用游离的卤素，而是用卤素的化合物作为试剂。

在一般油脂的检验工作中，常用氯化碘-乙醇溶液法、氯化碘-乙酸溶液法和溴化碘-乙酸溶液法来测定碘值。本节介绍氯化碘-乙酸溶液法（韦氏法）。该法的优点是：试剂配好后可以立即使用，浓度的改变很小，而且反应速度快，操作所花时间短，结果较为准确，能符合一般的要求，但所得结果要比理论值略高（1%～2%）。

一、测定原理

在碘的冰乙酸溶液中通入新制的干燥氯气，则生成氯化碘的冰乙酸溶液（韦氏碘液）：

$$I_2 + Cl_2 \xrightarrow{\text{冰乙酸}} 2ICl$$

过量的氯化碘的冰乙酸溶液（韦氏碘液）与油脂中的不饱和脂肪酸起加成反应，生成卤素衍生物：

$$R-CH=CH-COOH + ICl = R-\underset{\displaystyle I}{\underset{|}{CH}}-\underset{\displaystyle Cl}{\underset{|}{CH}}-COOH$$

再加入过量的碘化钾与剩余的氯化碘作用，以析出碘：

$$KI + ICl = KCl + I_2$$

析出的碘用硫代硫酸钠标准溶液进行滴定：

$$I_2 + 2Na_2S_2O_3 = Na_2S_4O_6 + 2NaI$$

同时做空白试验进行对照，利用空白与试样消耗硫代硫酸钠标准溶液之差，可算出加成碘的数量。

二、试剂

(1) 0.1mol/L 硫代硫酸钠标准溶液　标准溶液的配制和标定可按 GB/T 601—2002《化学试剂　标准滴定溶液的制备》进行，标定后 7d 内使用。

(2) 100g/L 碘化钾溶液　不含碘酸盐或游离碘。

(3) 5g/L 淀粉溶液　将 5g 可溶性淀粉在 30mL 水中混合，加入 1000mL 沸水，并煮沸 3min，然后冷却。

(4) 环已烷和冰乙酸等体积混合（溶剂）。

(5) 韦氏试剂　含一氯化碘的乙酸溶液。韦氏试剂中 I/Cl 之比应控制在 1.10±0.1 的范围内。

含一氯化碘的乙酸溶液配制方法可按一氯化碘 25g 溶于 1500mL 冰乙酸中。韦氏试剂稳定性差，为使测定结果准确，应作空白样品对照测定。

配制韦氏试剂的冰乙酸应符合质量要求，且不得含有还原物质。

鉴定是否含有还原物质的方法：取冰乙酸 2mL，加 10mL 蒸馏水稀释，加入 1mol/L 高锰酸钾 0.1mL，所呈现的颜色应在 2h 内保持不变。如果红色褪去，说明有还原性物质存在。

可用如下方法精制：取冰乙酸 800mL 放入圆底烧瓶内，加入 8～10g 高锰酸钾，接上回流冷凝器，加热回流约 1h，移入蒸馏瓶中进行蒸馏，收集 118～119℃间的馏出物。也可采用市售韦氏试剂。

三、仪器和用具

(1) 分析天平　分度值为 0.001mg。

(2) 玻璃称量皿　30mL、50mL，与试样量配套并可置入锥形瓶中。

(3) 碘量瓶（锥形瓶）　500mL、具塞并完全干燥。

(4) 滴定管　50mL。

(5) 移液管　20mL、25mL。

(6) 大肚吸管　25mL。

(7) 其他容量瓶、洗气瓶、烧杯、平底烧瓶、试剂瓶、分液漏斗。

四、操作流程

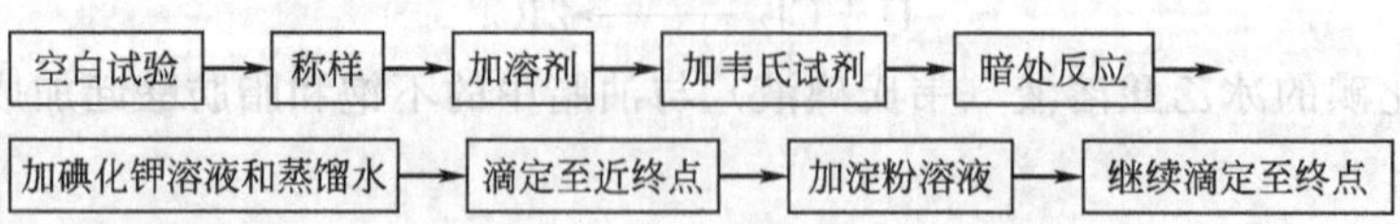

五、测定步骤

(1) 称样及空白样品的制备　根据样品预估的碘值，称取适量的样品于玻璃称量皿中，精确到 0.001g。推荐的称样量见表 9-4。

(2) 测定　将盛有试样的称量皿放入 500mL 的锥形瓶中，根据称样量加入表 9-4 所示与之相对应的溶剂体积溶解试样，用移液管准确加入 25mL 韦氏试剂，盖好塞子，摇匀后将锥形瓶放置于暗处。

同样用溶剂和试剂制备空白溶液。

对碘值低于150g/100g的样品，锥形瓶应在暗处放置1h；碘值高于150g/100g、已经聚合的、含有共轭脂肪酸的、含有任何一种酮类脂肪酸的，以及氧化到相当程度的样品，应置于暗处2h。

到达规定的反应时间后，加20mL碘化钾溶液和150mL水。用标定过的硫代硫酸钠标准溶液滴定至碘的黄色接近消失。加几滴淀粉溶液继续滴定，一边滴定一边用力摇动锥形瓶，直到蓝色刚好消失。也可采用电位滴定法确定终点。

同时做空白溶液的测定。

表 9-4　试样称取质量

预估碘值/(g/100g)	试样质量/g	溶剂体积/mL
<1.5	15.00	25
1.5～2.5	10.00	25
2.5～5	3.00	20
5～20	1.00	20
20～50	0.40	20
50～100	0.20	20
100～150	0.13	20
150～200	0.10	20

注：试样的质量必须能保证所加入的韦氏试剂过量50%～60%，即吸收量的100%～150%。

六、结果计算

(1) 硫代硫酸钠溶液浓度　按式(9-18)计算：

$$c=\frac{m}{(V_1-V_2)\times 0.04903} \tag{9-18}$$

式中　c——硫代硫酸钠溶液的浓度，mol/L；

m——重铬酸钾的质量，g；

V_1——硫代硫酸钠消耗的体积，mL；

V_2——空白滴定消耗硫代硫酸钠的体积，mL；

0.04903——与1mL硫代硫酸钠标准滴定溶液 c（$Na_2S_2O_3 \cdot 5H_2O$=1mol/L）相当的重铬酸钾的质量，g。

(2) 油脂碘值　按式(9-19)计算：

$$W_1=\frac{(V_1-V_2)\times c\times 12.69}{m} \tag{9-19}$$

式中　W_1——试样的碘值，用每100g样品吸收碘的质量表示，g/100g；

V_1——空白溶液消耗硫代硫酸钠标准溶液的体积，mL；

V_2——样品溶液消耗硫代硫酸钠标准溶液的体积，mL；

c——硫代硫酸钠溶液的浓度，mol/L；

m——试样质量，g；

12.69——$\frac{1}{2}I_2$ 的摩尔质量，g/mol。

双试验结果允许差不超过0.5碘值单位，求其平均数，即为测定结果。结果保留小数点后一位。

测定结果的取值要求方法见表 9-5。

表 9-5 测定结果的取值要求

W_1/(g/100g)	结果取值到/(g/100g)
<20	0.1
20～60	0.5
>60	1

七、注意事项

(1) 韦氏碘液试剂由大肚吸管中流下的时间，各次试验应取得一致；试剂与油样接触的时间应注意维持恒定，否则易产生误差。

(2) 光和水分对氯化碘起作用，因此，所用仪器必须干净、干燥。试样最好事先过滤，以除去水分。配好的试剂必须用深色玻璃瓶盛装。

(3) 制备韦氏碘液通入氯气时，应在通风橱中进行，并采取防护设施，以防止操作人员中毒。

第七节 植物油脂皂化值的测定

【学习要求】

▲ 通过学习和训练，了解油脂皂化的有关知识和测定原理；

▲ 掌握油脂皂化值测定的操作步骤、操作方法、结果计算等知识和技能。

皂化值是指在规定条件下皂化 1g 油脂所需的氢氧化钾的质量（mg）。油脂中可皂化的物质一般包含游离脂肪酸及脂肪酸甘油酯等。

皂化值的大小主要取决于该油脂中所含脂肪酸的相对分子质量。脂肪酸相对分子质量越大，则皂化值越小；反之则越大。此外，皂化值也与油脂中的不皂化物含量、游离脂肪酸、单脂酰甘油、二脂酰甘油以及其他酯类的存在有关。油脂内含有不皂化物，将使油脂皂化值降低；而含有游离脂肪酸将使皂化值增高。

皂化值是油脂的理化常数之一。一般情况下，同一种油脂皂化值都有一定范围。测定皂化值可作为判定油脂纯度的参考依据。我国植物油国家标准中给出了各种一级油、二级油的皂化值特征指标：大豆一级油、二级油皂化值为 189～195mg/g；菜籽一级油、二级油皂化值为 168～182mg/g；花生一级油、二级油皂化值为 187～196mg/g；棉籽一级油、二级油皂化值为 189～198mg/g；葵花籽一级油、二级油皂化值为 188～194mg/g；米糠油一级油、二级油皂化值为 179～195mg/g。由此可见，检验皂化值可以评定油脂纯度，同时对于制皂工业，油脂皂化过程的加碱量可依据皂化值进行估算。

一、测定原理

皂化值是测定油和脂肪酸中游离脂肪酸和甘油酯的含量。在回流条件下将样品和氢氧化钾-乙醇溶液一起煮沸，然后用标定的盐酸溶液滴定过量的氢氧化钾，由所消耗的碱液的量计算出皂化值。

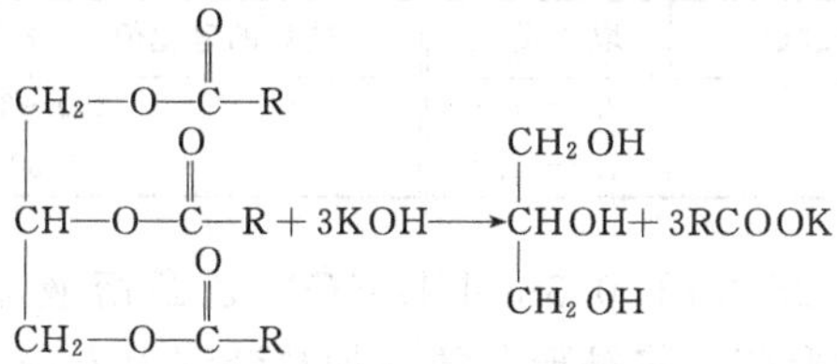

$$RCOOH + KOH \rightleftharpoons RCOOK + H_2O$$

$$KOH + HCl \longrightarrow KCl + H_2O$$

二、试剂

(1) 氢氧化钾-乙醇溶液　大约 0.5mol 氢氧化钾溶解于 1000mL 95%乙醇（体积分数）中。

此溶液应为无色或淡黄色。通过下列任一方法可制得稳定的无色溶液。

① 将 8g 氢氧化钾和 5g 铝片放在 1000mL 乙醇中回流 1h 后立刻蒸馏。将需要量（约 35g）的氢氧化钾溶解于蒸馏物中，静置数天，然后倾出清亮的上层清液弃去碳酸钾沉淀。

② 加 4g 叔丁醇铝到 1000mL 乙醇中，静置数天，倾出上层清液，将需要量的氢氧化钾溶解于其中，静置数天，然后从碳酸钾的沉淀中倾出清亮的上层清液。

将此液储存在配有橡皮塞的棕色或黄色玻璃瓶中备用。

(2) 0.5mol/L 盐酸标准溶液。

(3) 1g/L 酚酞 95%乙醇溶液或 25g/L 碱性蓝 6B 95%乙醇溶液。

(4) 助沸物　玻璃珠或瓷粒。

三、仪器和用具

(1) 锥形瓶　250 mL，耐碱玻璃制成，带有磨口。

(2) 回流冷凝管　带有连接锥形瓶的磨砂玻璃接头。

(3) 加热装置　水浴锅、电热板或其他适合的装置，不能用明火加热。

(4) 滴定管　50mL，最小刻度为 0.1mL，或者自动滴定管。

(5) 移液管　25mL，或者自动吸管。

(6) 分析天平　感量为 0.001mg。

四、操作流程

称样 → 加KOH-乙醇溶液 → 回流皂化 → 加酚酞指示剂 → 趁热滴定至终点 → 空白试验

五、测定步骤

(1) 称样　称取 2g 试验样品于锥形瓶中，精确至 0.005g。

以皂化值（以 KOH 计）170～200mg/g、称样量 2g 为基础，对于不同范围皂化值样品，以称样量约为一半氢氧化钾-乙醇溶液被中和为依据进行改变。推荐的取样量见表 9-6。

表 9-6　取样量

估计的皂化值(以 KOH 计)/(mg/g)	取样量/g	估计的皂化值(以 KOH 计)/(mg/g)	取样量/g
150～200	2.2～1.8	250～300	1.3～1.2
200～250	1.7～1.4	>300	1.1～1.0

(2) 测定　用移液管将 25.0mL 0.5mol/L KOH-乙醇溶液加到试样中，并加入一些助沸物，连接回流冷凝管与锥形瓶，将锥形瓶放在加热装置上慢慢煮沸，不时摇动，油脂维持沸腾状态 1h。对于高熔点油脂和难于皂化的样品需煮沸 2h（煮至溶液清澈透明，没有油滴）。

加入 0.5～1mL 酚酞指示剂于热溶液中，趁热用 0.5mol/L 盐酸标准溶液滴定至红色消失。如果皂化液是深色的，则用 0.5～1mL 的碱性蓝 6B 溶液作为指示剂。

(3) 空白试验　按照测定的要求，不加样品，用 25.0mL 的氢氧化钾-乙醇溶液进行空白试验。

六、结果计算

(1) 盐酸标准溶液浓度　按式(9-20) 计算：

$$c=\frac{m}{(V_1-V_0)\times 0.0530} \tag{9-20}$$

式中　c——盐酸标准溶液的浓度，mol/L；

m——基准无水碳酸钠的质量，g；

V_1——基准样品消耗的盐酸标准溶液的体积，mL；

V_0——空白试验消耗的盐酸标准溶液的体积，mL；

0.0530——与 1.00mL 盐酸标准溶液［c(HCl)=1.000mol/L］相当的以克表示的无水碳酸钠的质量。

(2) 皂化值　按式(9-21) 计算：

$$I_s=\frac{(V_0-V_1)\times c\times 56.1}{m} \tag{9-21}$$

式中　I_s——皂化值（以 KOH 计），mg/g；

V_1——滴定试样用去的盐酸标准溶液的体积，mL；

V_0——滴定空白用去的盐酸标准溶液的体积，mL；

c——盐酸标准溶液的实际浓度，mol/L；

m——试样质量，g；

56.1——KOH 摩尔质量，g/mol。

双试验结果允许差应不超过 1.0mg KOH/g 油，求其平均值，即为测定结果。测定结果保留小数点后一位。

七、注意事项

(1) 因为油为水不溶物，但甘油和脂肪酸钾的极性较大，反应以水为介质，反应速度仍然较慢，而脂肪酸钾等盐溶于乙醇溶液，因此以乙醇为介质，反应速度可快 10 倍。试样的用量应视皂化值的大小而定，一般要求试样的质量调整到滴定试样所耗盐酸溶液约为滴定空白所耗盐酸的 50%。

(2) 用减量法精确称取油样，加入的 25mL 0.5mol/L KOH 乙醇溶液要准确。

(3) 皂化完毕后，应趁热迅速滴定，既可避免碱液吸收空气中二氧化碳而影响测定结果，又可避免因冷却钾肥皂凝结（冬季时尤要注意）而无法滴定。

(4) 当皂化值为 170～200mg/g 时，一般试样量为 2g，对于其他范围的皂化值，样品质量以约一半氢氧化钾-乙醇溶液被中和为依据而改变。

(5) 由于回流加热的溶液为易燃的乙醇溶液，因此加热时应采用不见明火的加热装置，如水浴锅。

(6) 做空白试验是为了求出加入的总 KOH 的量。

第八节　动植物油脂含皂量的测定

【学习要求】

- 通过学习和训练，了解油脂含皂量测定的原理；
- 掌握油脂含皂量的操作方法和技能。

油脂中的含皂量是指油脂经过碱炼后，残留在油脂中的皂化物的量（以油酸钠计）。

植物油脂含皂量过高时，对油脂的质量和透明度有很大的影响。油脂含皂量是食用植物油质量标准中规定的指标之一，也是衡量油脂碱炼时水洗工艺是否达到工艺操作要求的依据。我国植物油国家标准规定：一级花生油、大豆油、菜籽油、葵花籽油、精炼棉籽油含皂量≤0.03%；一、二级普通芝麻油、工业用亚麻油、油菜籽油、玉米胚油、精炼米糠油含皂量≤0.03%。

一、测定原理

试样用有机溶剂溶解后，加入热水使皂化物溶解，用盐酸标准溶液滴定。

二、试剂

(1) 丙酮水溶液　量取 20mL 水加入至 980mL 丙酮中，摇匀。临分析前，每 100mL 中加入 0.5mL 1%溴酚蓝溶液，滴加盐酸溶液或氢氧化钠溶液调节至溶液呈黄色。

(2) 盐酸标准溶液　c(HCl) ＝0.01mol/L。

(3) 氢氧化钠溶液　c(NaOH) ＝0.01mol/L。

(4) 指示剂　1%溴酚蓝溶液。

三、仪器和用具

(1) 具塞锥形瓶　250mL。

(2) 微量滴定管　5mL 或 10mL，分度值为 0.02mL。

(3) 量筒　50mL。

(4) 移液管　1mL。

(5) 恒温水浴锅。

(6) 天平　感量为 0.01g。

四、操作流程

称样 → 加乙醇和石油醚 → 加80℃的蒸馏水 → 甲基红 → 滴定至终点

五、操作步骤

(1) 称取样品 40g，精确至 0.01g，置于具塞锥形瓶中，加入 1mL 水，将锥形瓶置于沸水浴中，充分摇匀。

> **注：** 本方法适用于测定含皂量不超过 0.05% 的油脂样品，如油脂含皂量较高，测定时可减少试样用量（如 4g）。

(2) 加入 50mL 丙酮水溶液，在水浴中加热后，充分振摇，静置后分为两层。

> **注：** 如果油脂中含有皂化物，则上层将呈绿色至蓝色。

(3) 用微量滴定管趁热逐滴滴加 0.01mol/L 盐酸标准溶液，每滴一滴振摇数次，滴至溶液从蓝色变为黄色。

(4) 重新加热、振摇、滴定至上层呈黄色不褪色，记下消耗盐酸标准溶液的总体积。

(5) 同时做空白试验。

六、结果计算

试样的含皂量按式(9-22) 计算：

$$X=\frac{(V-V_0)\times c\times 0.304}{m}\times 100\% \tag{9-22}$$

式中 X——油脂中含皂量（以质量分数计）；

V——滴定试样溶液消耗盐酸标准溶液的体积，mL；

V_0——滴定空白溶液消耗盐酸标准溶液的体积，mL；

c——盐酸标准溶液的浓度，mol/L；

m——试样质量，g；

0.304——每毫摩尔油酸钠的质量，g/mmol。

双试验结果允许差应不超过 0.01%，求其平均数，即为测定结果。测定结果取小数点后两位。

第九节 油脂不皂化物的测定

【学习要求】

▲ 通过学习和训练，了解不皂化物的定义和测定原理；

▲ 熟悉不皂化物测定所需的仪器用具、试剂，掌握操作方法和结果计算等知识、技能。

不皂化物是指用氢氧化钾皂化后的全部生成物用指定溶剂提取，在规定的操作条件下不挥发的所有物质。不皂化物包括自然界中的脂类物质，如甾醇、烃类、醇类、脂肪族和萜烯醇类，以及用溶剂在103℃提取时不挥发的（如矿物油）外来有机物。大部分植物油中约含有1%的不皂化物。

我国植物油脂国家标准中，不皂化物含量的测定方法有两种：一种是乙醚提取法（GB/T 5535.1—2008《动植物油　不皂化物测定　第1部分：乙醚提取法》）；另一种是己烷提取法（GB/T 5535.2—2008《动植物油　不皂化物测定　第2部分：己烷提取法》）。

一、乙醚提取法

1. 测定原理

油脂与氢氧化钾乙醇溶液在煮沸回流条件下进行皂化，用乙醚从皂化液中提取不皂化物，蒸发溶剂并对残留物干燥后称量。

2. 试剂

(1) 乙醚　新蒸过，不含过氧化物和残留物。

(2) 丙酮。

(3) 氢氧化钾-乙醇溶液　$c(KOH)\approx 1mol/L$，在50mL水中溶解60g氢氧化钾，然后用95%（体积分数）乙醇稀释至1000mL，溶液应为无色或浅黄色。

(4) 氢氧化钾水溶液　$c(KOH)\approx 0.5mol/L$。

(5) 酚酞指示剂溶液　10g/L的95%（体积分数）乙醇溶液。

3. 仪器和用具

(1) 圆底烧瓶　带标准磨口的250mL圆底烧瓶。

(2) 回流冷凝管　具有与圆底烧瓶配套的磨口。

(3) 500mL分液漏斗　使用聚四氟乙烯旋塞和瓶塞。

(4) 恒温水浴锅。

(5) 电烘箱　可控制在(103±2)℃。

4. 操作流程

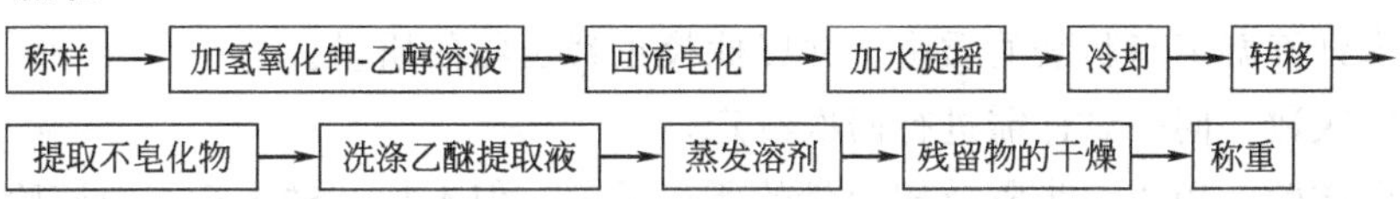

5. 操作步骤

(1) 试样　称取约5g试样，精确至0.01g，置于250mL烧瓶中。

(2) 皂化　加入50mL氢氧化钾-乙醇溶液和一些沸石。烧瓶与回流冷凝管连接好后，小心煮沸回流1h，停止加热，从回流管顶部加入100mL水并旋转摇动。

如果提取的不皂化物用于测定生育酚，则必须添加联苯三酚且尽快地完成操作（30min以内）。

(3) 不皂化物的提取　冷却后转移皂化液到500mL分液漏斗，用100mL乙醚分几次洗涤烧瓶和沸石，并将洗液倒入分液漏斗。盖好塞子，倒转分液漏斗，用力摇1min，小心打开旋塞，间歇地释放内部压力。静置分层后，将下层皂化液尽量完全放入第二只分液漏斗中。如果形成乳化液，可加少量乙醇或浓氢氧化钾或氯化钠溶液进行破乳。

采用相同的方法，每次用100mL乙醚再提取皂化液两次，收集三次乙醚提取液放入装有40mL水的分液漏斗中。

(4) 乙醚提取液的洗涤　轻轻转动装有提取液和40mL水的分液漏斗。

警告：剧烈的摇动可能会形成乳化液。

等待完全分层后弃去下面的水层，用 40mL 水再洗涤乙醚溶液两次，每次都要剧烈震摇，且在分层后弃去下面的水层。排出洗涤液时需留 2mL，然后沿轴线旋转分液漏斗，等待几分钟让保留的水层分离。弃去水层，当乙醚溶液到达旋塞口时关闭旋塞。

用 40mL 氢氧化钾水溶液、40mL 水相继洗涤乙醚溶液后，再用 40mL 氢氧化钾水溶液进行洗涤，然后用 40mL 水洗涤至少两次以上。继续用水洗涤，直到加入 1 滴酚酞溶液至洗涤液后，不再呈粉红色为止。

(5) 蒸发溶剂　通过分液漏斗的上口，小心地将乙醚溶液全部转移至 250mL 烧瓶中，此烧瓶需预先于 (103±2)℃ 的烘箱中干燥，冷却后称量，精确至 0.1mg。在沸水浴上蒸馏回收溶剂。加入 5mL 丙酮，在沸水浴上转动时倾斜握住烧瓶，在缓缓的空气流下，将挥发性溶剂完全蒸发。

(6) 残留物的干燥和测定

① 将烧瓶水平放置在 (103±2)℃ 的烘箱中，干燥 15min，然后放在干燥器中冷却，取出称量，精确至 0.1mg。按上述方法间隔 15min 重复干燥，直至两次称量质量相差不超过 1.5mg。如果三次干燥后还达不到恒重，则不皂化物可能被污染，需重新进行测定。

注：如果条件允许，尤其是如果不皂化物需要进一步检测时，可使用真空旋转蒸发器。

② 当需要对残留物中的游离脂肪酸进行校正时，将称量后的残留物溶于 4mL 乙醚中，然后加入 20mL 预先中和到使酚酞指示液呈淡粉色的乙醇。用 0.1mol/L 标准氢氧化钾-乙醇溶液滴定到相同的终点颜色。

以油酸来计算游离脂肪酸的质量，并以此校正残留物的质量。

(7) 测定次数　同一试样需进行两次测定。

(8) 空白试验　用相同步骤及相同量的所有试剂，但不加试样进行空白试验。如果残留物超过 1.5mg，需对试剂和方法进行检查。

6. 结果计算

试样中的不皂化物含量按式(9-23) 计算：

$$X=\frac{m_1-m_2-m_3}{m_0}\times 100\% \tag{9-23}$$

式中　X——试样中不皂化物的含量（以质量分数计）；

m_0——试样的质量，g；

m_1——残留物的质量，g；

m_2——空白试验的残留物质量，g；

m_3——游离脂肪酸的质量，如果需要，等于 $0.28Vc$，g；

其中：

V——滴定所用标准氢氧化钾-乙醇溶液的体积，mL；

c——氢氧化钾-乙醇标准溶液的准确浓度，mol/L。

用两次测定数据的算术平均值作为结果。

二、己烷提取法

1. 测定原理

油脂与氢氧化钾-乙醇溶液在煮沸回流条件下进行皂化，用己烷或石油醚从皂化液中提取不皂化物，蒸发溶剂并对残留物干燥后称重。

2. 试剂

(1) 正己烷或沸程为40～60℃的石油醚　溴价低于1，且不得含有杂质。

(2) 10%（体积分数）乙醇水溶液。

(3) 酚酞指示剂　10g/L的95%（体积分数）乙醇溶液。

(4) 氢氧化钾-乙醇溶液　c(KOH)≈1mol/L。在50mL水中溶解60g氢氧化钾，然后用95%乙醇稀释至1000mL，溶液应为无色或浅黄色。

3. 仪器和用具

(1) 圆底烧瓶　带标准磨口的250mL圆底烧瓶。

(2) 回流冷凝管　具有与烧瓶配套的磨口。

(3) 250mL分液漏斗　使用聚四氟乙烯旋塞和瓶塞。

(4) 恒温水浴锅。

(5) 电烘箱　可保持(103±2)℃或者真空干燥器，如旋转蒸发器及其他相似设备。

4. 操作步骤

(1) 称样　称取约5g试样，精确至0.01g，放入250mL烧瓶中。

(2) 皂化　加50mL氢氧化钾溶液和一些沸石。烧瓶与回流冷凝管连接好后煮沸回流1h，停止加热，从回流管顶部加入50mL水并旋转摇动。

(3) 不皂化物的提取　冷却后转移皂化液到250mL分液漏斗，用50mL正己烷分几次洗涤烧瓶和沸石，将洗涤液倒入分液漏斗，盖好旋塞，用力摇1min，倒转分液漏斗，并小心打开旋塞，间歇地释放内压。静置分液漏斗，至溶液分层后，尽量将下层皂化液放入第二只分液漏斗中。如果形成乳化液，须加少量乙醇或浓氢氧化钾或氯化钠破乳。

用相同的方法，每次用50mL正己烷对皂化液再提取两次，最后将三次己烷提取液收集在同一分液漏斗中。

(4) 正己烷提取物的洗涤　用乙醇溶液洗涤提取液三次，每次用量为25mL，并剧烈摇动，洗涤后弃去乙醇水溶液，每次弃去洗涤液后，保持分液漏斗中剩余2mL洗涤液，然后将分液漏斗沿其轴线旋转．静置数分钟，使剩余的乙醇水相进一步分离，然后弃去。当己烷溶液到达旋塞孔道时，关闭旋塞。继续用乙醇水溶液洗涤，直到洗涤液加入1滴酚酞溶液后不呈现粉红色为止。

(5) 蒸发溶剂　通过分液漏斗的上口小心地将正己烷溶液转移到准确称量至0.1mg的250mL烧瓶中，烧瓶需预先在(103±2)℃烘箱中干燥冷却后称量。在沸水浴中蒸发溶剂。

(6) 残留物的干燥和测定

① 将烧瓶水平放置在(103±2)℃烘箱中，干燥残留物15min。在干燥器中冷却，并精确称量至0.1mg。也可使用真空干燥器干燥，在最大真空度下，沸水浴中蒸15min之后，

冷却至室温，将烧瓶表面的水擦干，精确称量至 0.1mg。重复进行干燥，直至两次称量的质量差不超过 1.5mg。如果三次干燥后还不恒重，则不皂化物可能被污染，需重新进行测定。

② 若需用游离脂肪酸进行校正，则将称量后的残留物溶于 4mL 正己烷中，然后加入 20mL 预先中和到使酚酞指示剂呈淡粉色的乙醇。用 0.1mol/L 标准氢氧化钾-乙醇标准溶液标定至终点。以油酸计算游离脂肪酸的质量，并以此校正残留物的质量。

③ 测定结果　同乙醚提取法。

(7) 测定次数　同一试样需进行两次测定。

第十节　浸出油中残留溶剂的测定

【学习要求】

▲ 通过学习和训练，了解我国植物油脂中溶剂残留卫生标准；

▲ 掌握浸出油溶剂残留测定的原理、操作技能；

▲ 能正确进行测定结果处理。

浸出油是植物油厂采用浸出工艺制得的油脂。我国采用以六碳烷烃为主要成分的“六号溶剂”作为浸出溶剂。它是以多种烷烃为主，沸程范围为 62～85℃的石油醚分馏，其中烷烃占 80.2%；环烷烃占 18%；烯烃占 1.6%；芳烃占 0.07%。国外使用的这类溶剂，组成基本相似，但因产地不同稍有区别。溶剂浸出法生产的浸出油，虽然溶剂脱出，但仍有少量溶剂残留在油脂中。

六号溶剂是一种能麻醉呼吸中枢的溶剂。我国食品卫生标准规定：一级、二级浸出油中不得检出溶剂残留；三级、四级浸出油中溶剂残留不得超过 50mg/kg；原油中溶剂残留不得超过 100mg/kg。

一、测定原理

顶空气相色谱分析，是根据相平衡原理，进行样品预处理的气相色谱分析方法，即某待测样品在密闭体系中，在一定温度下，样品中挥发组分汽化，并进入上部空间。当脱离样品基质，进入上部空间的挥发组分的分子数，从与上部空间返回样品表面的挥发组分的分子数相等时，这时系统处于动平衡。从拉乌尔定律式(9-24) 可知：

$$p_i = p_{oi}(r_i x_i) \tag{9-24}$$

式中　p_i——溶液中组分 i 的饱和蒸气压；

p_{oi}——纯组分 i 的饱和蒸气压；

x_i——组分 i 在该溶液中的物质含量；

r_i——活度系数。

因此从上部空间所取的气样进入色谱柱所得到的色谱峰，其面积与组分的蒸气压成正比：$A_i \propto p_i$

$$A_i = \mu p_i \tag{9-25}$$

式中　A_i——i 组分色谱峰面积；

μ——校正因子；

p_i——i组分蒸气压。

因在试验中 r_i、p_{oi}、μ 都为常数，且在实际测定中，同时分析纯物质（标准系列）及试样，则可写出式(9-26)：

$$c_i = A_i \times \frac{c_{ai}}{A_{ai}} \tag{9-26}$$

式中　c_i——待测组分浓度；

c_{ai}——标准样品浓度；

A_i——待测组分的色谱峰面积；

A_{ai}——标准样液色谱峰面积。

由式(9-26) 可知，从标准物的浓度、标准物的色谱峰面积和待测物的色谱峰面积，即可求出待测物的浓度。

二、试剂

(1) N,N-二甲基乙酰胺（简称 DMA）　吸取 1.0mL DMA 放入 100～150mL 顶空瓶中。在 50℃温度下放置 0.5h，取液上气 0.1mL 注入气相色谱仪，在 0～4min 内无干扰即可使用。如有干扰可用超声波处理 30min 或通入氮气用曝气法蒸去干扰。

(2) 六号溶剂标准溶液　称取洗净干燥的具塞 20～25mL 汽化瓶的质量为 m_1。瓶中放入比汽化瓶体积少 1mL 的 DMA，密塞后称量为 m_2，用 1mL 的注射器取约 0.5mL 的六号溶剂标准溶液，通过塞注入瓶中（不要与溶液接触），混匀，准确称量为 m_3。按式(9-27) 计算六号溶剂油的浓度：

$$X = \frac{m_3 - m_2}{\dfrac{m_2 - m_1}{0.935}} \times 1000 \tag{9-27}$$

式中　X——六号溶剂的浓度，mg/mL；

m_1——瓶和塞的质量，g；

m_2——瓶、塞和 DMA 的质量，g；

m_3——瓶、塞和 DMA 及加入六号溶剂后的质量，g；

0.935——DMA 在 20℃时的密度，g/mL。

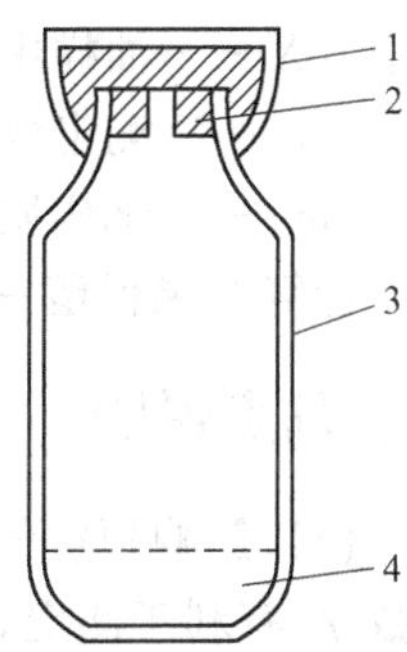

图 9-1　汽化瓶

1—铝盖；2—橡胶塞；3—输液瓶；4—试样

三、仪器和用具

(1) 汽化瓶（顶空瓶）　体积为 100～150mL，具塞（见图 9-1）。气密性试验：把 1mL 已烷放入瓶中，密塞后放入 60℃热水中 30min，密封处无气泡外漏。

(2) 气相色谱仪　带氢火焰离子化检测器。

四、操作流程

色谱条件选择 → 样品汽化 → 取液上气体分析 → 标准曲线绘制 → 比较定量

五、操作步骤

(1) 气相色谱参考条件

① 色谱柱　不锈钢柱，内径 3mm，长 3m，内装涂有 5% DEGS 的白色载体 102（60～80 目）。

② 检测器　氢火焰离子化检测器。

③ 柱温　60℃。

④ 汽化室温度　140℃。

⑤ 载气（N_2）　30mL/min。

⑥ 氢气　150mL/min。

⑦ 空气　1500mL/min。

(2) 测定　称取 25.00g 的食用油样，密塞后于 50℃恒温箱中加热 30min。取出后立即用微量注射器或注射器吸取 0.10～0.15mL 液上气体（与标准曲线进样体积一致）注入气相色谱仪，记录单组分或多组分（用归一化法）测量峰高或峰面积，与标准曲线比较，求出液上气体六号溶剂的含量。

(3) 标准曲线的绘制　取预先在气相色谱仪上测试管六号溶剂量较低的油为曲线制备的本底油（或经 70℃开放式赶掉大部分残留溶剂的食用油或压榨油），分别称取 25.00g 放入 6 支汽化瓶中，密塞，通过塞子注入六号溶剂标准液 0μL、20μL、40μL、60μL、80μL、100μL（含量分别为 0，0.02X，…，0.1Xμg，其中 X 为六号溶剂的浓度）。放入 50℃烘箱中，平衡 30min，分别取液上气体注入色谱，各响应值扣除空白值后，绘制标准曲线（多个色谱峰用归一化法计算）。

六、结果计算

油样中六号溶剂的含量按式(9-28) 进行计算：

$$X=\frac{m_1\times 1000}{m_2\times 1000} \tag{9-28}$$

式中　X——油样中六号溶剂的含量，mg/kg；

m_1——测定气化瓶中六号溶剂的质量，μg；

m_2——试样质量，g。

计算结果保留三位有效数字。

七、几点说明

(1) 影响顶空气相色谱分析的主要因素，首先是样品平衡温度的选择，其次是增大活度系数 γ_i 有利于测定，即加入某些电解质或非电解质。此外上部空间的体积要适中，小一点可增大灵敏度，但太小则相平衡不易达到，且取样不易均匀。汽化瓶体积大小、取样量多少都应考虑。

(2) 汽化瓶可用 100mL 的输液瓶，并配有同型号的反口橡胶塞，实际体积可用水标定，选择一批体积在（130±1)mL 的备用。

(3) 加热温度的选择应从两方面考虑，首先要有足够的六号溶剂从试样中挥发出来，并达到稳定的动态平衡。另一方面，和待测成分一起逸出的其他挥发物质，不得对六号溶剂测定有干扰。而加热温度愈高，这种干扰就愈多，尤其是当油脂出现酸败现象时，这种干扰尤为明显，所以本法选择 50℃。

(4) 用微量注射器抽取试样时，易出现进样体积误差，因此取样不能像抽取液体试样那样快。抽取气样时应慢慢提取芯杆，并且在取样之前用少许蒸馏水将注射器内壁湿润，使内壁与芯杆更加密合。取样后应迅速进样。

(5) 植物油脂受热、酸败后生成脂肪酸过氧化物，继而产生烷烃类物质，其中主要成分为戊烷。由于有挥发性烃类的存在，因此在机榨油的质量鉴定中，会将戊烷误认为是浸出油的“残留溶剂”，因而机榨油出现“残留溶剂超标”之事时有发生。考虑到食用植物油本身能产生一定量戊烷的事实，有人建议浸出油残留溶剂含量的测定，应以测定六碳烷或六碳以上的烷烃类作为溶剂残留量。

第十章

粮食的化学检验

【本章主要内容】

- 还原糖、非还原糖含量的测定
- 淀粉含量的测定
- 大米直链淀粉含量的测定
- 粮食黏度的测定
- 粗脂肪含量的测定
- 粗蛋白含量的测定
- 粮食脂肪酸值的测定
- 粮食酸度的测定

第一节　还原糖、非还原糖含量的测定

【学习要求】

▲ 通过学习，掌握还原糖和非还原糖的基本概念；

▲ 通过训练，掌握还原糖和非还原糖测定方法的原理、操作技能，并能正确进行数据处理。

还原糖是指分子中含有游离的半缩醛（或半缩酮）羟基、能够被弱氧化剂氧化的糖。自然界中所有的单糖和一部分低聚糖（如葡萄糖、果糖、乳糖、麦芽糖等）均是还原糖。分子中不含有游离的半缩醛（或半缩酮）羟基、不能够被弱氧化剂氧化的糖类称为非还原糖（如蔗糖、淀粉、纤维素等）。自然界中所有的多糖都是非还原糖。非还原糖在酸性条件下可以水解为还原糖，如蔗糖、棉籽糖等。粮食中还原糖和非还原糖的总和称为总糖。

粮食在储藏期间，若储藏条件良好，粮食籽粒中还原糖和非还原糖的变化不大。当粮食水分增大，粮仓温度升高，或遭受虫、霉侵害时，粮食中的非还原糖含量减少，还原糖含量增加，但随着品质的进一步劣变，其含量又逐步下降。因此分析粮食中糖的变化，可为粮食的安全储藏提供一定的依据。

还原糖和非还原糖的测定方法有很多，国内外最常用的方法是高锰酸钾滴定法（费林试剂法），这是“国际食糖分析方法统一委员会”推荐的还原糖标准测定方法之一，也是我国标准方法（GB/T 5513—2008《粮油检验　粮食中还原糖和非还原糖测定》）之一。该方法适用于各种粮食中还原糖和非还原糖的测定。但小麦粉中还原糖的测定，以铁氰化钾定量试

样法作为标准方法。

一、铁氰化钾法

（一）测定原理

还原糖在碱性溶液中，将铁氰化钾还原成亚铁氰化钾，本身被氧化为相应的糖酸。过量的铁氰化钾在乙酸存在的条件下，与碘化钾作用析出碘，析出的碘用硫代硫酸钠标准溶液滴定。通过计算氧化还原糖时所用去的铁氰化钾的量，查经验表得试样中还原糖的百分含量。其反应过程如下：

$$2K_3Fe(CN)_6+R—CHO+2KOH \rightleftharpoons 2K_4Fe(CN)_6+R—COOH+H_2O$$

由于反应是可逆的，为了使反应正向进行，用硫酸锌沉淀反应中生成的亚铁氰化钾：

$$2K_4Fe(CN)_6+3ZnSO_4 \longrightarrow K_2Zn_3[Fe(CN)_6]_2\downarrow+3K_2SO_4$$

$$2K_3Fe(CN)_6+2KI+8CH_3COOH \longrightarrow 2H_4Fe(CN)_6+I_2\downarrow+8CH_3COOK$$

$$2Na_2S_2O_3+I_2 \longrightarrow 2NaI+Na_2S_4O_6$$

（二）试剂

(1) 95%乙醇溶液。

(2) 乙酸缓冲溶液　将 3.0mL 冰乙酸、6.8g 无水乙酸钠和 4.5mL 密度为 1.84g/mL 的浓硫酸混合溶解，然后稀释至 1000mL。

(3) 12.0%钨酸钠溶液　将 12.0g 钨酸钠（$Na_2WO_4 \cdot 2H_2O$）溶于 100mL 水中。

(4) 0.1mol/L 碱性铁氰化钾溶液　将 32.9g 纯净干燥的铁氰化钾[$K_3Fe(CN)_6$]与 44.0g 碳酸钠（Na_2CO_3）溶于 1000mL 水中。

(5) 乙酸盐溶液　将 70g 纯氯化钾（KCl）和 40g 硫酸锌（$ZnSO_4 \cdot 7H_2O$）溶于 750mL 水中，然后缓慢加入 200mL 冰乙酸，再用水稀释至 1000mL，混匀。

(6) 10%碘化钾溶液　称取 10g 纯碘化钾溶于 100mL 水中，再加 1 滴饱和氢氧化钠溶液。

(7) 1%淀粉溶液　称取 1g 可溶性淀粉，用少量水润湿调和后，缓慢倒入 100mL 的沸水中，继续煮沸直至溶液透明。

(8) 0.1mol/L 硫代硫酸钠标准溶液。

（三）仪器和用具

(1) 分析天平　感量为 0.0001g。

(2) 振荡器。

(3) 磨口具塞锥形瓶　100mL。

(4) 量筒　25mL、50mL。

(5) 移液管　5mL。

(6) 玻璃漏斗。

(7) 试管　直径为 1.8～2.0cm，高约 18cm。

(8) 锥形瓶　100mL。

(9) 微量滴定管　5mL 或 10mL。

(10) 坩埚、电炉。

（四）操作步骤

1. 样品液制备

精确称取试样 5.675g 于 100mL 磨口锥形瓶中。倾斜锥形瓶以便所有试样粉末集中于一侧，用 5mL 乙醇浸湿全部试样，再加入 50mL 乙酸缓冲液，振荡摇匀后立即加入 2mL 钨酸钠溶液，在振荡器上混合振摇 5min。将混合液过滤，弃去最初几滴滤液，收集滤液于干净的锥形瓶中，此滤液即为样品测定液。另取一锥形瓶不加试样，同上操作，滤液即为空白液。

2. 还原糖的测定

(1) 氧化 用移液管精确吸取样品液 5mL 于试管中，再精确加入 5mL 碱性铁氰化钾溶液，混合后立即将试管浸入剧烈沸腾的水浴中，并确保试管内液面低于沸水液面下 3～4cm，加热 20min 后取出，立即用冷水迅速冷却。

(2) 滴定 将试管内容物倾入 100mL 锥形瓶中，用 25mL 乙酸溶液荡洗试管一并倾入锥形瓶中，加 5mL 10%碘化钾溶液，混匀后，立即用 0.1mol/L 硫代硫酸钠溶液滴定至淡黄色，再加 1mL 淀粉溶液，继续滴定直至溶液蓝色消失，记录用去硫代硫酸钠溶液的体积（V_1）。

(3) 空白试验 吸取空白液 5mL 代替样品液，按上述方法进行操作，记录消耗的硫代硫酸钠溶液体积（V_0）。

3. 非还原糖的测定

分别吸取样品液及空白液各 5mL 于试管中，先在剧烈沸腾的水浴中加热 15min（样品液中非还原糖转化为还原糖），取出迅速冷却后，加入碱性铁氰化钾溶液 5mL，混匀后，再放入沸水浴中继续加热 20min，取出迅速冷却后，立即进行滴定，分别记录滴定样品液及空白液消耗硫代硫酸钠的体积（V_1'，V_0'）。

（五）结果计算

1. 还原糖含量的计算

根据氧化样品液中还原糖所需 0.1mol/L 硫代硫酸钠溶液的体积查表 10-1，即可查得试样中还原糖（以麦芽糖计）的质量分数。

铁氰化钾溶液体积（V_3）按式(10-1) 计算：

$$V_3=\frac{(V_0-V_1)\times c}{0.1} \tag{10-1}$$

式中 V_3——氧化样品液中还原糖所需 0.1mol/L 硫代硫酸钠溶液的体积，mL；

V_0——滴定空白液消耗 0.1mol/L 硫代硫酸钠溶液的体积，mL；

V_1——滴定样品液消耗 0.1mol/L 硫代硫酸钠溶液的体积，mL；

c——硫代硫酸钠溶液的实际浓度，mol/L。

计算结果保留小数点后两位。

0.1mol/L 铁氰化钾体积与还原糖含量对照可查表 10-1。

2. 非还原糖含量的计算

非还原糖含量根据氧化样品液中总还原糖所需的 0.1mol/L 铁氰化钾溶液的体积（V_4）减去氧化样品液中还原糖所需的铁氰化钾溶液体积（V_3），最后再根据 V_4-V_3 的结果查表 10-2，即可查得试样中非还原糖（以蔗糖计）的质量分数。

铁氰化钾溶液的体积（V_4）按式(10-2) 计算：

$$V_4=\frac{(V_0'-V_1')\times c}{0.1} \tag{10-2}$$

式中 V_4——氧化样品液中总还原糖所需 0.1mol/L 铁氰化钾溶液的体积，mL；

V_0'——滴定空白液消耗硫代硫酸钠溶液的体积，mL；

V_1'——滴定样品液消耗硫代硫酸钠溶液的体积，mL；

c——硫代硫酸钠溶液实际的浓度，mol/L。

计算结果保留小数点后两位。

0.1mol/L 铁氰化钾体积与非还原糖含量对照可查表 10-2。

（六）重复性

同一实验室，由同一操作者使用相同设备，按照相同的测试方法，并在短时间内，对同一被试对象，相互独立进行测试获得的两次独立测试结果差的绝对值应不大于这两个测定值的算术平均值的 5%。如果两次测定结果符合要求，则取结果的平均值。

二、费林试剂法

（一）测定原理

样品中的还原糖与费林试剂作用，将铜盐还原为氧化亚铜沉淀，加入过量的酸性硫酸铁溶液，氧化亚铜被氧化为铜盐而溶解，而硫酸铁还原为硫酸亚铁。亚铁盐又可定量地被高锰酸钾所氧化，根据高锰酸钾标准溶液的消耗量，计算出氧化亚铜的量，再查表即得还原糖的含量。其反应过程如下：

$$CuSO_4 + 2NaOH \longrightarrow Cu(OH)_2 + Na_2SO_4$$

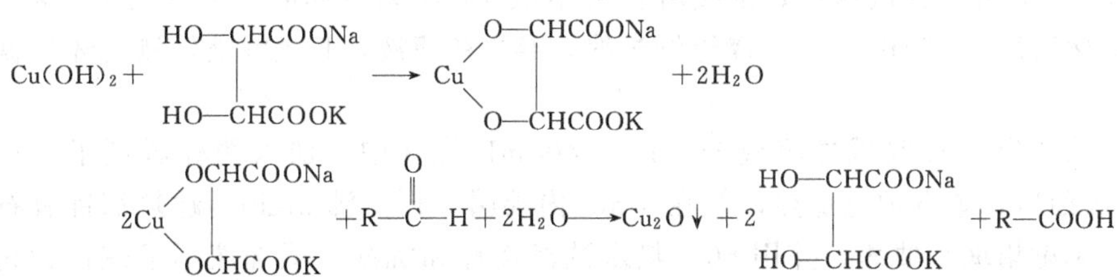

$$Cu_2O + Fe_2(SO_4)_3 + H_2SO_4 \longrightarrow 2CuSO_4 + 2FeSO_4 + H_2O$$

$$10FeSO_4 + 2KMnO_4 + 8H_2SO_4 \longrightarrow 5Fe_2(SO_4)_3 + 2MnSO_4 + K_2SO_4 + 8H_2O$$

（二）试剂

(1) 费林试剂甲液　取硫酸铜结晶（$CuSO_4 \cdot 5H_2O$）34.639g 加适量水溶解，加硫酸 0.5mL，再加水至 500mL，用精制石棉过滤。

(2) 费林试剂乙液　取酒石酸钾钠 173g 与氢氧化钠 50g 加适量水溶解，稀释至 500mL，用精制石棉过滤，储存于具橡皮塞的玻璃瓶内。

(3) 3mol/L 盐酸　取浓盐酸 25mL，加水至 100mL。

(4) 精制石棉　先用 3mol/L 盐酸将石棉浸泡 2～3d 后，用水洗净。再加 10g/100mL 氢氧化钠溶液浸泡 2～3d，倾去溶液，用热费林试剂乙液浸泡数小时，用水洗净。再用 3mol/L 盐酸浸泡数小时，用水洗至不呈酸性，使之成为微细的软纤维，用水浸泡储存于玻璃瓶内，作填充古氏坩埚用。

(5) 0.1mol/L 高锰酸钾标准溶液。

(6) 1.0mol/L 氢氧化钠溶液　取氢氧化钠 4.0g 加水溶解至 100mL。

(7) 硫酸铁溶液　取硫酸铁 50g，加水 200mL 溶解，然后慢慢加入浓硫酸 100mL，冷却后加水至 1000mL。

(8) 6mol/L 盐酸　取浓盐酸 100mL，加水至 200mL。

(9) 甲基红指示液　0.1%甲基红乙醇溶液。

(10) 20%氢氧化钠溶液　取氢氧化钠 4.0g 加水溶解至 100mL。

（三）仪器和用具

(1) 分析天平　感量为 0.01g。

(2) 粉碎磨。

(3) 古氏坩埚（垂融玻璃坩埚）　25mL。

(4) 抽滤瓶　500mL。

(5) 真空泵或水力抽气泵。

(6) 烧杯　400mL。

(7) 移液管　50mL。

(8) 容量瓶　250mL、1000mL。

(9) 滴定管。

（四）操作方法

(1) 试样准备　取混合均匀的试样，用粉碎磨粉碎，使 90%通过孔径 0.27mm（60 目）筛，合并筛上、筛下物，充分混合，保存备用。

(2) 试样处理　称量试样 10～20g，精确至 0.01g，置于 250mL 容量瓶中，加水 200mL，在 45℃水浴中加热 1h，并不断振荡，待冷却后加水定容。静置后，吸取澄清液 200mL 置于另一 250mL 容量瓶中，加费林试剂甲液 10mL 和 1mol/L 氢氧化钠溶液 4mL，摇匀后定容，然后静置 30min。用干燥滤纸过滤，弃去初滤液，其余滤液供测定还原糖和非还原糖用。

(3) 还原糖测定　移取试样溶液 50mL 于 400mL 烧杯中，加入费林试剂甲、乙液各 25mL，加盖表面皿，置电炉上加热，并在 4min 内沸腾，再煮沸 2min，趁热用铺有石棉的古氏坩埚（或垂融坩埚）抽滤，并用 60℃热水洗涤烧杯和沉淀，至洗液不呈碱性为止。向古氏坩埚中加入硫酸铁溶液和水各 25mL，用玻璃棒搅拌，使氧化亚铜完全溶解，用前面使用过的烧杯收集溶液，以 0.1mol/L 高锰酸钾标准溶液滴定至微红色。同时取水 50mL，加费林试剂甲、乙液各 25mL，做试剂空白试验。

(4) 非还原糖测定　吸取已制备的样品液 50mL，转移至 1000mL 容量瓶中，加 6mol/L 盐酸 5mL，在 68～70℃水浴中加热 15min，冷却后加甲基红指示液两滴，用 20%的氢氧化钠溶液中和，加水至刻度，混匀，然后按还原糖测定方法测定样品中的总还原糖。同时做空白试验。

（五）结果计算

1. 还原糖的计算

相当于试样中还原糖质量的氧化亚铜质量按式(10-3)计算：

$$X=(V-V_0)\times c\times 71.54 \tag{10-3}$$

式中 X——相当于试样中还原糖质量的氧化亚铜的质量，mg；

V——试样消耗高锰酸钾标准溶液的体积，mL；

V_0——试样空白消耗高锰酸钾标准溶液的体积，mL；

c——高锰酸钾标准溶液的浓度，mol/L；

71.54——1mol/L 高锰酸钾标准液 1mL 相当于氧化亚铜的毫克数。

由所得的氧化亚铜质量，按表 10-3 查出相当的还原糖（以葡萄糖计）的质量。

还原糖干基含量（Y）以质量分数（%）表示，按式(10-4)计算：

$$Y=\frac{62.5\times m_1}{m\times(1-w)}\times 100\% \tag{10-4}$$

式中　m_1——由表 10-3 中查得还原糖（以葡萄糖计）的质量，mg；

m——试样质量，g；

w——试样水分含量（以质量分数计）。

双试验结果允许差不超过 0.05%，求其平均数，即为检验结果。计算结果保留小数点后两位。

注：1. 煮沸时间应控制在 4min 内，可先取水 50mL，加碱性酒石酸铜甲、乙液各 25mL，调节好适当的火力后，再测样品液。

2. 煮沸后的溶液如不呈蓝色，表示糖量过高，可减少试样量，重新测定。

2. 非还原糖的计算

非还原糖干基含量（Z，以蔗糖计）以质量分数（%）表示，按式(10-5) 计算：

$$Z=\frac{62.5\times0.95\times m_2}{m\times V\times(1-w)}\times100\% \tag{10-5}$$

式中　0.95——还原糖（以葡萄糖计）换算为蔗糖的因数；

m_2——转化后测得的还原糖（以葡萄糖计）质量，mg；

m——原测定还原糖时试样的质量，g；

V——转化后用于测定还原糖的样品液的体积，mL；

w——试样水分含量（以质量分数计）。

计算结果保留小数后两位。

（六）重复性

同铁氰化钾法。

表 10-1　0.1mol/L 铁氰化钾体积与还原糖含量对照

0.1mol/L $K_3Fe(CN)_6$/mL	还原糖含量/%	0.1mol/L $K_3Fe(CN)_6$/mL	还原糖含量/%	0.1mol/L $K_3Fe(CN)_6$/mL	还原糖含量/%	0.1mol/L $K_3Fe(CN)_6$/mL	还原糖含量/%
0.10	0.05	2.30	1.16	4.50	2.37	6.70	3.79
0.20	0.10	2.40	1.21	4.60	2.44	6.80	3.85
0.30	0.15	2.50	1.26	4.70	2.51	6.90	3.92
0.40	0.20	2.60	1.30	4.80	2.57	7.00	3.98
0.50	0.25	2.70	1.35	4.90	2.64	7.10	4.06
0.60	0.31	2.80	1.40	5.00	2.70	7.20	4.12
0.70	0.36	2.90	1.45	5.10	2.76	7.30	4.18
0.80	0.41	3.00	1.51	5.20	2.82	7.40	4.25
0.90	0.46	3.10	1.56	5.30	2.88	7.50	4.31
1.00	0.51	3.20	1.61	5.40	2.95	7.60	4.38
1.10	0.56	3.30	1.66	5.50	3.02	7.70	4.45
1.20	0.60	3.40	1.71	5.60	3.08	7.80	4.51
1.30	0.65	3.50	1.76	5.70	3.15	7.90	4.58
1.40	0.71	3.60	1.82	5.80	3.22	8.00	4.65
1.50	0.76	3.70	1.88	5.90	3.28	8.10	4.72
1.60	0.80	3.80	1.95	6.00	3.34	8.20	4.78
1.70	0.85	3.90	2.01	6.10	3.41	8.30	4.85
1.80	0.90	4.00	2.07	6.20	3.47	8.40	4.92
1.90	0.96	4.10	2.13	6.30	3.53	8.50	4.99
2.00	1.01	4.20	2.18	6.40	3.60	8.60	5.05
2.10	1.06	4.30	2.25	6.50	3.67	8.70	5.12
2.20	1.11	4.40	2.31	6.60	3.73	8.80	5.19

注：还原糖含量以麦芽糖含量计算。

表 10-2　0.1mol/L 铁氰化钾体积与非还原糖含量对照

0.1mol/L $K_3Fe(CN)_6$/mL	非还原糖含量/%	0.1mol/L $K_3Fe(CN)_6$/mL	非还原糖含量/%	0.1mol/L $K_3Fe(CN)_6$/mL	非还原糖含量/%	0.1mol/L $K_3Fe(CN)_6$/mL	非还原糖含量/%
0.10	0.05	2.30	1.09	4.50	2.14	6.70	3.18
0.20	0.10	2.40	1.14	4.60	2.18	6.80	3.23
0.30	0.15	2.50	1.19	4.70	2.23	6.90	3.28
0.40	0.19	2.60	1.23	4.80	2.28	7.00	3.33
0.50	0.24	2.70	1.28	4.90	2.33	7.10	3.37
0.60	0.29	2.80	1.33	5.00	2.38	7.20	3.42
0.70	0.34	2.90	1.38	5.10	2.42	7.30	3.47
0.80	0.38	3.00	1.43	5.20	2.47	7.40	3.52
0.90	0.43	3.10	1.48	5.30	2.51	7.50	3.57
1.00	0.48	3.20	1.52	5.40	2.56	7.60	3.62
1.10	0.52	3.30	1.57	5.50	2.61	7.70	3.67
1.20	0.57	3.40	1.61	5.60	2.66	7.80	3.72
1.30	0.62	3.50	1.66	5.70	2.70	7.90	3.77
1.40	0.67	3.60	1.71	5.80	2.75	8.00	3.82
1.50	0.71	3.70	1.76	5.90	2.80	8.10	3.87
1.60	0.76	3.80	1.81	6.00	2.85	8.20	3.92
1.70	0.81	3.90	1.85	6.10	2.90	8.30	3.97
1.80	0.86	4.00	1.90	6.20	2.94	8.40	4.02
1.90	0.91	4.10	1.95	6.30	2.99	8.50	4.07
2.00	0.95	4.20	2.00	6.40	3.04		
2.10	1.00	4.30	2.04	6.50	3.09		
2.20	1.04	4.40	2.09	6.60	3.13		

注：非还原糖含量以蔗糖计算。

表 10-3　相当于氧化亚铜质量的葡萄糖、果糖、转化糖质量　　单位：mg

氧化亚铜	葡萄糖	果糖	转化糖	氧化亚铜	葡萄糖	果糖	转化糖	氧化亚铜	葡萄糖	果糖	转化糖
11.3	4.6	5.1	5.2	36.0	15.3	16.8	16.3	60.8	26.1	28.7	27.6
12.4	5.1	5.6	5.7	37.2	15.7	17.4	16.8	61.9	26.5	29.2	28.1
13.5	5.6	6.1	6.2	38.3	16.2	17.9	17.3	63.0	27.0	29.8	28.6
14.6	6.0	6.7	6.7	39.4	16.7	18.4	17.8	64.2	27.5	30.3	29.1
15.8	6.5	7.2	7.2	40.5	17.2	19.0	18.3	65.3	28.0	30.9	29.6
16.9	7.0	7.7	7.7	41.7	17.7	19.5	18.9	66.4	28.5	31.4	30.1
18.0	7.5	8.3	8.3	42.8	18.2	20.1	19.4	67.6	29.0	31.9	30.6
19.1	8.0	8.9	8.7	43.9	18.7	20.6	19.9	68.7	29.5	32.5	31.2
20.3	8.5	9.3	9.2	45.0	19.2	21.1	20.4	69.8	30.0	33.0	31.7
21.4	8.9	9.9	9.7	46.2	19.7	21.7	20.9	70.9	30.5	33.6	32.2
22.5	9.4	10.4	10.2	47.3	20.1	22.2	21.4	72.1	31.0	34.1	32.7
23.6	9.9	10.9	10.7	48.4	20.6	22.8	21.9	73.2	31.5	34.7	33.2
24.8	10.4	11.5	11.2	49.5	21.1	23.3	22.4	74.3	32.0	35.2	33.7
25.9	10.9	12.0	11.7	50.7	21.6	23.8	22.9	75.4	32.5	35.8	34.3
27.0	11.4	12.5	12.3	51.8	22.1	24.4	23.5	76.6	33.0	36.3	34.8
28.1	11.9	13.1	12.8	52.9	22.6	24.9	24.0	77.7	33.5	36.8	35.3
29.3	12.3	13.6	13.3	54.0	23.1	25.4	24.5	78.8	34.0	37.4	35.8
30.4	12.8	14.2	13.8	55.2	23.6	26.0	25.0	79.9	34.5	37.9	36.3
31.5	13.3	14.7	14.3	56.3	24.1	26.5	25.5	81.1	35.0	38.5	36.8
32.6	13.6	15.2	14.8	57.4	24.6	27.1	26.0	82.2	35.5	39.0	37.4
33.8	14.3	15.8	15.3	58.5	25.1	27.6	26.5	83.3	36.0	39.6	37.9
34.9	14.8	16.3	15.8	59.7	25.6	28.2	27.0	84.4	36.5	40.1	38.4

续表

氧化亚铜	葡萄糖	果糖	转化糖	氧化亚铜	葡萄糖	果糖	转化糖	氧化亚铜	葡萄糖	果糖	转化糖
85.6	37.0	40.7	38.9	140.7	61.8	67.7	64.7	195.9	87.3	95.2	91.1
86.7	37.5	41.2	39.4	141.9	62.3	68.2	65.2	197.0	87.8	95.7	91.7
87.8	38.0	41.7	40.0	143.0	62.8	68.8	65.8	198.1	88.3	96.3	92.2
88.9	38.5	42.3	40.5	144.1	63.3	69.3	66.3	199.3	88.9	96.9	92.8
90.1	39.0	42.8	41.0	145.2	63.8	69.9	66.8	200.4	89.4	97.4	93.3
91.2	39.5	43.4	41.5	146.4	64.3	70.4	67.4	201.5	89.9	98.0	93.8
92.3	40.0	43.9	42.0	147.5	64.9	71.0	67.9	202.7	90.4	98.6	94.4
93.4	40.5	44.5	42.6	148.5	65.4	71.6	68.4	203.8	91.0	99.2	94.9
94.6	41.0	45.0	43.1	149.7	65.9	72.1	69.0	204.9	91.5	99.7	95.5
95.7	41.5	45.5	43.6	150.9	66.4	72.7	69.5	206.0	92.0	100.3	96.0
96.8	42.0	46.1	44.1	152.0	66.9	73.2	70.0	207.2	92.6	100.9	96.6
97.9	42.5	46.7	44.7	153.1	67.4	73.8	70.6	208.3	93.1	101.4	97.1
99.1	43.0	47.2	45.2	154.2	68.0	74.3	71.1	209.4	93.6	102.0	97.7
100.2	43.5	47.8	45.7	155.4	68.5	74.9	71.6	210.5	94.2	102.6	98.2
101.3	44.0	48.3	46.2	156.5	69.0	75.5	72.2	211.7	94.7	103.1	98.8
102.5	44.5	48.9	46.7	157.6	69.5	76.0	72.7	212.8	95.2	103.7	99.3
103.6	45.0	49.4	47.3	158.7	70.0	76.6	73.2	213.9	95.7	104.3	99.9
104.7	45.5	50.0	47.8	159.9	70.5	77.1	73.8	215.0	96.3	104.8	100.4
105.8	46.0	50.5	48.3	161.0	71.1	77.7	74.3	216.2	96.8	105.4	101.1
107.0	46.5	51.0	48.8	162.1	71.6	78.3	74.9	217.3	97.3	105.8	101.5
108.1	47.0	51.6	49.4	163.2	72.1	78.8	75.4	218.4	97.9	106.0	102.1
109.2	47.5	52.2	49.9	164.4	72.6	79.4	75.9	219.5	98.4	106.6	102.6
110.3	48.0	52.7	50.4	165.5	73.1	80.0	76.5	220.7	98.9	107.1	103.2
111.5	48.5	53.3	50.9	166.6	73.7	80.5	77.0	221.8	99.5	108.3	103.7
112.6	49.0	53.8	51.5	167.8	74.2	81.1	77.6	222.9	100.0	108.8	104.3
113.7	49.5	54.4	52.0	168.9	74.7	81.6	78.1	226.3	101.6	110.6	106.0
114.8	50.0	54.9	52.5	170.0	75.2	82.2	78.6	227.4	102.2	111.1	106.5
116.0	50.6	55.5	53.0	171.1	75.7	82.8	79.2	228.5	102.7	111.7	107.1
117.1	51.1	56.0	53.6	172.3	76.3	83.3	79.7	229.7	103.2	112.3	107.6
118.2	51.6	56.6	54.1	173.4	76.8	83.9	80.3	230.8	103.8	112.9	108.2
119.3	52.1	57.1	54.6	174.5	77.3	84.4	80.8	231.9	104.3	113.4	108.7
120.5	52.6	57.7	55.2	175.6	77.8	85.0	81.3	233.1	104.8	114.0	109.3
121.6	53.1	58.2	55.7	176.8	78.3	85.6	81.9	234.2	105.4	114.6	109.8
122.7	53.6	58.8	56.2	177.9	78.9	86.1	82.4	235.3	105.9	115.2	110.4
123.8	54.1	59.3	56.7	179.0	79.4	86.7	83.0	236.4	106.5	115.7	110.9
125.0	54.6	59.9	57.3	180.1	79.9	87.3	83.5	237.6	107.0	116.3	111.5
126.1	55.1	60.4	57.8	181.3	80.4	87.8	84.0	238.7	107.5	116.9	112.1
127.2	55.6	61.0	58.3	182.4	81.0	88.4	84.6	239.8	108.1	117.5	112.6
128.3	56.1	61.6	58.9	183.5	81.5	89.0	85.1	240.9	108.6	118.0	113.2
129.5	56.7	62.1	59.4	184.5	82.0	89.5	85.7	242.1	109.2	118.6	113.7
130.6	57.2	62.7	59.9	185.8	82.5	90.1	86.2	243.1	109.7	119.2	114.3
131.7	57.7	63.2	60.4	186.9	83.1	90.6	86.8	244.3	110.2	119.8	114.9
132.8	58.2	63.8	61.0	188.0	83.6	91.2	87.3	245.4	110.8	120.3	115.4
134.0	58.7	64.3	61.5	189.1	84.1	91.8	87.8	246.6	111.3	120.9	116.0
135.1	59.2	64.9	62.0	190.3	84.6	92.3	88.4	247.7	111.9	121.5	116.5
136.2	59.7	65.4	62.6	191.4	85.2	92.9	88.9	248.8	112.4	122.1	117.1
137.4	60.2	66.0	63.1	192.5	85.7	93.5	89.5	249.9	112.9	122.6	117.6
138.5	60.7	66.5	63.6	193.6	86.2	94.0	90.0	251.1	113.5	123.2	118.2
139.6	61.3	67.1	64.2	194.8	86.7	94.6	90.6	252.2	114.0	123.8	118.8

续表

氧化亚铜	葡萄糖	果糖	转化糖	氧化亚铜	葡萄糖	果糖	转化糖	氧化亚铜	葡萄糖	果糖	转化糖
253.3	114.6	124.4	119.3	310.7	142.7	154.2	148.3	368.2	171.6	184.6	178.1
254.4	115.1	125.0	119.9	311.9	143.2	154.8	148.9	369.3	172.2	185.2	178.7
255.6	115.7	125.5	120.4	313.0	143.8	155.4	149.4	370.4	172.8	185.8	179.2
256.7	116.2	126.1	121.0	314.1	144.4	156.0	150.0	371.5	173.4	186.4	179.8
257.8	116.7	126.7	121.6	315.2	144.9	156.5	150.6	372.7	173.9	187.0	180.4
258.9	117.3	127.3	122.1	316.4	145.5	157.1	151.2	373.8	174.5	187.6	181.0
260.1	117.8	127.9	122.7	317.5	146.0	157.7	151.8	374.9	175.1	188.2	181.6
261.2	118.4	128.4	123.3	318.6	146.6	158.3	152.3	376.0	175.7	188.8	182.2
262.3	118.9	129.0	123.8	319.7	147.2	158.9	152.9	377.2	176.3	189.4	182.8
264.6	120.0	130.2	124.9	320.9	147.7	159.5	153.5	378.3	176.8	190.1	183.4
265.7	120.6	130.8	125.5	323.1	148.8	160.7	154.6	379.4	177.4	190.7	184.0
266.8	121.1	131.3	126.1	324.2	149.4	161.3	155.2	380.5	178.0	191.3	184.6
268.0	121.7	131.9	126.6	325.4	150.0	161.9	155.8	381.7	178.5	191.9	185.2
269.1	122.2	132.5	127.2	326.5	150.5	162.5	156.4	382.8	179.2	192.5	185.8
270.0	122.7	133.1	127.8	327.6	151.1	163.1	157.0	383.9	179.7	193.1	186.4
271.3	123.3	133.7	128.3	328.8	151.7	163.7	157.5	385.0	180.3	193.7	187.0
272.5	123.8	134.2	128.9	329.9	152.2	164.3	158.1	386.2	180.9	194.3	187.6
274.7	124.9	135.4	130.0	331.0	152.8	164.9	158.7	387.3	181.5	194.9	188.2
275.8	125.5	136.0	130.6	332.1	153.4	165.4	159.3	388.4	182.1	195.5	188.8
277.0	126.0	136.6	131.2	333.3	153.9	166.0	159.9	389.5	182.7	196.1	189.4
278.1	126.6	137.2	131.7	334.4	154.5	166.6	160.5	390.7	183.2	196.7	190.0
279.2	127.1	137.7	132.3	335.5	155.1	167.2	161.0	391.8	183.8	197.3	190.6
280.3	127.7	138.3	132.9	336.6	155.6	167.8	161.6	392.9	184.4	197.9	191.2
281.5	128.2	138.9	133.4	337.8	156.2	168.4	162.2	394.0	185.0	198.5	191.8
282.6	128.8	139.5	134.0	338.9	156.8	169.0	162.8	395.2	185.6	199.2	192.4
283.7	129.3	140.1	134.6	340.0	157.3	169.6	163.4	396.3	186.2	199.8	193.0
284.8	129.9	140.7	135.1	341.1	157.9	170.2	164.0	397.4	186.8	200.4	193.6
286.0	130.4	141.3	135.7	342.3	158.5	170.8	164.5	398.5	187.3	201.0	194.2
287.1	131.0	141.8	136.3	343.4	159.0	171.4	165.1	399.7	187.9	201.6	194.8
288.2	131.6	142.4	136.8	344.5	159.6	172.0	165.7	400.8	188.5	202.2	195.4
289.3	132.1	143.0	137.4	345.6	160.2	172.6	166.3	401.9	189.1	202.8	196.0
290.5	132.7	143.6	138.0	346.8	160.7	173.2	166.9	403.1	189.7	203.4	196.6
291.6	133.2	144.2	138.6	347.9	161.3	173.8	167.5	404.2	190.3	204.0	197.2
292.7	133.8	144.8	139.1	349.0	161.9	174.4	168.0	405.3	190.9	204.7	197.8
293.8	134.3	145.4	139.7	350.1	162.5	175.0	168.6	406.4	191.5	205.3	198.4
295.0	134.9	145.9	140.3	351.3	163.0	175.6	169.2	407.6	192.0	205.9	199.0
296.1	135.4	146.5	140.8	352.4	163.6	176.2	169.8	408.7	192.6	206.5	199.6
297.2	136.0	147.1	141.4	353.5	164.2	176.8	170.4	409.8	193.2	207.1	200.2
298.3	136.5	147.7	142.0	354.6	164.7	177.4	171.0	410.9	193.8	207.7	200.8
299.5	137.1	148.3	142.6	355.8	165.3	178.0	171.6	413.2	195.0	209.0	202.0
300.6	137.7	148.9	143.1	356.9	165.9	178.6	172.2	414.3	195.6	209.6	202.6
301.7	138.2	149.5	143.7	358.0	166.5	179.2	172.8	415.4	196.2	210.2	203.2
302.9	138.8	150.1	144.8	359.1	167.0	179.8	173.3	416.6	196.8	210.8	203.8
304.0	139.3	150.6	145.4	360.3	167.6	180.4	173.9	417.7	197.4	211.4	204.4
305.1	139.9	151.2	146.0	361.4	168.2	181.0	174.5	418.8	198.0	212.0	205.0
306.2	140.4	151.8	146.6	362.5	168.8	181.6	175.1	419.9	198.5	212.6	205.7
307.4	141.0	152.4	147.1	363.6	169.3	182.2	175.7	421.1	199.1	213.3	206.3
308.5	141.6	153.0	147.7	364.8	169.9	182.8	176.3	422.2	199.7	213.9	206.9
309.6	142.1	153.6	148.3	365.9	170.5	183.4	176.9	423.3	200.3	214.5	207.5

续表

氧化亚铜	葡萄糖	果糖	转化糖	氧化亚铜	葡萄糖	果糖	转化糖	氧化亚铜	葡萄糖	果糖	转化糖
424.4	200.9	215.1	208.1	448.1	213.5	228.2	221.0	470.6	225.7	241.0	233.6
425.6	201.5	215.7	208.7	449.2	214.1	228.8	221.6	471.7	226.3	241.6	234.2
426.7	202.1	216.3	209.3	450.3	214.7	229.4	222.2	472.9	227.0	242.2	234.8
427.8	202.7	217.1	209.9	451.5	215.3	230.1	222.9	474.0	227.6	242.9	235.5
428.9	203.3	217.6	210.5	452.6	215.9	230.7	223.5	475.1	228.2	243.6	236.1
430.1	203.9	218.2	211.1	453.7	216.5	231.3	224.1	476.2	228.8	244.3	236.8
431.2	204.5	218.8	211.8	454.8	217.1	232.0	224.7	477.4	229.5	244.9	237.5
432.3	205.1	219.5	212.4	456.0	217.8	232.6	225.4	478.5	230.1	245.6	238.1
433.5	205.7	220.1	213.0	457.1	218.4	233.2	226.0	479.5	230.7	246.3	238.8
434.5	206.3	220.7	213.6	458.2	219.0	233.9	226.6	480.7	231.4	247.0	239.5
435.7	206.9	221.3	214.2	459.3	219.6	234.5	227.2	481.9	232.0	247.8	240.2
436.8	207.5	221.9	214.8	460.5	220.2	235.1	227.9	483.0	232.7	248.5	240.8
438.0	208.1	222.6	215.4	461.6	220.8	235.8	228.5	484.1	233.3	249.2	241.5
439.1	208.7	223.2	216.0	462.7	221.4	236.4	229.1	485.2	234.1	250.0	242.3
440.2	209.3	223.8	216.7	463.8	222.0	237.1	229.7	486.4	234.7	250.8	243.0
441.3	209.9	224.4	217.3	465.0	222.6	237.7	230.4	487.5	235.3	251.6	243.8
442.5	210.5	225.1	217.9	466.1	223.3	238.4	231.0	488.6	236.1	252.7	244.7
443.6	211.1	225.7	218.5	467.2	223.9	239.0	231.7	489.7	236.9	253.7	245.8
444.7	211.7	226.3	219.1	468.4	224.5	239.7	232.3				
447.0	212.9	227.6	220.4	469.5	225.1	240.3	232.9				

第二节　淀粉含量的测定

【学习要求】

▲ 通过学习，了解淀粉的组成和种类；

▲ 通过训练，掌握淀粉含量测定方法的原理、操作技能。

淀粉是粮食及其制品的重要营养成分，人类以粮食为主食，粮食中的淀粉是人体进行生命活动所需能量的主要来源。禾谷类粮食淀粉含量为55%～80%；干燥的豆类淀粉含量约为16%～47%；马铃薯淀粉含量约为16%。人体总摄入热量的80%来源于淀粉等糖类物质。谷物籽粒中淀粉含量及淀粉特性，因品种、种植气候、土质以及其他生长条件的不同而不同。因此，淀粉含量及淀粉品质是粮食及谷类食品的重要的品质指标之一。测定淀粉的含量，对评价粮食食用品质及经济价值、合理使用粮食等都具有重要的作用。

淀粉是由许多葡萄糖分子失水缩合而成的大分子物质。根据淀粉分子结构的特点，可以把淀粉分为直链淀粉和支链淀粉两种类型。

直链淀粉是由大约300～1200个D-葡萄糖通过α-1,4-糖苷键连接而成的没有分支的大分子物质。直链淀粉分子中的D-葡萄糖基除在一端具有一个半缩醛形式外，其余的全部都是缩醛形式。半缩醛形式的D-葡萄糖所在的分子链这一端称为还原端，另一端称为非还原端。直链淀粉分子在空间并不是完全伸直的，而是卷曲成螺旋状，每一个螺旋圈含有6个D-葡萄糖残基，它与碘形成的复合体呈蓝色。

支链淀粉分子比直链淀粉分子更大，更复杂。支链淀粉分子由大约 1300 个以上的 D-葡萄糖单位组成，含有 50 个以上的分支。每个分支由大约 24～30 个 D-葡萄糖通过 α-1,4-糖苷键连接而成，分支点主要以 α-1,6-糖苷键交联起来，这样就形成了如同树枝状庞大的支链淀粉分子。支链淀粉与碘形成的复合体呈红紫色。

淀粉含量的测定方法，主要采用酸或酶水解生成还原糖，以测得还原糖量计算淀粉含量。或用高氯酸、氯化钙、硫氰酸钾、硝酸铵等试剂将淀粉微晶束破坏，制成可溶性淀粉，采用旋光法测定其含量。酶水解法有严格的选择，对淀粉的水解较为专一，因此，此法测定结果较为准确，适用范围广，但对操作条件（pH、温度等）要求严格且操作烦琐，使用上受到一定程度的限制。酸水解法没有专一性，水解淀粉的同时，其他多糖也随之水解为还原糖，所以测定结果不如酶水解法准确，但操作较为简便快捷，适用于淀粉含量多、而其他多糖含量少的样品的测定。参见 GB/T 5514—2008《粮油检验　粮食、油料中淀粉含量测定》。

1. 测定原理

试样除去脂肪和可溶性糖，其中 α-淀粉经淀粉酶水解成双糖、双糖再用盐酸水解成具有还原性的单糖，最后按还原糖测定，再乘以换算系数，即可得到淀粉含量。

2. 试剂

(1) 淀粉酶溶液　称取 α-淀粉酶 0.5g，加 100mL 水溶解，加入数滴甲苯或三氯甲烷，防止生霉。

(2) 碘溶液　称取 3.6g 碘化钾溶于 20mL 水中，加 1.3g 碘，溶解后加水至 100mL。

(3) 85%乙醇。

(4) 6mol/L 盐酸溶液　取盐酸（相对密度为 1.19）100mL，加水至 200mL。

(5) 200g/L 氢氧化钠溶液。

(6) 甲基红指示液　称取 0.1g 甲基红，用 95%乙醇溶液定容至 100mL。

(7) 乙醚。

(8) 费林溶液

① 碱性酒石酸铜甲液　取硫酸铜结晶（$CuSO_4 \cdot 5H_2O$）34.639g，加适量水溶解，加浓硫酸 0.5mL，再加水至 500mL，用精制石棉过滤。

② 碱性酒石酸铜乙液　取酒石酸钾钠（$KNaC_4H_4O_6 \cdot 4H_2O$）173g 与氢氧化钠（NaOH）50g，加适量水溶解，稀释至 500mL。用精制石棉过滤，储存于具有橡皮塞的玻璃瓶内。

(9) 精制石棉　先用 3mol/L 盐酸溶液将石棉浸泡 2～3d 后，用水洗净。再加 10g/100mL 氢氧化钠溶液浸泡 2～3d 后，倾去溶液，用热碱性酒石酸铜乙液浸泡数小时，用水洗至干净，再以 3mol/L 盐酸溶液浸泡数小时，用水洗至不呈酸性，使之成为微细的软纤维，用水浸泡储存于玻璃瓶内，作填充古氏坩埚用。

(10) 高锰酸钾标准溶液 $\left[c\left(\frac{1}{5}KMnO_4\right)=0.1mol/L\right]$　按 GB/T 5490—2010《粮食、油料及植物油脂检验一般规则》配制和标定。

(11) 1mol/L 氢氧化钠溶液　取氢氧化钠 4g，加水稀释至 100mL。

(12) 硫酸铁溶液　取硫酸铁 50g，加水至 200mL 溶解后，慢慢加入浓硫酸 100mL，冷却后加水至 1000mL。

(13) 3mol/L 盐酸　取盐酸（相对密度为 1.19）25mL，加水至 100mL。

3. 仪器和设备

(1) 粉碎磨　粉碎样品，使其全部通过孔径为0.45mm（40目）的筛。

(2) 天平　感量为0.01g。

(3) 锥形瓶　250mL。

(4) 回流冷凝装置　能与250mL锥形瓶口相匹配。

(5) 容量瓶　250mL。

(6) 抽滤装置　由玻璃纱芯漏斗和吸滤瓶组成，用水泵或真空泵抽滤。

(7) 恒温水浴锅。

4. 操作流程

称样→脱脂→除去可溶性糖→糊化→酶水解→酸水解→定容→测定还原糖→结果计算

5. 操作步骤

(1) 试样的制备　取经缩分的待测样品，用粉碎磨粉碎至全部通过孔径为0.45mm（40目）的筛，充分混合，保存备用。

(2) 水分测定　试样水分含量按第七章第一节水分测定方法进行。

(3) 试样处理　称取试样2～5g（m_0，精确至0.01g），置于放有折叠滤纸的漏斗内，先用50mL乙醚分5次洗涤除去脂肪，再用100mL乙醇洗涤除去可溶性糖类，将残留物移入250mL的烧杯内，并用50mL水洗滤纸及漏斗，将洗液并入烧杯内。

注意： 试样含有很少脂肪时，可不用乙醚洗涤。

将烧杯置于沸水浴上加热15min，使淀粉糊化。将糊化的试样放置冷却至60℃以下，加入20mL α-淀粉酶溶液（或麦芽汁），在恒温水浴锅中55～60℃保温水解1h，经常搅拌。然后取酶解液1滴，加1滴碘液，若呈蓝色，再加热糊化，并加入20mL α-淀粉酶溶液（或麦芽汁），继续保温，直至加碘不呈蓝色为止。

注意： 在使用α-淀粉酶之前，可用已知含量的淀粉糊化液少许，加入定量的α-淀粉酶溶液，在55～60℃水浴上加热1h，用碘溶液观察，经水解后蓝色是否减退或消失，以确定酶的活力及水解时所需用量。

将酶解完全的试样加热至沸，冷却后移入250mL的容量瓶中并加水至刻度，混匀，过滤，弃去初滤液。取50mL滤液，置于250mL容量瓶中，加6mol/L盐酸溶液5mL，装上回流冷凝管，在沸水浴中回流1h，冷却后加2滴甲基红指示液，用200g/L氢氧化钠溶液中和至中性，溶液转入100mL容量瓶中，洗涤锥形瓶，将洗液并入100mL容量瓶中，加水定容至刻度，混合备用。

(4) 测定还原糖　准确吸取制备的试样溶液50mL于400mL烧杯中，加入碱性酒石酸铜甲、乙液各25mL，用表面皿盖上烧杯，置电炉上加热，在4min内沸腾，再煮沸2min，趁热用铺有石棉的古氏坩埚（或垂融玻璃坩埚）抽滤，并用60℃热水洗涤烧杯和沉淀，至不呈碱性为止。将古氏坩埚放回原400mL烧杯中，加硫酸铁溶液和水各25mL，用玻璃棒搅拌，使氧化亚铜完全溶解，再以0.1mol/L高锰酸钾标准溶液滴定至微红色。

同时取水50mL和同量的淀粉酶溶液（或麦芽汁）做试剂空白试验。

6. 结果计算

相当于试样中还原糖质量的氧化亚铜质量按式(10-6)计算：

$$m=(V-V_0)\times c\times 71.54 \tag{10-6}$$

式中　m——相当于试样中还原糖质量的氧化亚铜的质量，mg；

V——试样消耗高锰酸钾标准溶液的体积，mL；

V_0——试剂空白消耗高锰酸钾标准溶液的体积，mL；

c——$\frac{1}{5}KMnO_4$ 标准溶液的浓度，mol/mL；

71.54——1mol/L 高锰酸钾标准溶液 1mL 相当于 Cu_2O 的毫克数。

由所得的氧化亚铜质量，按表 10-3 查出相当的还原糖（以葡萄糖计）的质量。

试样中淀粉（干基）的含量（%）按式(10-7) 计算：

$$X=\frac{500\times 0.9\times(m_A-m_B)}{m_0\times V\times(1-w)\times 1000}\times 100\% \tag{10-7}$$

式中　X——淀粉干基质量分数；

m_A——转化后测得的还原糖（以葡萄糖计）质量，mg；

m_B——试剂空白相当于还原糖（以葡萄糖计）质量，mg；

m_0——试样质量，g；

V——转化后稀释为 100mL，测得还原糖的体积，mL；

w——试样水分（以质量分数计）；

0.9——还原糖（以葡萄糖计）换算为淀粉的系数。

每份样品应平行测定两次，平行试样测定的结果符合重复性要求时，取其算术平均值作为结果，测定结果保留小数点后两位。

7. 注意事项

(1) 自制淀粉酶。取已发芽的麦粒，放在 25～35℃温度下干燥，磨成粉末，每 100g 粉末加 20%乙醇 200mL，浸泡 24h 后，用细布压榨并过滤，加双倍滤液的量洗涤沉淀。

经布氏漏斗抽滤后，再置研钵中与乙醇一起研磨，再抽滤，沉淀用乙醇、乙醚洗涤，最后在硫酸干燥器中干燥后备用。

(2) 试样含脂肪量很少时，可不用乙醚洗涤。

(3) 样品糊化的目的是便于酶进行水解。

(4) 淀粉酶在 55～60℃时活性最强，因此水解时需控制温度为 55～60℃。

(5) 水解时淀粉酶用量测定。可用已知含量的淀粉糊溶液少许，加定量的淀粉酶溶液，置 55～60℃水浴上加热 1h，加碘溶液观察，经水解后蓝色是否减退或消失，以确定酶活力及水解时所需用量。一般淀粉酶活力为 1∶25，1∶50，1∶100。

第三节　大米直链淀粉含量的测定

【学习要求】

▲ 通过学习，了解直链淀粉在不同稻谷中的含量、作用；

▲ 通过训练，掌握直链淀粉含量测定方法的原理、操作技能。

淀粉是谷物种子中含量最多的一种营养成分，是由直链淀粉和支链淀粉组成的。大米中直链淀粉的含量与蒸煮品质密切相关。直链淀粉含量高，其蒸煮膨胀率高，米饭干松，黏性差；直链淀粉含量低，其蒸煮膨胀率低，米饭黏性大。

大米直链淀粉含量的测定方法主要有碘亲和力法和碘比色法（GB/T 15683—2008《大米 直链淀粉含量的测定》）。

一、测定原理

将大米粉碎至细粉以破坏淀粉的胚乳结构，使其易于完全分散及糊化，并对粉碎试样脱脂，脱脂后的试样分散在氢氧化钠溶液中，向一定量的试样分散液中加入碘试剂，然后用分光光度计于720nm处测定显色复合物的吸光度。

考虑到支链淀粉对试样中碘-直链淀粉复合物的影响，利用马铃薯直链淀粉和支链淀粉的混合标样制作校正曲线，从校正曲线中读出样品的直链淀粉含量。

注：该方法实际上取决于直链淀粉-碘的亲和力，在720nm处测定是使支链淀粉的干扰作用减少到最小。

二、试剂

(1) 85%甲醇溶液。

(2) 95%乙醇溶液。

(3) 1mol/L氢氧化钠溶液。

(4) 0.09mol/L氢氧化钠溶液。

(5) 20g/L十二烷基苯磺酸钠溶液　使用前加亚硫酸钠至浓度为2g/L。

(6) 3g/L氢氧化钠溶液。

(7) 1mol/L乙酸溶液。

(8) 碘试剂　用具盖称量瓶称取2.000g±0.005g碘化钾，加适量的水以形成饱和溶液，加入0.200g±0.001g碘，碘全部溶解后将溶液定量移至100mL容量瓶中，加蒸馏水至刻度，摇匀。临用时现配，避光保存。

(9) 马铃薯直链淀粉标准溶液　不含支链淀粉，浓度为1mol/mL。

用甲醇对马铃薯直链淀粉进行脱脂，以5～6滴/s的速度回流抽提4～6h。

马铃薯直链淀粉应很纯，要经过安培滴定或电位滴定测试。有些市售的马铃薯直链淀粉纯度不高，将可能给出不正确的高直链淀粉含量结果。纯的直链淀粉应能够结合不少于其自身质量的19%～20%的碘。马铃薯直链淀粉纯度检验参见本节后附录。

将脱脂后的直链淀粉放在一个适当的盘子上铺开，放置2d，以使残余的甲醇挥发并达到水分平衡。支链淀粉和试样按同样的方法处理。

称取100mg±0.5mg脱脂及水分平衡后的直链淀粉于100mL锥形瓶中，小心加入1.0mL乙醇，将粘在瓶壁上的直链淀粉冲下，再加入9.0mL 1mol/L氢氧化钠溶液，轻摇使直链淀粉完全分散开。随后将混合物于沸水浴加热10min以分散马铃薯直链淀粉。分散后迅速冷却至室温，移入100mL容量瓶，加蒸馏水定容，剧烈摇匀。1mL此标准分散液含1mg直链淀粉。

当测试样品时，直链淀粉和支链淀粉在相同的条件下进行水分平衡，则不需要进行水分校正，获得测试结果为大米干基结果。如果测试样品和标准品不是在相同的条件下制备的，则样品盒标准品的水分都要依据GB/T 21305—2007《谷物及谷物制品水分的测定　常规法》进行水分测试，结果也应进行相应的校正。

(10) 支链淀粉标准溶液　浓度为 1mg/mL。

备好支链淀粉含量 99%（质量分数）以上的糯性（蜡质）米粉。将糯米浸泡后用捣碎机将它们捣成微细分散状。使用脱蛋白溶液彻底去掉蛋白，洗涤，然后用甲醇进行回流抽提脱脂，将脱脂后的支链淀粉平铺在平皿上，放置 2d，以挥发残余的甲醇，并平衡水分。

用支链淀粉取代直链淀粉，按照上述方法制备支链淀粉标准溶液，1mL 支链淀粉标准溶液含 1mg 支链淀粉。

三、仪器和用具

(1) 实验室捣碎机。

(2) 粉碎机　可将大米粉碎并通过 150～180μm（80～100 目）筛，推荐使用配置 0.5mm 筛片的旋风磨。

(3) 筛子　150～180μm（80～100 目）筛。

(4) 分光光度计　具有 1cm 比色皿，可在 720nm 处测量吸光度。

(5) 抽提器　能采用甲醇回流抽提样品，速度为 5～6 滴/s。

(6) 容量瓶　100mL。

(7) 恒温水浴锅。

(8) 锥形瓶　100mL。

(9) 分析天平　感量为 0.0001g。

四、操作流程

制备样品 → 脱脂 → 称样 → 样品前处理 → 校正曲线绘制 → 试样测定 → 结果计算

五、操作步骤

1. 试样制备

(1) 取至少 10g 精米，用旋风磨粉碎成粉末，并通过规定的筛网，混匀，装入具塞广口瓶中备用。

(2) 采用甲醇溶液回流抽提脱脂。

2. 样品溶液的制备

称取 100mg±0.5mg 试样于 100mL 锥形瓶中，小心加入 1.0mL 乙醇溶液，将粘在瓶壁上的试样冲下，移取 9.0mL 1.0mL/L 氢氧化钠溶液于锥形瓶中，并轻轻摇匀，随后将混合物在沸水浴上加热 10min 以分散淀粉，取出冷却至室温，转移到 100mL 容量瓶中，加蒸馏水定容，并剧烈振摇混匀。

3. 空白溶液的制备

采用与测定样品时相同的操作步骤及试剂，做空白试验，但使用 5.0mL 0.09moL/L 氢氧化钠溶液代替样品制备空白溶液。

4. 校正曲线的绘制

(1) 系列标准溶液的制备　按照表 10-4 混合制备直链淀粉和支链淀粉标准分散液及 0.09mL/L 氢氧化钠溶液的混合液。

(2) 显色和吸光度测定　准确移取 5.0mL 系列标准溶液到预先加入大约 50mL 水的 100mL 容量瓶中，加 1.0mL 乙酸溶液，摇匀，再加入 2.0mL 碘试剂，加水至刻度，摇匀，静置 10min。

分光光度计用空白液调零，在 720nm 处测定系列标准溶液的吸光度。

(3) 绘制校正曲线 以吸光度为纵坐标，直链淀粉含量为横坐标，绘制校正曲线。直链淀粉含量以大米干基质量分数表示。

表 10-4 系列标准溶液

大米直链淀粉含量(干基)/%	马铃薯直链淀粉标准溶液体积/mL	支链淀粉标准液体积/mL	0.09moL/L 氢氧化钠体积/mL
0	0	18.0	2.0
10.0	2.0	16.0	2.0
20.0	4.0	14.0	2.0
25.0	5.0	13.0	2.0
30.0	6.0	12.0	2.0
35.0	7.0	11.0	2.0

注：上述数据是在平均淀粉含量为 90% 的大米干基基础上计算所得。

5. 样品液测定

准确移取 5.0mL 样品液加入到预先加入大约 50mL 水的 100mL 容量瓶中，从加入乙酸溶液开始，按照上述步骤操作。

用空白溶液调零，在 720nm 处测定样品溶液的吸光度值。

每一样品溶液均做两份平行测定。

6. 结果表示

以由吸光度在校正曲线查出相对于干基的直链淀粉质量分数表示。

以两次测定结果的算术平均值为测定结果，其结果保留一位小数。

双试验结果允许差为：直链淀粉含量在 10.0% 以上时不得超过 1.0%，直链淀粉含量在 10.0% 以下时不得超过 0.5%。

附录 马铃薯直链淀粉标准品制备方法

一、马铃薯直链淀粉标准品应具备的条件

(1) 直链淀粉应能够结合不少于其自身质量 19%～20% 的碘。

(2) 碘-淀粉结合体的最大吸光度值应在 640nm±10nm 之间。

(3) 淀粉的含量在 99% 以上（以干基计）。

二、碘结合力的测定

（一）试剂

除了本节中的试剂外，还需要下列试剂。

(1) 0.1mol/L 碘化钾溶液。

(2) 0.001mol/L 标准碘酸钾溶液。

（二）仪器和用具

除了本节中的仪器和用具外，还需要下列仪器。

(1) 微量滴定管 1～2mL。

(2) 电位计 精确到±0.1mV，配有铂工作电极和甘汞参比电极，也可选用滴定器。

（三）操作步骤

1. 制备方法

(1) 提取淀粉 称取约 100g 新鲜马铃薯，洗净，去皮，切块。置组织捣碎机中，加适量水并捣碎，过孔径为 177nm 的筛子，筛下物静置澄清后，弃去上清液，沉淀备用。

天然的淀粉颗粒，因其具有晶体结构而不溶于冷水。马铃薯组织经捣碎后，纤维组织不易捣碎仍呈大块，应过筛去除；可溶性物质可经水漂洗去除。

(2) 制取直链淀粉 取沉淀物，加 200mL 水及 200mL 1mol/L 氢氧化钠溶液，在 85℃水浴中加热搅拌 20min 至完全分散，冷却，以 4000r/min 离心机离心 20min。取上清液，用 1.5mol/L 盐酸溶液调至 pH6.5，然后加入 1∶1（体积比）丁醇-异戊醇 80mL，在 85℃水浴中加热搅拌 10min，冷却至室温，移入冰箱内(2～4℃)静置 24h，去掉上层污物层，以 4000r/min 离心机离心 20min，弃去上清液，沉淀物即粗直链淀粉。在 pH6.5 的介质中，直链淀粉与正丁醇形成结晶性复合体沉淀，使直链淀粉与支链淀粉和其他可溶性杂质分离。

(3) 精制直链淀粉 用饱和正丁醇水溶液洗涤沉淀物（粗直链淀粉），4000r/min 离心机离心 15min，将沉淀物转移至 200mL 饱和正丁醇水溶液中，在 85℃水浴中加热溶解 10～15min，冷却至室温，移入冰箱内（2～4℃）静置 24h，去掉上层污物层，以 4000r/min 离心机离心 10min，沉淀物再加 200mL 饱和正丁醇水溶液，在 85℃水浴中加热溶解，反复纯化 3 次。最后沉淀物用无水乙醇反复洗涤离心 3～4 次，分散于盘中，使残余乙醇挥发及水分达到平衡，即得直链淀粉标准品。

2. 直链淀粉标准品质量的测定（碘结合量的测定）

称取 0.1000g 标准品于 100mL 锥形瓶中，加入 1.0mL 乙醇湿润样品，再加入 10mL 0.5mol/L 氢氧化钠溶液于 85℃水浴中完全分散，冷却后移入 100mL 容量瓶中，用水洗锥形瓶数次，洗涤液一并移入容量瓶中，加水至刻度，摇匀。

移取 5.0mL 马铃薯直链淀粉分散液到 200mL 锥形瓶中，加 85mL 水、5.0mL 1mol/L 乙酸溶液和 5.0mL 碘化钾溶液。然后用 2mL 微量滴管向锥形瓶中滴加标准碘酸钾溶液，每滴 0.03mL。每加 1 滴 1min 后用电位滴定法测定，结果以 mV 计。滴定终点可由滴定曲线的二阶导数图计算。

（四）结果计算

碘结合力以质量分数表示，可按式(10-8) 计算：

$$x=\frac{0.7610}{m(1-w_m)}\times V\times 100\% \tag{10-8}$$

式中 x——碘结合力（以质量分数计）；

0.7610——每毫升标准碘酸钾溶液相当于碘的质量，mg；

m——直链淀粉的总质量，mg；

w_m——直链淀粉的水分含量（以质量分数计）；

V——滴定耗用的标准碘酸钾的体积，mL。

三、碘-淀粉复合物的分光光度计测定

将称取 0.1000g 马铃薯直链淀粉加入到 100mL 锥形瓶中，加 1.0mL 乙酸溶液，浸润样品。然后再加入 9.0mL 氢氧化钠溶液，在 85℃水浴锅上加热，直到其完全分散，冷却，移至 100mL 容量瓶中，用水稀释定容，剧烈振摇混匀。移取定容液 2.0mL（马铃薯直链淀粉溶液）于 100mL 容量瓶中，加入 3.0mL 0.09mol/L 氢氧化钠溶液、50mL 水、1.0mL 1mol/L 乙酸溶液和 1.0mL 碘试剂，用水稀释至 100mL，静置 10min，用分光光度计测定在波长 500～800nm 处的吸光度。

溶液最大吸光度应该在 640nm±10nm 之间。

四、淀粉含量的测定

称取 0.1000g 标准样品，加入 10mL 0.5mol/L 氢氧化钠溶液，在 85℃水浴中加热分散，再加入 21.5mL 2mol/L 盐酸溶液，在沸水浴中回流水解 2h，用费林试剂法测定还原糖，乘以 0.9 系数即得淀粉含量。

第四节 粮食黏度的测定

【学习要求】

▲ 通过学习，掌握黏度的概念及其影响因素；

▲ 通过训练，掌握黏度测定方法的原理、操作技能。

黏度是液体在外力作用下发生流动时液体分子间所产生的内摩擦。使面积各为 $1cm^2$ 相距 1cm 的两层液体，以厘米每秒的速度作相对运行时，液体质点内部所产生的阻力即为动力黏度，用 η 表示，其单位为 Pa·s。当温度为 20℃时，纯水的动力黏度为 0.001Pa·s。

在相同温度下，动力黏度与其液体密度之比称为运动黏度，其基本单位为 m^2/s。运动黏度的符号为 ν，在 t℃下的运动黏度应记作 ν_t。

应用毛细管黏度计测定糊液的黏度时，由于涉及的参数较多，测量过程中很难满足所有条件，操作困难较大，因此，所引起的误差也较大，所以，在实际测量中，一般都是测定粮食糊液（牛顿液体）的相对黏度，也就是测定试样的黏度与标准液体黏度的比值。此外，在测定时因为要将粮食做成牛顿液体，所以粮食试样要经粉碎、糊化，使淀粉分子全部分散成小分子（这一点非常重要），糊液用孔径 0.147mm 的铜丝筛过滤处理，便可进行测定。

粮食黏度的大小，由其胶体粒子形成的胶体体系所决定。这种胶体体系主要取决于淀粉及其性质，因为米类的化学成分中淀粉含量最多。由直链淀粉形成的胶体体系黏度较小；由支链淀粉形成的胶体体系黏度较大。糯性大米中的淀粉几乎全是支链淀粉，非糯性大米中的淀粉约 20%支链淀粉和 80%直链淀粉。不论哪种淀粉，水解后其黏度均变小。黏度随浓度的增大而增大，胶体体系分子间的支链距离随浓度的增大而逐渐缩短，乃至形成网络状结构。网间的介质不能流动时，黏度则逐增，进而变成凝胶。凝胶的网架变粗后则出现陈化或离浆。黏度还随压力、温度和时间的不同而变化。黏度较大的米类，米饭的黏性也较大。从米类黏度的大小可以评定其黏性大小。粮食在储藏期间，黏度随着储藏时间的延长明显下降，所以黏度可以作为研究储粮品质变化的参考数据。

一、测定原理

称取经粉碎至一定细度的待测试样，在一定温度下充分糊化，收集过滤后的糊化液，吸收或倒入毛细管黏度计中，在一定温度条件下，一定量糊化液在重力作用下向下移动一定距离，记录自由落下该距离所需的时间，结合测定用毛细管黏度计常数，计算出测定用糊化液的运动黏度。

二、仪器和用具

1. 毛细管黏度计

毛细管黏度计的构造如图 10-1 所示。在毛细管的上部有两个球形泡，在下泡的上、下球处刻有标线。这两条标线是为了在测定时使流动的位差一定而设的标记。

常用的毛细管孔径有 0.8mm、1.0mm、1.2mm、1.5mm 四种。毛细管孔径的选择，

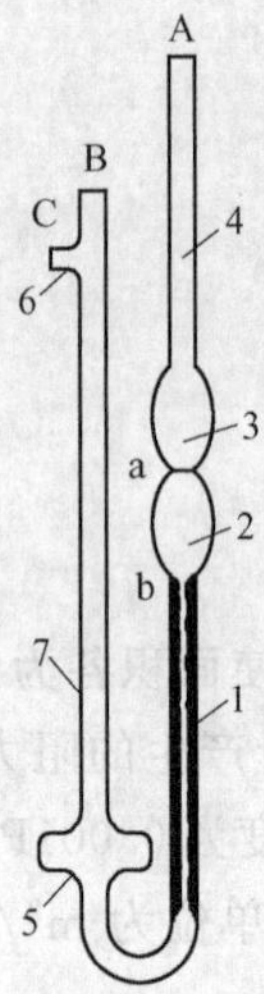

图 10-1 奥氏毛细管黏度计
1，6—管身；2，3，5—球形泡；
4—毛细管；7—支管；a，b—标线；
A—糊化液吸口；B—粗管口；
C—支管

以测定糊化液经毛细管黏度计的上、下刻度的时间在 150～200s 为宜，不要超过 300s 和低于 60s。出厂时附有黏度计常数检定证书，如购置的毛细管黏度计没有标定常数或需校正时，可按下法进行标定或校正（最好由厂方或有关科研、鉴定单位协作进行）。

标定方法：取纯净的 20 号或 30 号机器润滑油，用已知常数的毛细管黏度计在（50±0.1)℃的水浴中测定其运动黏度（5 次测定结果的标准差少于 0.05mm^2/s)，再用该批机油测定未标定毛细管黏度计的流速，测定 5 次，求平均值，计算毛细管黏度计的常数。毛细管黏度计常数按式(10-9) 计算：

$$毛细管黏度计常数(C)=\frac{\nu}{\tau_1} \tag{10-9}$$

式中 ν——机油运动黏度，mm^2/s；

τ_1——机油流出时间，s。

黏度计常数亦可直接用已知黏度的标准油进行标定。

2. 恒温水浴

由玻璃钢（直径约为 35cm，高约为 40cm)、25W 电动搅拌器、温控用电子继电器（触点容量不低于 5A)、1kW U 形电热管及管架板、电接点温度计（20～50℃或 100℃)、精密温度计（刻度 0.1℃）及铁架、铁夹等组成，控温精度可达 0.1℃。

3. 糊化装置

由电热套、直管冷凝管、500mL 锥形瓶及铁架、铁夹等组成。

4. 其他用具

水银温度计（分度为 0.1℃)、秒表、粉碎机、标准铜丝筛（孔径为 0.45mm、0.246mm、0.175mm、0.147mm 筛及筛底)、天平（感量为 0.01g)、电吹风机、电烘箱、洗耳球和乳胶管等。

三、操作流程

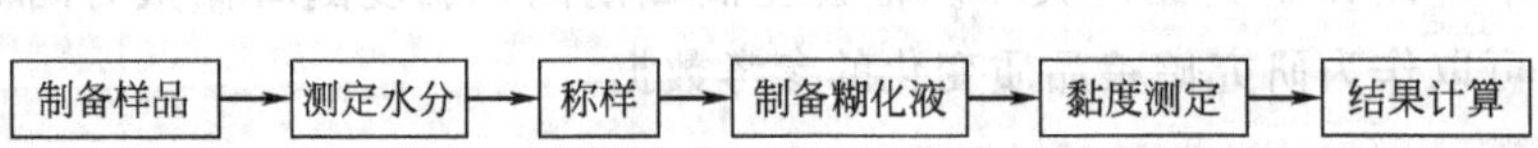

四、操作方法

(1) 样品制备 分取粮食试样约 100g，稻谷试样预先脱壳并碾成标二或标一白米。用粉碎机粉碎，过筛，筛上物再反复粉碎（或用研钵研磨）至 90％以上试样通过孔径 0.246mm 筛（玉米通过孔径 0.45mm 筛)。

(2) 糊化液的制取 试样先测定水分含量，再用 1％天平称取相当于 7.00g 干物质的大米粉、小麦粉或 8.00g 干物质的玉米粉。实称粉样质量为：7.00(或 8.00)÷(100－W)×100(W 为 100g 试样中含水量的克数)。

将样品放入 500mL 的锥形瓶中，加入预热至 40～50℃的水 200mL，装上冷凝管于已预先开启的电热套中加热，使样品液在 5min 左右开始沸腾并立即计时。注意随时调节锥形瓶（连同冷凝管）距离电热套的高度，严格控制保持样品液均匀微沸，勿使样品液冲入冷凝管中。30min 后，取下锥形瓶，迅速将全部样品液倒入洁净、干燥的孔径为 0.147mm 的铜丝筛上过滤，均匀转动筛子收集滤液 100mL 左右，即为糊化测定液。

(3) 黏度测定　将糊化液迅速吸入或倒入洁净、干燥的毛细管黏度计中（吸入方法：在黏度计 C 口接上乳胶管后，倒置黏度计，将黏度管 A 口插入糊化测定液中，均匀振荡糊化液，然后用手指堵住 B 口并用洗耳球自 C 口的乳胶管吸气，使糊化液缓慢吸入毛细管黏度计中，至糊化液上升至蓄液球为止）。立即将黏度计垂直于（50±0.1)℃恒温水浴中，并使黏度计上、下刻度的两球全部浸入水面下，把乳胶管自 C 口移接在 A 口上，恒温 10～12min 后用洗耳球自 A 口将糊化液吸起吹下搅匀，然后吸起糊化液使充满黏度计上球，停止吸气，待糊化液自由流下至两球间的刻度时，按下秒表开始计时。然后同上操作连续测定 2～3 次，流速测定结果取其平均值。

五、结果计算

运动黏度按式(10-10）计算：

$$\nu=\tau_t C \tag{10-10}$$

式中　ν——运动黏度，cSt❶；

τ_t——试样流出时间，s；

C——黏度计常数，cSt/s。

双试验结果（2 次糊化测定结果）允许差：

黏度平均值在 3.0cSt 以下，不超过 0.2cSt；

黏度平均值在 3.1～6.0cSt，不超过 0.5cSt；

黏度平均值在 6.1～10.0cSt，不超过 0.8cSt；

黏度平均值在 10.1cSt 以上，不超过 1.0cSt。

如果不符合上述要求，应再测定两份糊化液，将符合上述要求的测定结果加以平均。平均值取小数点后一位。

六、注意事项

(1) 样品制备是影响测定结果准确的关键，必须严格分规定量的试样，严格控制粉碎粒度及通过孔径 0.246mm 筛（玉米通过孔径 0.45mm 筛）粉样的收集量，使每次粉碎收集的样品总量在 90%以上，筛上物必须均匀混入样品中。

(2) 糊化液过滤时要快，置入黏度计时的糊化温度应不低于 50℃。黏度计应垂直地置于 50℃水浴中，否则会影响测定结果。

(3) 过滤糊化液的筛子（孔径为 0.147mm）用后应立即用温水冲洗烘干，如有堵塞，可用 1%的淀粉酶溶液浸泡、洗涤。

(4) 糊化液倒入铜丝筛中过滤时，只能均匀转动筛子，而不能用力筛动筛子，避免颗粒物进入滤液中，影响黏度测定。

(5) 在加热糊化试样时，瓶中发生泡沫，可用电吹风或用冷毛巾围绕瓶颈的办法加以抑制。

(6) 测量时黏度计必须垂直，如发生倾斜，尽管加入的液体体积相同，也会因为垂直位差引起测定时流出时间的误差。

(7) 液体的黏度随温度的升高而下降，一般黏度值越高，随温度而变化的值就越大。因

❶ $1cSt=10^{-6}m^2/s$。

此，应该使恒温水浴的温度变化控制在±0.5℃范围内。

(8) 黏度计每次测定后应用温水冲洗干净，待水流尽后，用20%硫酸溶液（或用重铬酸钾硫酸洗液）浸泡1～2h，取出后，用自来水、蒸馏水冲洗干净并烘干备用（温度不超过120℃）。

第五节　粗脂肪含量的测定

【学习要求】

▲ 通过学习，了解粗脂肪的组成和目前测定粗脂肪含量的方法；

▲ 通过训练，掌握粗脂肪含量测定方法的原理和操作技能。

脂肪是粮食和油料籽粒中的重要化学成分，也是工业的重要原料。在禾谷类粮食中脂肪含量较少，稻谷、小麦中脂肪含量约为0.7%～2.5%；玉米中脂肪含量约为4.3%～4.6%；而玉米胚中的脂肪约占胚质量的30%。在油料中脂肪的含量均较高，大部分在30%以上。

含油量是油料质量标准（国家标准）中的定等项目，是确定油料等级、依质论价的重要依据。国家标准GB 1352—2009《大豆》将粗脂肪含量在20.0%以上的大豆称为高油大豆。在油脂加工中，油料含油量的测定可以作为预计加工出油率和考虑加工工艺条件的依据。对油料饼粕残油率的测定是检验加工过程中出油率高低的重要指标，也是衡量植物油厂生产技术水平、加工工艺的重要技术经济指标。

测定粮食、油料、饲料、饼粕及其他食品中粗脂肪含量的方法有：索氏抽提法、直滴式抽提法和粗脂肪萃取仪法等，其中索氏抽提法和直滴式抽提法为国家标准法（GB/T 5512—2008《粮油检验　粮食中粗脂肪含量测定》）。近年来，随着试验方法和仪器分析方法的发展，使粮食、油料粗脂肪含量测定仪器化成为可能，在许多方面取得卓有成效的进展，如Tecator索氏提取系统、核磁共振法、近红外吸收光谱法等的相继应用，改变了粗脂肪测定手工操作，测定一个试样需要10h以上的落后面貌。核磁共振法、近红外吸收光谱法系非破坏性测定方法，测定一个试样的含油量在2min左右即可完成，并用计算机控制和处理数据，自动打印出结果，能较好地满足收购和加工生产中检测量大、准确、快速、效率高的需要。

粮食、油料籽粒中脂类物质可分为两大类：结合态脂类物和游离态脂类物。结合态脂类物是指脂类物与淀粉、蛋白质结合在一起，要将淀粉脂类物从淀粉中分离出来是相当困难的，它处在直链淀粉的螺旋结构中，其结构十分稳定，用乙醚作溶剂无法将其抽提出来，只能将游离态脂类物抽提出来。因此，用乙醚抽提法进行所谓的粗脂肪的定量，只是近似分析。

一、索氏抽提法

1. 测定原理

根据脂肪溶于乙醚等有机溶剂的特性，将试样置于连续抽提器——索氏抽提器中，用乙醚连续提取试样（反复经过抽提、蒸发、冷凝、回流、抽提等循环过程），被提取物的脂肪在下部的烧瓶中逐渐浓集，直至将试样中的脂肪全部收集到烧瓶中，蒸发去除乙醚，干燥后称量提取物的质量，即可得到脂肪的含量。在提取脂肪的同时，试样中的其他脂溶性物质也同时被提取出来，因此称其为粗脂肪。

2. 试剂

无水乙醚（A. R）。

注意：不能用石油醚代替乙醚，因为石油醚不能溶解全部的植物脂类物质。

警告：① 溶剂应储存于合乎安全规定的溶剂室或溶剂柜中的金属容器中。

② 乙醚和己烷极度易燃，进行分析操作的实验室不能有明火。

③ 操作者应避免吸入溶剂蒸气。

④ 应在装备有防爆的照明、配线和风扇并适合操作的通风罩中使用溶剂。

⑤ 乙醚有随储藏时间延长产生对撞击敏感、有爆炸性的过氧化物的趋势。打开新的乙醚储存器时要逐个检查过氧化物。几个月未用过的乙醚再次使用时也要进行过氧化物的检查。不要使用含有过氧化物的乙醚。含有过氧化物的乙醚应被作为危险物质进行处理。也可以使用进行过稳定处理的乙醚。

⑥ 将电气设备放在地上，保持在合适的工作位置。遵守制造商关于所有抽提仪器安装、操作和安全的建议。

⑦ 确认将萃取杯放入干燥炉前所有溶剂全部蒸发完，以避免起火或爆炸。

3. 仪器和用具

（1）分析天平　感量为 0.1mg。

（2）电热恒温箱。

（3）电热恒温水浴锅。

（4）粉碎机、研钵。

（5）备有变色硅胶的干燥器。

（6）滤纸筒。

注：如无备好的滤纸筒，可取长 28cm、宽 17cm 的滤纸，用直径 2cm 的试管沿滤纸长边卷成筒形，抽出试管至纸筒高的一半处，压平抽空部分，折过来，使之紧靠试管外层，用脱脂线系住，下部的折角向上折，压成圆形底部，抽出试管，即成直径为 2cm、高为 7.5cm 的滤纸筒（按图 10-2 所示方法包扎）。

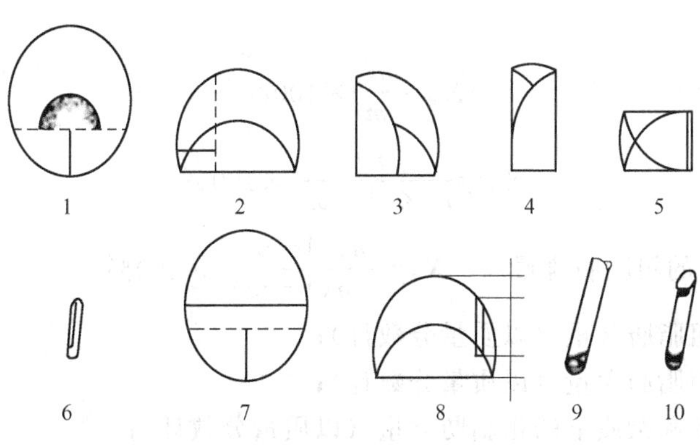

图 10-2　滤纸包包扎方法示意图

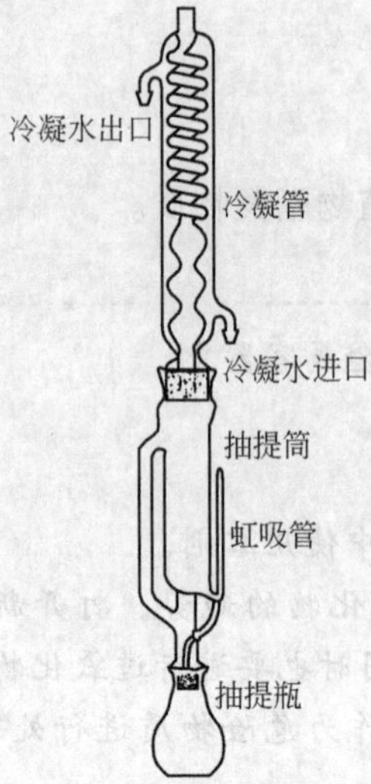

图 10-3　索氏抽提器

(7) 索氏抽提器　索氏抽提器由抽提筒、烧瓶和冷凝器等部件组成，各部件之间由磨口对接，如图 10-3 所示。使用前应将各部件洗净，在 105℃温度下烘干，其中抽提瓶烘至恒重。

(8) 圆孔筛　孔径为 1mm。

(9) 广口瓶。

(10) 脱脂线、脱脂细砂。

(11) 脱脂棉　将医用级棉花浸泡在乙醚或己烷中 24h，其间搅拌数次，取出在空气中晾干。

4. 样品制备

取除去杂质的干净试样 30～50g，磨碎，通过孔径为 1mm 的圆孔筛，然后装入广口瓶中备用。试样应研磨至适当的粒度，保证连续测定 10 次，测定的相对标准差 RSD≤2.0%。

5. 操作流程

试样制备 → 称样 → 试样包扎 → 抽提 → 烘干、恒重 → 结果计算

6. 操作步骤

(1) 试样包扎　从备用的样品中，用烘盒称取 2～5g 试样，在 105℃温度下烘 30min，趁热倒入研钵中，加入 2g 脱脂细砂一同研磨。将试样和细砂研磨出油状，完全转入滤纸筒内（筒底塞一层脱脂棉，并在 105℃温度下烘 30min），用脱脂棉蘸少量乙醚揩净研钵体上的试样和脂肪，并入滤纸筒，最后再将脱脂棉塞入上部，压住试样。

(2) 抽提与烘干　将抽提器安装妥当，然后将装有试样的滤纸筒置于抽提桶内，同时注入乙醚至虹吸管高度以上，待乙醚流净后，再加入乙醚至虹吸管高度 2/3 处。用一小块脱脂棉轻轻地塞入冷凝管上口，打开冷凝管进水管，开始加热抽提。控制加热的温度，使冷凝的乙醚为每分钟 120～150 滴，抽提的乙醚每小时回流 7 次以上。抽提时间须视试样含量而定，一般在 8h 以上，抽提至抽提管内的乙醚用玻璃片检查（点滴试验）无油迹为止。

抽净脂肪后，用长柄镊子取出滤纸筒，再加热使乙醚回流两次，然后回收乙醚，取下冷凝管和抽提筒，加热除尽抽提瓶中残余的乙醚，用脱脂棉蘸乙醚揩净抽提瓶外部，然后将抽提瓶置入 105℃烘箱，先烘 90min，再烘 20min，烘至恒重为止（前后两次质量差在 0.2mg 以内即视为恒重），抽提瓶增加的质量即为粗脂肪的质量。

7. 结果计算

粗脂肪湿基含量、干基含量以及标准水和杂质下的含量分别按式(10-11)、式(10-12)和式(10-13) 计算。

湿基粗脂肪含量
$$X_s=\frac{m_1}{m}\times 100\% \tag{10-11}$$

干基粗脂肪含量
$$X_g=\frac{m_1}{m\times(1-w)}\times 100\% \tag{10-12}$$

标准水和杂质下的粗脂肪含量
$$X_z=\frac{m_1(1-w_b)}{m(1-w)}\times 100\% \tag{10-13}$$

式中　X_s——湿基粗脂肪含量（以质量分数计）；

X_g——干基粗脂肪含量（以质量分数计）；

X_z——标准水和杂质下的粗脂肪含量（以质量分数计）；

m_1——粗脂肪质量，g；

m——试样质量，g；

w——试样水分含量（以质量分数计）；

w_b——试样标准水分、标准杂质之和（以质量分数计）。

双试验结果允许差应不超过0.4%，求其算术平均数作为测定结果。测定结果保留小数点后一位。

8. 注意事项

(1) 用索氏抽提器抽提试样脂肪时，应使用无水乙醚，如乙醚中含有水分，则乙醚抽提液中就会有一部分水溶性物质（如糖类），致使所测得的粗脂肪含量高于实际含量。

(2) 粮食、油料试样的粉碎和磨细，特别是含油量高的样品，用手工研磨，费工、费力、费时，样品研磨的细度还影响到测定结果的准确性，电磁式研磨器能有效地解决上述问题。

(3) 如无现成滤纸筒，可自制滤纸筒或滤纸包。

(4) 拿取烧杯时要戴洁净的白纱手套，防止手上的油污附着于瓶上。

(5) 试样粉碎的粒度不同，粗脂肪的提取率也不同。样品粉碎的粒度小，提取率高，这是因为粒度小的试样有较大的表面积。此外，油料籽粒中的脂肪存在于细胞中，以油滴状分布并与其他物质相互依存，用溶剂浸泡提取，只有将籽粒结构和细胞破坏，缩短油路，打开通路，才易于将籽粒中的脂肪抽净。但是，试样也不可粉碎过细，过细微粒会穿过滤纸孔隙，进入抽提液中，使测定结果偏高。

(6) 试样装入滤纸筒要在滤纸筒容积的2/3以下。试样上填塞脱脂棉是为了使乙醚浸透全部试样，以防止试样从滤纸筒中漂浮出来。

(7) 检查有无油迹点滴实验：取1mL抽提液，注入小试管中，加入0.25mL苏丹Ⅲ乙醚饱和溶液，稍加振摇后，用滴管取1滴染色液滴在干燥洁净的玻璃片上；再在原滴位上滴1～2滴，将玻璃片置于酒精灯火焰上稍加烘烤，用肉眼或放大镜或显微镜观察玻璃片上有无油滴，如有脂肪，在滴位的圆圈边缘上有红色或棕红色的明亮小油滴，否则仅有发暗的隐约可见的红色周边。初次试验可以用乙醚做空白试验对照比较。

(8) 在将烧瓶放入烘箱前，必须将乙醚除尽。如有乙醚残留，放入烘箱烘干时有发生爆炸的危险。在抽提过程中，室内要经常注意通风换气。

(9) 盛抽提物的烧瓶经烘干后易吸湿，因此称量要迅速。

(10) 反复烘干会因脂类氧化而增重。再次复烘后质量增加时，以增重前的质量作为恒重。

(11) 回收乙醚。回收乙醚分三个步骤。

① 过氧化物的鉴定和处理

过氧化物的鉴定：取6mL乙醚置于试管中，加入新配制的10%KI溶液2mL，剧烈振摇，静置1min，下层KI溶液呈黄色，即表示乙醚中有过氧化物存在，可用下法处理。

过氧化物的处理：将乙醚装入分液漏斗中，加入占乙醚体积1/5的10%的$FeSO_4$溶液（取100g $FeSO_4$溶解于600mL水中，加30mL浓H_2SO_4进行酸化，再用水稀释至1000mL），充分混合，静置分层，放出水溶液。

② 除去乙醇：加入占乙醚体积1/5的10% KOH溶液，振荡洗涤后，放出水溶液，如此重复洗涤2～3次即可。

③ 除去水分：在乙醚瓶中加入适量（占乙醚体积1/10～1/5）的小颗粒无水$CaCl_2$，放置24h，不时振摇，取上清液进行蒸馏，收集33～37℃之间的馏分，乙醚承接器需用冰水或冷水冷却，同时连接一安全瓶，并将气体排放至室外或排入下水道中。

抽提用的有机溶剂除使用乙醚外，也可使用石油醚。石油醚除溶解脂肪、脂肪酸外，磷脂、固醇及色素等都不易溶解。石油醚不能用于蓖麻籽含油量的测定，因为蓖麻籽油难溶于石油醚中。测定棉籽的含油量应用石油醚较好，因为棉酚难溶于石油醚，测定结果更为准确。市售石油醚沸程范围有 30～60℃、60～90℃、90～120℃数种，应选用沸程范围为 30～60℃的石油醚。由于市售 30～60℃石油醚往往含有少量高沸点馏出物，应重蒸处理，收集 30～60℃馏分。

二、直滴式抽提法

1. 测定原理

在索氏抽提法的基础上，将其进行改进，抽提方式是使冷凝器滴下的溶剂直接经试样而进入抽提瓶中，不经回流，增加了溶剂循环次数，减少了溶剂量。增大了抽提瓶口径，既可将样包直接放入抽提瓶中浸泡加热，烘干时又可使抽提瓶中水分快速蒸发。而冷凝管下端为锯齿状，下滴溶剂可多方位对样包进行冲洗，大大加快了抽提速度。

2. 试剂

所用试剂同索氏抽提法。

3. 仪器和用具

(1) 直滴式抽提器或改进型直滴式抽提器（见图 10-4）。

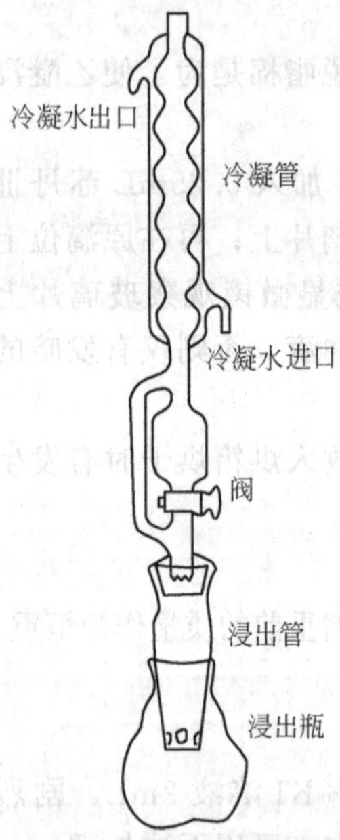

图 10-4　直滴式抽提器

(2) 其他仪器和用具同索氏抽提法。

4. 试样制备

同索氏抽提法。

5. 操作步骤

将样包放入浸出管中并将浸出管下探至抽提瓶底部溶剂中，接通冷凝水，开始加热，温度以乙醚每分钟回滴 200 滴左右为宜。“煮” 30min 之后，将套管套在浸出管外部使试样升至液面之上，继续加热。整个过程油料 2h，饼 1h 左右，粕 40min 左右。

抽提完毕后，关闭三通活塞，回收溶剂。待抽提瓶内乙醚挥发完后，敞开抽提瓶，蒸干其中残余的乙醚，用脱脂棉蘸乙醚擦净瓶壁，送入烘箱烘至恒重。

6. 结果计算

同索氏抽提法。

7. 注意事项

(1) 索氏抽提器抽提效率低。测定粮食、油料中脂肪含量需要 8h 以上的时间，无法满足油料收购和加工生产上迅速获得测定结果的要求。影响索氏抽提器抽提效率的主要是抽提筒的结构。当抽提时，需要抽提液的液面高于虹吸管时才虹吸回流一次，需 7～8min。然而在虹吸之前，随着抽提液浓度的逐渐增大，抽提效率随之减小。但只有当抽提液液面高于虹吸管虹吸回流后，新的溶剂进入抽提筒时，才会有最大的浓度差，出现最佳的抽提效率。随着抽提液浓度的增大，抽提效率又逐渐减小，如此反复，致使整个抽提颇费时间。针对抽提筒上述结构上的缺陷，直滴式抽提器将抽提筒旁边的虹吸管和支管除去，并将筒底打通，筒底附近加 3 个支点，可将盛有试样的滤纸筒放入玻璃漏斗后，置于抽提筒内的 3 个玻璃支点上，抽提时烧瓶中乙醚蒸气通过抽提筒至冷凝器内被冷却，液化后滴入滤纸筒，抽提试样中的脂肪后滴入烧瓶中。这样始终不断地有新鲜乙醚来抽提试样中的脂肪，使乙醚与试样之间始终保持最大的浓度差，处于最佳抽提效率，并且由于乙醚蒸气与液滴是直上直下，可以使回滴滴数增多，达到150～180滴/min，因此，一般抽提可以在6～8h内完成。

(2) 直滴式抽提器虽然比索氏抽提器效率高，速度快，但抽提仍需6～8h。现在有不少改进型直滴式抽提器在直滴式基础上又进行了改进。具体表现在：一是加大仪器的容量，增大滤纸筒内径，使溶剂与试样接触面积增大；二是冷凝器液滴口制成锯齿形，既可增加回滴速度，又可使液滴均匀分布滴入试样中；三是将抽提筒置于烧杯中，使抽提在较高温度中进行，提高抽提效率；四是将烧杯口口径加大，可使烘干时间缩短等。抽提1个油料试样只需2h，油饼1h，粕40min。

三、粗脂肪萃取仪法

1. 测定原理

同索氏抽提法。

2. 试剂

(1) 硅藻土。

(2) 其他试剂同索氏抽提法。

3. 仪器和用具

(1) 分析天平　感量为0.1mg。

(2) 粉碎机、研钵体。

(3) 干燥器　装有变色硅胶。

(4) 圆孔筛　孔径为1mm。

(5) 粗脂肪萃取仪　多位萃取单元，控制两阶段包括溶剂回收循环的兰德尔萃取过程，配置有耐乙醚的氟化橡胶或特富龙密封。

(6) 套筒和支架　纤维质套筒和放置套筒的支架。

(7) 萃取杯　铝制或玻璃制（不同质地萃取杯萃取时间可能不同，要查阅制造商的制造手册）。

4. 试样制备

取除去杂质的干净试样30～50g，磨碎，通过孔径为1mm的圆孔筛，然后装入广口瓶中备用。试样应研磨至适当的粒度，保证连续测定10次，测定的相对标准差RSD≤2.0%。

5. 操作步骤

(1) 根据表10-5称取1～2g试样，精确至0.001g，直接放入经称量去皮的纤维质套筒，使试样含脂肪100～200mg。记录称量（S）和萃取套筒序号。

表10-5　试样加入量参考

粗脂肪含量/%	试样质量/g	粗脂肪含量/%	试样质量/g
<2	5	10	1～2
5	2～4	>20	1

注：如果试样含有大量尿素盐（>5%）或可溶性糖（>15%）、甘油、乳酸、氨基酸盐（>10%）或其他水溶性物质，用水萃取除去。称量试样到滤纸上，每次用水20mL萃取5次，试样排干水分。将装有洗涤过的滤纸放入套筒并于(102±2)℃干燥2h。为方便过滤，在用水萃取前，在滤器底部加入或与试样混合1～2g经灰化、酸洗的沙子，或硅藻土。

(2) 装有试样的套筒在（102±2)℃下干燥2h。如果干燥过的试样未马上进行萃取，须在干燥器中保存。溶剂和试样都应无水，以避免水溶性物质和糖类、尿素、乳酸、甘油被萃取产生错误高值。

如存在预干燥时会融化浸透套筒的高脂肪含量试样，可以向试样中加入吸附剂如硅藻土。也可以在预干燥时加入脱脂棉吸附融出的脂肪。如果试样在102℃时融化，可以在套筒下放置一个预先去皮的萃取杯，用以接受任何未被吸收而融出套筒的融化脂肪。

(3) 在试样的顶部放置脱脂棉（用和萃取溶剂同样的溶剂进行脱脂），保证在萃取步骤中试样完全浸没，防止试样从套筒顶部损失。准备棉塞的大小要足够保持试样的适当位置，同时要尽可能小，以使对溶剂的吸收降到最小。

(4) 在每个萃取杯中放置3～5粒直径为5mm的玻璃珠。在（102±2)℃下干燥萃取杯30min，然后转移到干燥器中静置冷却至室温，称量萃取杯，记录质量（*T*），精确至0.1mg。

(5) 萃取。遵守制造商关于萃取仪器的操作说明，预热萃取仪，打开冷凝器冷凝水，将装有干试样的套筒连接到萃取柱上。当套筒处于萃取位置时，向每个萃取杯中加入足够的溶剂以浸没试样。在萃取柱下放置萃取杯，并保证位置适当，确保萃取杯与它们相应的套筒匹配。套筒位置降低进入溶剂中，沸腾20min，调整适当的回流速率。回流速率是脂肪完全萃取的关键，很多萃取仪器使用大约每秒3～5滴的回流速率。

(6) 提升套筒至溶剂液面上，在此位置淋洗萃取40min。然后使溶剂尽可能从萃取杯中蒸发出来回收溶剂，得到表观上的干燥。

(7) 从萃取器上取出萃取杯，放入通风罩中，在低温下完成溶剂的蒸发。

注： 小心操作，防止通风罩顶部的碎屑掉入。放置萃取杯在通风罩中直到溶剂完全干净。

(8) 在（102±2)℃下干燥萃取杯30min除去水汽，过度干燥会造成脂肪氧化导致测定结果偏高。干燥后，萃取杯在干燥器中静置冷却至室温。称取萃取杯（*F*），精确至0.1mg。

6. 结果计算

粗脂肪含量按式(10-14)计算：

$$X_e=\frac{F-T}{S}\times 100\% \qquad (10\text{-}14)$$

式中 X_e——乙醚萃取的粗脂肪含量（以质量分数计）；

F——萃取的质量与脂肪的质量，g；

T——空萃取杯的质量，g；

S——试样质量，g。

7. 注意回收乙醚

回收乙醚同索氏抽提法。

第六节　粗蛋白含量的测定

【学习要求】

▲ 通过学习，了解目前测定粮油及其制品中粗蛋白含量的方法；

▲ 通过训练，掌握粗蛋白含量测定方法的原理和操作技能。

蛋白质是结构复杂的含氮高分子有机化合物，是构成人体和动植物细胞组织的重要成分，是生命的基础物质。

粮食、油料因产地、种类以及栽培条件的不同，蛋白质的含量也不同。一般豆类及油料中的蛋白质含量均比禾谷类粮食高。油料的蛋白质含量为9%～39%，但大豆蛋白质含量可达37%～50%左右。糙米中蛋白质的含量为7%～15%，小麦中蛋白质的含量为12%～17%，玉米为9%～15.5%，小米为10%～21.5%。

测定某些粮食、油料中蛋白质的含量，可以充分发挥粮油资源，促进合理用粮、节约用粮，对提高粮食资源的利用率具有重要的意义。大豆是我国四大油料作物之一，也是我国人民食用的重要植物蛋白来源。我国每年大豆总产量一半以上用于豆制品工业；总产量的1/4以上用于油脂工业。由于大豆的品种、产地不同，其含油量、蛋白质含量也是不同的。在国家标准（GB 1352—2009《大豆》）中将粗蛋白质含量大于40%的大豆称为高蛋白大豆。

测定蛋白质的方法很多，常用的方法为凯氏定氮法，此外，还有蛋白质测定仪法、双缩脲法、荧光法、甲醛法等。凯氏定氮法分为常量法、半微量法和微量法，三种方法都是先测出样品中的总氮量，再换算成蛋白质的含量。由于总氮量中含有少量的非蛋白质氮，因此，凯氏定氮法测得的蛋白质称为粗蛋白质。

凯氏定氮法是1883年由丹麦化学家凯道尔（Johan Kjedahl）创立的。方法适用于测定任何形态（固体、液体）的样品中蛋白质的含量，具有操作简单，测定结果的重现性好等优点，是蛋白质含量测定的经典方法之一，迄今为止一直为国内（GB/T 5511—2008/ISO 20483：2006《谷物和豆类　氮含量测定和粗蛋白质含量计算　凯式法》）外法定的标准检测方法。我国粮油检验方法标准中以凯氏微量法为仲裁方法。

一、凯式微量定氮法

1. 测定原理

试样在催化剂存在下用硫酸消解，反应产物用碱中和后蒸馏。释放出的氨被硼酸溶液吸收，吸收液用硫酸溶液滴定，测定氮含量，乘以相关的蛋白质换算系数，即为粗蛋白质含量。

(1) 消化　蛋白质与浓硫酸混合加热，其中的碳被氧化成二氧化碳，所含的氮则转变成氨，并与硫酸化合成硫酸铵残留于消化液中。

$$P\begin{cases}COOH\\NH_2\end{cases} + H_2SO_2 \xrightarrow{\text{加热}} CO_2\uparrow + SO_2\uparrow + NH_3\uparrow + H_2O$$

$$2NH_3 + H_2SO_4 \xrightarrow{\text{加热}} (NH_4)_2SO_4$$

由于上述反应进行很慢，加入催化剂可加速反应。硫酸铜是常用的催化剂，硫酸钾能提高硫酸的沸点，常将它们混合使用，起加速氧化，促进有机物分解的作用。

(2) 蒸馏　将所得的硫酸铵加碱蒸馏，氨又被释放出来。

$$(NH_4)_2SO_4 + 2NaOH \xrightarrow{\text{加热}} 2NH_3 \cdot H_2O + Na_2SO_4$$

$$NH_3 \cdot H_2O \xrightarrow{\text{加热}} NH_3\uparrow + H_2O$$

(3) 滴定　生成的氨用硼酸溶液吸收。硼酸吸收氨后，指示剂颜色变化，再用盐酸滴定，直至恢复到原来的氢离子浓度为止，用去盐酸的物质的量即相当于样品中氨的物质的量。

$$2NH_3 + 4H_3BO_4 = (NH_4)_2B_4O_7 + 5H_2O$$

$$(NH_4)_2B_4O_7+2HCl+5H_2O \longrightarrow 2NH_4Cl+4H_3BO_3$$

由于各种蛋白质的含氮量通常为16%左右，将测得样品中的含氮量乘以蛋白质系数，即为粗蛋白质含量。

氮含量换算蛋白质含量的换算系数见表10-6。

表10-6 常见谷物或豆类氮含量换算蛋白质含量的换算系数

农产品	换算系数	农产品	换算系数
普通小麦	5.7	燕麦	5.7或6.25
杜伦麦	5.7	黑麦	5.7
小麦研磨制品	5.7或6.25	黑小麦	6.25
饲料小麦	6.25	玉米	6.25
大麦	6.25	豆类	6.25

2. 试剂

(1) 硫酸钾（K_2SO_4）。

(2) 无水硫酸铜（$CuSO_4 \cdot 5H_2O$）。

(3) 二氧化钛（TiO_2）。

(4) 硫酸（H_2SO_4）　$c(H_2SO_4)=18mol/L$，$\rho_{20}(H_2SO_4)=1.84g/mL$。

(5) 石蜡油。

(6) *N*-乙酰苯胺（C_8H_9NO）　熔点为114℃，氮含量为10.36g/100g。

(7) 色氨酸（$C_{11}H_{12}N_2O_2$）　熔点为282℃，氮含量为13.72g/100g。

(8) 五氧化二磷（P_2O_5）。

(9) 硼酸水溶液　$\rho_{20}(H_3BO_3)=40g/L$，或所使用仪器推荐的浓度。

(10) 指示剂　按照所使用仪器的推荐，加入一定体积的溶液A和溶液B[例如5体积溶液A和1体积溶液B（注：溶液A和溶液B的比例可根据仪器进行调整；有可能准备使用的硼酸溶液中含有指示剂）]。也可以使用pH电极进行电位滴定，pH电极需要每天校对。

① 溶液A　200mg溴甲酚绿（$C_{21}H_{14}Br_4O_5S$）溶于体积分数为95%的乙醇（C_2H_5OH），配制成100mL溶液。

② 溶液B　200mg甲基红（$C_{15}H_{15}N_3O_2$）溶于体积分数为95%的乙醇（C_2H_5OH），配制成100mL的溶液。

(11) 氢氧化钠水溶液（NaOH）　质量分数为33%或40%，含氮量少于或等于0.001%，也可以使用含氮量少于或等于0.001%的工业级氢氧化钠。

(12) 硫酸标准滴定溶液　$c(H_2SO_4)=0.05mol/L$。

因为硫酸在连接管中不产生气泡，所以推荐用硫酸代替盐酸。

(13) 硫酸铵标准滴定溶液　$c[(NH_4)_2SO_4]=0.05mol/L$。

(14) 浮石　颗粒状，盐酸酸洗并灼烧。

(15) 蔗糖（可选择）　不含氮。

3. 仪器和用具

(1) 机械研磨机；

(2) 分析天平　感量为0.001g。

(3) 筛子　孔径为0.8mm。

(4) 圆底烧瓶　1000mL。

(5) 锥形瓶　100mL。

(6) 微量滴定管　5mL，刻度为0.01mL。

(7) 容量瓶　50mL。

(8) 移液管　5mL。

(9) 凯氏蒸馏装置（见图10-5）。

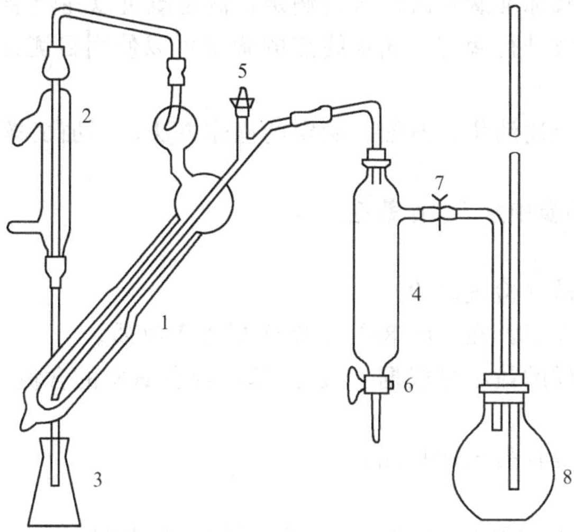

图10-5　凯氏微量蒸馏装置

1—蒸馏瓶；2—冷凝管；3—承接器；4—回流瓶；5—漏斗；
6—活塞；7—簧夹；8—烧瓶

(10) 量筒　10mL。

(11) 凯氏烧瓶　50mL。

4. 操作流程

试样制备 → 称样 → 消化 → 蒸馏 → 吸收 → 滴定 → 结果计算

5. 操作步骤

(1) 试样制备　将样品进行研磨，使其完全通过孔径为0.8mm的筛子。对于粮食，至少要研磨200g样品，研磨后的样品要充分混匀。

(2) 称样　按照含有5～200mg粗蛋白质计算试样用量，一般可称取试样0.2～0.3g（精确至0.0001g）。

(3) 消化　将试样转移到消化烧瓶，然后加入10g硫酸钾、0.30g五水硫酸铜、0.3g二氧化钛（也可以使用符合规定成分的粒状催化剂）和20mL硫酸。可根据仪器情况调整硫酸的加入量，但应确认此改进可以满足对*N*-乙酰苯胺的回收率达到99.5%和对色氨酸的回收率达到99.0%。

小心混合以确保试样的完全浸润。将烧瓶（消化瓶）置于预热到（420±10）℃的消化单元。从消化单元温度再次到达（420±10）℃时开始计时，至少消化2h，然后取下自然冷却。

注： 建议加入浮石作为沸腾调节器和加入如石蜡油的消泡剂。

最短消化时间应使用参考物质进行检验，因为参考物质很难达到回收率的要求。遵循设备制造商关于蒸气排空的建议，因为过强的吸力可能导致氮的损失。

(4) 蒸馏　小心地向冷却后的消解烧瓶中加入50mL水，冷却至室温。量取50mL硼酸到接收瓶中，无论是使用目测比色或光学探头，均要向其中加至少10滴指示剂。

连接好蒸馏装置，向消解烧瓶中加入5mL过量的氢氧化钠溶液完全中和所使用的硫酸，然后开始蒸馏。

根据仪器，所用的试剂量可以变化。

(5) 滴定　使用硫酸标准滴定溶液进行滴定，滴定既可以在蒸馏过程中进行，也可以在蒸馏结束后对所有蒸馏液进行滴定。滴定终点的确定可以使用目测比色、光学探头或用pH计的电位分析判断。

(6) 空白试验　按上述消化、蒸馏、滴定的操作方法，不加试样进行空白试验。

注：可以在参考物质中加入1g蔗糖。

(7) 参考物质的测试（检查试验）

在五氧化二磷的存在下，在60～80℃真空干燥参考物质。

进行检查试验，试样的最小量根据*N*-乙酰苯胺或色氨酸的含氮量决定，至少0.15g。

注：可以用1g蔗糖代替试验样品。

N-乙酰苯胺的氮回收率至少为99.5%，色氨酸的氮回收率至少为99.0%。

6. 结果计算

粗蛋白质的（干基，%）含量按式(10-15)计算。

$$\omega_N=\frac{(V_1-V_0)\times c\times 0.014\times 100\times p}{m}\times\frac{100\%}{1-w}=\frac{140cp(V_1-V_0)}{m(1-w)}\% \qquad (10\text{-}15)$$

式中　ω_N——样品中粗蛋白干基的含量（以质量分数计）；

V_1——样品消耗盐酸标准溶液的体积，mL；

V_0——试剂空白消耗盐酸标准溶液的体积，mL；

c——盐酸标准溶液的浓度，mol/L；

m——试样质量，mg；

0.014——滴定1mL 0.5mol/L硫酸溶液所需氨的量，g；

p——蛋白质系数（应与所采用标准中的规定一致，见表10-6）；

w——试样水分（以质量分数计）。

双试验结果允许误差：粗蛋白质含量在15%以下时，不超过0.2%；粗蛋白质含量在15.1%以上时，不超过0.4%。求其平均数，即为测定结果。测定结果保留两位小数。

7. 注意事项

(1) 消化过程中，若硫酸损失过多时，可酌量补加硫酸，勿使瓶内干涸。

(2) 消化液加水稀释后，应及时进行蒸馏，否则应保存消化液，临用时加水稀释。

(3) 蒸馏时加入的碱液必须过量。

(4) 可使用由0.2%甲基红乙醇溶液1份和0.2%溴甲酚乙醇溶液5份配制的混合指示剂（临用时混合），终点为灰红色。

二、蛋白质测定仪法

1. 测定原理

同凯氏微量法。

2. 仪器和用具

(1) HYP8 孔消化炉　见图 10-6。

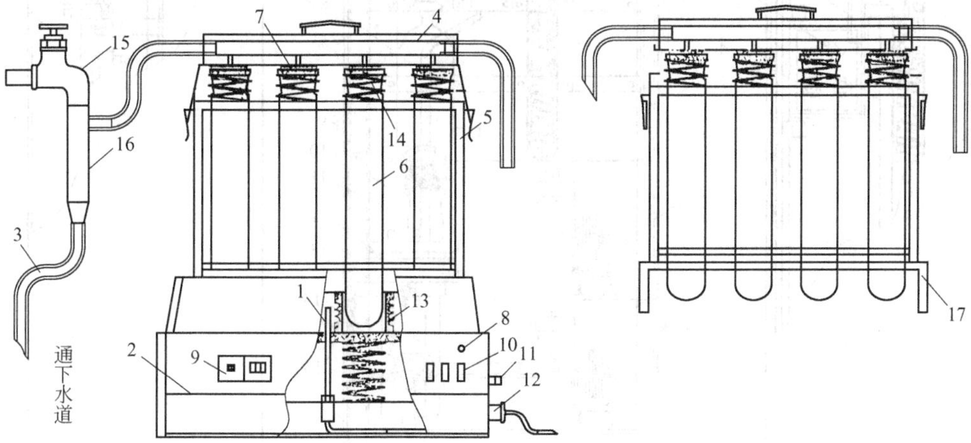

图 10-6　HYP8 孔消化炉

1—热电偶；2—外壳；3—胶管；4—毒气罩；5—支架；6—消化管；7—密封圈；8—指示灯；9—控温仪；10—电源开关；11—保险丝；12—电源插头；13—加热圈；14—弹簧；15—水龙头；16—抽气泵；17—消化管托底

(2) KDN 型定氮仪　见图 10-7。

(3) 其他用具　同凯氏微量法。

3. 试剂

同凯氏微量法。

4. 操作方法

(1) 样品制备　同凯氏微量法。

(2) 消化　用胶管将抽气泵与水管和消化炉上的排气管连接好，打开水管抽气。接通消化炉上电源，打开开关，按需要设定预置温度。准确称取 0.3～1g 催化剂，再加入 8～25mL 混合消化剂，将消化管移至支架上，套上毒气罩，锁住拉钩。把支架连同消化管一起移至电热炉上，保持消化管在电炉中心，设定温度为 420～450℃，保持消化管中液体连续沸腾，至呈浅蓝绿色时继续加热 30～40min。消化结束后，取下冷却（毒气罩应始终保持吸气状态，防止废气溢出）。

(3) 蒸馏与吸收　接通进水、排水胶管，打开电源，进液胶管分别插入蒸馏水桶和碱液桶，打开冷凝管，待指示灯亮后打开蒸气开关，等蒸气导管放出蒸气后，关闭蒸气开关。在蒸馏导出管托架上，放上已加入适量吸收液（15mL 左右）的锥形瓶，向下压右侧手柄，使导出管末端浸入吸收液内。向上提左手柄，将消化好冷却后的消化管套在防溅密封圈上稍加旋转，使其保持接口密封，关上防护罩，打开碱开关，加适量碱液至溶液变为黑色为止。打开蒸气开关开始蒸馏，至氮气全部蒸出（吸收液增至约 150mL），将接收瓶取下，关闭蒸气开关。

(4) 滴定　同凯氏微量法。

5. 结果计算

同凯氏微量法。

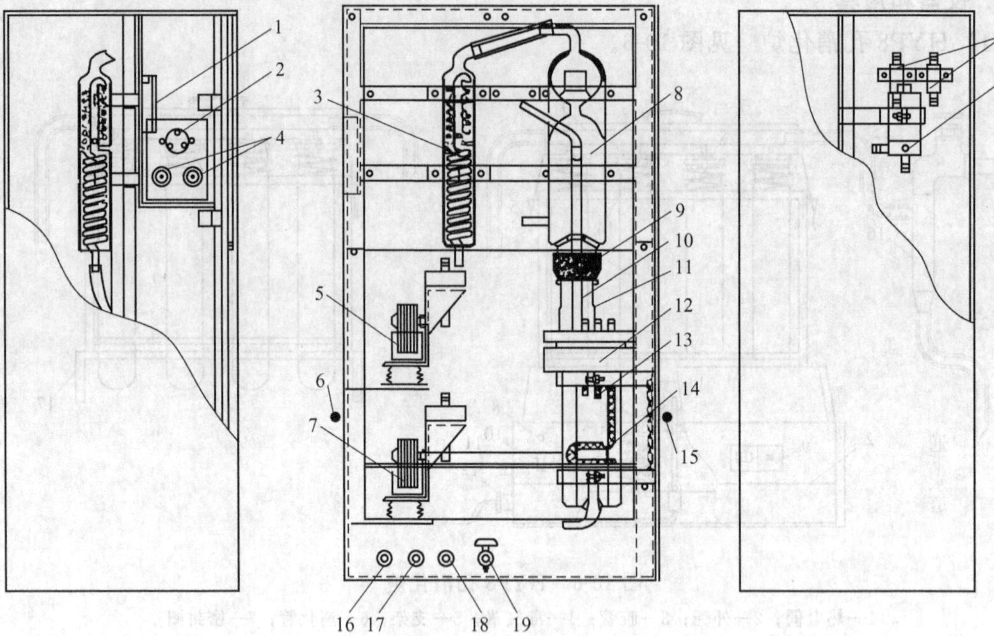

图 10-7　KDN 蒸馏装置

1—控制线路板；2—电源插座；3—冷凝管；4—熔断器；5—水泵；6—接收瓶升降柄；7—碱泵；8—防溅管；9—防溅管密封圈；10—导出管；11—消化管；12—蒸发炉总成；13—电极；14—加热管；15—消化管升降柄；16—进水口；17—出气口；18—出水口；19—排水口；20—气阀；21—电磁阀

第七节　粮食脂肪酸值的测定

【学习要求】

▲ 通过学习和训练，掌握粮食脂肪酸值的概念及测定的意义；

▲ 通过训练，掌握粮食脂肪酸值的测定原理、操作方法和操作技能。

粮食脂肪酸值是指中和 100g 粮食样品中游离脂肪酸所需氢氧化钾的毫克数。粮食的脂肪酸，主要是由所含脂肪水解而得。脂肪酸值是表示粮食中游离脂肪酸多少的一种量度。因粮食中游离脂肪酸含量较少，故用 100g 粮食试样的脂肪酸数值表示。粮食在储存期间，脂肪水解较淀粉和蛋白质快。尽管粮食的外观品质没有改变或无明显改变，但其脂肪酸值则会明显增加，导致粮食品质劣变。通过脂肪酸值的测定，据其大小，可判断粮食品质的变化情况，推测储藏方法是否得当。脂肪酸值是粮食品质变化的灵敏指标之一，测定粮食脂肪酸值已成为分析粮食品质的一种重要方法。本节主要介绍乙醇浸出法、苯浸出法。

一、乙醇浸出法

1. 测定原理

脂肪酸溶于有机溶剂，通常用无水乙醇萃取样品中脂肪酸，然后用标准氢氧化钠溶液滴定，从而求得脂肪酸值。

2. 试剂

(1) 0.01mol/L KOH-乙醇标准溶液

① 配制 0.5mol/L KOH 标准储备液与标定

配制：称取 2g KOH 置于聚乙烯容器中，先加入少量（约 20mL）无 C_2O 的蒸馏水溶解，再用体积分数为 95%的乙醇稀释至 1000mL，密闭放置 24h。吸取上层清液至另一聚乙烯塑料瓶中。

标定：称取在 105℃条件下烘 2h 并在干燥器中冷却后的邻苯二甲酸氢钾 2.40g（精确到 0.0001g），置于 150mL 锥形瓶中，加入 50mL 不含 C_2O 的蒸馏水溶解，滴加酚酞-乙醇指示剂 3～5 滴，用配制的 KOH 标准储备液滴定至微红色，以 30s 不褪色为终点，记下所耗 KOH 标准储备液毫升数（V_1），同时做空白试验（不加邻苯二甲酸氢钾，同上操作），记下所耗 KOH 标准储备液的毫升数（V_0），按式(10-16) 计算 KOH 标准储备液浓度。

$$c(\mathrm{KOH})=\frac{1000\times m}{(V_1-V_0)\times 204.22} \tag{10-16}$$

式中 $c(\mathrm{KOH})$——KOH 标准储备液浓度，mol/L；

1000——换算系数；

m——称取邻苯二甲酸氢钾的质量，g；

V_1——滴定所耗 KOH 标准储备液体积，mL；

V_0——空白试验所耗 KOH 标准储备液体积，mL；

204.22——邻苯二甲酸氢钾的摩尔质量，g/mol。

② 0.01mol/L KOH-乙醇标准滴定液

准确移取 20.00mL 已标定好的 0.5mol/L KOH 标准储备液于 1000mL 容量瓶中，用体积分数为 95%的乙醇稀释至 1000mL，存放于聚乙烯塑料瓶中。临用前稀释配制。

(2) 无水乙醇（A. R)。

(3) 酚酞-乙醇指示剂（10g/L） 称取 1.0g 酚酞溶于 100mL95%乙醇溶液中。

(4) 不含二氧化碳蒸馏水 将蒸馏水煮沸，加盖冷却。

3. 仪器和用具

(1) 电动振荡器（国标型）。

(2) 具塞锥形瓶 250mL。

(3) 移液管 25mL。

(4) 微量滴定管 5mL，最小刻度为 0.02mL。

(5) 玻璃短颈漏斗。

(6) 容量瓶 250mL。

(7) 锥形瓶 150mL。

(8) 表面皿。

(9) 实验室砻谷机。

(10) 粉碎机 锤式旋风磨，具有风门可调和自动清理功能，以避免样品残留和出样管堵塞。在粉碎样品时，磨膛不能发热。

(11) 天平 感量为 0.01g。

(12) 中速定性滤纸。

4. 操作流程

称样 → 样品制备 → 浸出 → 过滤 → 滴定 → 结果计算

5. 操作程序

(1) 试样制备　从平均样品中分取样品约 80g，粉碎，95%粉碎试样通过 0.45mm 孔径筛。磨碎样品充分混合后装入磨口瓶中备用。

(2) 浸出　称取试样 10g±0.01g 于 150mL 具塞锥形瓶中，用移液管加入 50.0mL 无水乙醇，加塞振摇几秒钟后，打开塞子放气，再盖紧瓶塞置电动振荡器振荡（稻谷试样 10min，玉米试样 30min），振荡频率为 100 次/min。

(3) 过滤　振荡后静置 1～2min，在玻璃漏斗中放入折叠滤纸过滤。弃去最初几滴滤液，用 25mL 比色管收集滤液 25mL 以上，并立即准确调节至 25mL。

(4) 滴定　将比色管中的 25mL 滤液移入锥形瓶中，并用 50mL 无二氧化碳蒸馏水分三次洗涤比色管。将洗涤液一并倒入锥形瓶中，加入 3 滴酚酞指示剂后，立即用 0.01mol/L KOH-乙醇溶液滴定至微红色，30s 不褪色为止，记下所耗用的 KOH-乙醇溶液毫升数（V_1）。

(5) 空白试验　取 25mL 无水乙醇及 50mL 无 CO_2 蒸馏水于锥形瓶中，加 3 滴酚酞指示剂，用 KOH-乙醇溶液滴定至微红色，30s 不褪色为止，记下所耗用 KOH-乙醇溶液的毫升数（V_0）。

6. 结果计算

脂肪酸值（干基）按式(10-17) 计算：

$$X=(V_1-V_0)\times c\times 56.1\times\frac{50}{25}\times\frac{100}{m\times(1-w)}\times 100\% \tag{10-17}$$

式中　X——试样脂肪酸值（干基），mg/100g；

V_1——滴定试样所耗 KOH-乙醇标准滴定溶液的体积，mL；

V_0——空白试样用去 KOH-乙醇标准滴定溶液的体积，mL；

50——浸泡试样用无水乙醇的体积，mL；

25——用于滴定的试样提取的体积，mL；

c——KOH-乙醇标准滴定溶液的浓度，mol/L；

m——试样的质量，g；

56.1——1mL 浓度为 1mol/L 的碱液相当 KOH 的质量，mg；

w——试样水分（以质量分数计）；

100——换算为 100g（干）试样的质量，g。

同一分析者对同一试样同时进行两次测定，结果差值不超过 2mg/100g。每份试样取两个平行样进行测定，两个测定结果之差的绝对值符合重复性要求时，以其平均值为测定结果；不符合重复性要求时，应再取两个平行样进行测定。测定结果保留小数点后一位。

7. 注意事项

(1) KOH 标准储备液必要时应重新标定。

(2) KOH 标准储备液在常温（15～25℃）下保存时间不超过 2 个月，当液体出现浑浊、沉淀、颜色变化等现象时，应重新制备。

(3) 按照 GB/T 5507—2008《粮油检验　粉类粗细度测定》的规定，粉碎样品只能使用锤式旋风磨。一次粉碎达不到细度要求的，该锤式旋风磨不能使用。

(4) 粉碎样品时，应按照设备说明书要求，合理调节风门大小，并控制进样量，防止和减少出料管留存样品。为避免出料管堵塞，减少磨膛发热，引起样品中脂肪酸值的变化，每粉碎 10 个样品应将出料管拆下清理。

(5) 样品提取后一定要及时滴定；滴定应在散射日光或日光型日光灯下对着光源方向进行；滴定终点不易判断时，可用已除去 C_2O 蒸馏水后尚未滴定的提取液作参照，当被滴定液颜色与参照液相比有色差时，即可视为已到滴定终点。

(6) 提取、滴定过程的环境温度应控制在 15～25℃。

(7) 用测定脂肪酸值的同一份粉碎样品，按 GB/T 5497—1985《粮食、油料检验 水分测定法》中 105℃恒重法测定样品中水分含量，计算脂肪酸值干基结果。此水分含量结果不得作为样品中水分含量结果报告。

二、苯浸出法

1. 测定原理

根据脂肪不溶于水而溶于有机溶剂的性质，用苯浸出试样中的脂肪酸，然后用 KOH 标准溶液滴定至终点，从而求得脂肪酸值。

2. 试剂

(1) 0.01mol/L KOH-乙醇标准溶液　同乙醇浸出法。

(2) 苯、95%乙醇。

(3) 0.4g/L 酚酞-乙醇溶液　0.2g 酚酞溶于 500mL 95%乙醇溶液中。

3. 仪器和用具

(1) 具塞锥形瓶　100mL、250mL。

(2) 量筒。

(3) 移液管。

(4) 微量滴定管。

(5) 表面皿。

(6) 天平　感量为 0.01g。

(7) 电动振荡器。

(8) 漏斗。

4. 操作流程

称样 → 样品制备 → 浸出 → 过滤 → 滴定 → 结果计算

5. 测定步骤

(1) 试样制备　从平均样品中分取样品 80g，粉碎使 90%以上试样通过孔径为 0.45mm（40 目）的筛。粉碎后试样如在 20℃以上室温放置，脂肪酸值会很快增加，因此，必须及时进行测定。

(2) 浸出　称取试样（20±0.01）g（脂肪酸值高于 60mg/100g 时称试样 10g）于 250mL 锥形瓶中，加入 50mL 苯，加塞摇动几秒钟后，打开塞子放气，再盖紧瓶塞置振动器振荡 30min（或手动振荡 45min），取出，将瓶倾斜静置数分钟，使滤液澄清。

(3) 过滤　用快速滤纸过滤，弃去最初几滴滤液后，用 25mL 比色管收集滤液 25.00mL 立即准确调节至刻度。

(4) 滴定　将 25.00mL 的滤液移入 150mL 的锥形瓶中，再用原比色管或量筒量取 25.00mL 酚酞-乙醇溶液加入锥形瓶中，立即用 KOH-乙醇标准溶液滴定至微红色，30s 内不褪色为止。记下所耗用 KOH-乙醇标准溶液毫升数（V_1）。

(5) 空白试验 取 25.00mL 酚酞-乙醇溶液用 KOH-乙醇标准溶液滴定，记下所耗用 KOH-乙醇标准溶液毫升数（V_0）。

6. 结果计算

同乙醇浸出法。

7. 注意事项

浸出液颜色过深，滴定终点不好观察时，改用四折滤纸，在滤纸锥头内放入约 0.5g 粉末活性炭，慢慢注入浸出液，边脱色边过滤；或改用 0.1%麝香草酚酞乙醇溶液指示剂，滴定终点为绿色或蓝色。

第八节 粮食酸度的测定

【学习要求】

▲ 通过学习，了解粮食酸度的基本概念；

▲ 通过训练，掌握粮食酸度测定方法的原理及操作技术。

粮食中含有酸性物质（如磷酸、磷酸盐、脂肪酸、乳酸、醋酸等）的总量称为总酸度，简称为酸度。因为酸度是用滴定法测定的，所以又称滴定酸度。这些酸性物质数量的多少通常以中和 10g 试样中的酸性物质所需 0.1mol/L 碱液的毫升数来表示。

品质正常的粮食含有的酸性物质很少，当粮食的水分含量过大、温度过高或生虫、生霉时，都能促进酸性物质增多。这些酸性物质来源于粮食的脂肪分解产生的脂肪酸，磷脂分解产生的磷酸和酸性磷酸盐，蛋白质分解产生的氨基酸，糖类物质分解产生的乳酸、碳酸和醋酸等。粮食在储存过程中酸度的变化比较复杂，当粮食品质变化严重时，有时酸度反而下降。

通常成品粮酸度增加较快，尤其是粉类粮食，其酸度随储存时间的延长而变大，例如新鲜面粉的酸度为 1～3mL 碱液/10g 粮食，而陈面粉的酸度则能升到 6mL 碱液/10g 粮食或更高。因此可以根据粮食酸度大小来判断粉类粮食的新陈度。

粮食酸度的测定方法有水浸出法、80%乙醇浸出法和样品与水混合液法等。方法不同，测定结果也不同。水浸出法测的是水溶性酸度，80%乙醇浸出法测的是醇溶性酸度和水溶性酸度。

一、水浸出法

1. 测定原理

用水浸出粮食试样中的水溶性酸性物质，然后用碱标准溶液滴定浸出液至终点，从而求出试样的酸度。

2. 试剂

(1) 0.01mol/L 氢氧化钠标准溶液

① 配制 0.1mol/L 氢氧化钠溶液 称取 2.0g 氢氧化钠用水稀释至 500mL。

② 标定 用邻苯二甲酸氢钾标定。精确称取邻苯二甲酸氢钾 0.5～0.6g 于 250mL 锥形瓶中，加入 50mL 不含 CO_2 的蒸馏水，加 2 滴 1%酚酞指示剂，用 0.1mol/L 氢氧化钠溶液滴至终点。同时作空白试验，计算氢氧化钠溶液的浓度。

③ 0.01mol/L 氢氧化钠标准溶液的配制　将上述氢氧化钠溶液稀释 10 倍，即吸取 10mL 氢氧化钠溶液于 100mL 容量瓶中，用水稀释至刻度，上下摇匀 20～30 次。

(2) 甲苯、氯仿。

(3) 1g/100mL 酚酞-乙醇指示剂　称取 1.0g 酚酞溶于 100mL95%乙醇溶液中。

(4) 不含 CO_2 的蒸馏水（将水加热煮沸 15min）。

3. 仪器和用具

(1) 滴定管。

(2) 移液管　10mL、20mL。

(3) 容量瓶。

(4) 漏斗（直径为 6cm）与漏斗架。

(5) 锥形瓶　100mL、250mL。

(6) 滤纸。

(7) 天平　感量为 0.01g。

4. 操作步骤

称取粉碎试样 15g（精确至 0.01g，粉碎试样通过 0.45mm 孔径筛，磨后立即测定），置于 250mL 锥形瓶中，加入不含 CO_2 蒸馏水 150mL（先用少量水调和试样成稀糊状，再将水全部加入），滴入甲苯和氯仿各 5 滴，以防止微生物滋生。摇匀后加塞，在室温下放置 2h（每隔 15min 摇动一次）。2h 后，用干燥滤纸过滤，弃去最初几滴滤液，再用移液管移取滤液 10mL，注入 100mL 锥形瓶中，加入 20mL 蒸馏水和 1g/100mL 酚酞-乙醇溶液 3 滴，用 0.01mol/L 氢氧化钠标准溶液滴定至微红色，30s 内不褪色为止，记下所消耗氢氧化钠标准溶液的体积（mL）。

同时用 30mL 蒸馏水作空白试验，记下所消耗的氢氧化钠标准溶液的体积（mL）。

5. 结果计算

粮食酸度按式(10-18）计算：

$$A=(V_1-V_2)\times\frac{c}{0.1}\times\frac{V_3}{V_4}\times\frac{10}{m} \tag{10-18}$$

式中　A——水溶性酸度，mL 碱液/10g 粮食；

V_1——试样滤液消耗碱液的体积，mL；

V_2——空白试验消耗碱液的体积，mL；

V_3——浸泡试样加水体积，mL；

V_4——用于滴定的滤液体积，mL；

c——氢氧化钠标准溶液浓度（稀释后），mol/L；

m——试样质量，g。

双试验结果允许差应不超过 0.5mL 碱液/10g 粮食，求其平均值，即为测定结果。测定结果保留小数点后一位。

二、80%乙醇浸出法

1. 测定原理

利用 80%乙醇溶液提取试样中醇溶性和水溶性的酸性物质，然后用碱标准溶液滴定，从而求得粮食酸度。

本法的优点是测定结果既包括醇溶性酸，也包括水溶性酸，而且滴定终点容易确定，缺点是费时。

2. 试剂

(1) 80%乙醇溶液。

(2) 1g/100mL 酚酞-乙醇指示剂。

(3) 0.1mol/L 氢氧化钾或氢氧化钠标准溶液。

3. 仪器和用具

同水浸出法。

4. 操作步骤

用移液管移取 25mL 滤液注入另一 250mL 锥形瓶中，加入不含 CO_2 蒸馏水 100mL，滴加 1g/100mL 酚酞-乙醇指示剂 3 滴，以 0.1mol/L 氢氧化钾或氢氧化钠标准溶液滴定至呈现微红色，30s 内不褪色为止，记下所耗氢氧化钾或氢氧化钠溶液的体积（mL）。

同时做空白试验，记下消耗碱液的体积（mL）。

5. 结果计算

同水浸法。

三、样品与水混合液法

1. 测定原理

将样品与水制成混合液，所有的酸性物质均存在于混合液中，然后用碱液滴定至终点求其酸度。

本法的优点是所有酸性物质均可被碱中和，测得的是总酸度。缺点是终点不易判断。

2. 试剂

(1) 0.1mol/L 氢氧化钾或氢氧化钠标准溶液。

(2) 1g/100mL 酚酞-乙醇溶液。

(3) 不含 C_2O 的蒸馏水。

3. 仪器和用具

(1) 烧杯　400mL。

(2) 量筒　100mL。

(3) 滴定管　50mL。

(4) 天平　感量为 0.01g。

(5) 洗瓶。

4. 操作方法

称取粉碎试样 5g（精确至 0.01g，粉碎试样通过 0.45μm 孔径筛，磨后立即测定），放入 400mL 烧杯中，加入不含 CO_2 蒸馏水 30～40mL，用玻璃棒搅拌，使其混合均匀，没有粉块存在，附在烧杯壁上的试样用洗瓶注水洗下。然后加入 3～5 滴酚酞-乙醇指示剂，用 0.1mol/L 氢氧化钾或氢氧化钠标准溶液滴定至呈现微红色，30s 内不褪色为止。因为淀粉能吸附酚酞的颜色，在接近终点时，再补加数滴酚酞-乙醇溶液。如果发生红晕时，证明已经达到终点，记下所消耗氢氧化钾或氢氧化钠标准溶液的体积（mL）。

5. 结果计算

同水浸法。

四、几点说明

（1）通常所说、粮食总酸度（简称酸度）的测定，无论是采用水浸出法、80％乙醇浸出法或是试样与水混合法，严格讲都不能测出粮食试样中的所有酸性物质，只能测出水溶性酸或醇溶性酸。但这几种方法如果严格按一定操作规程，仍可在一定程度上反映粮食中酸性物质的多少，以及粮食新陈程度。

（2）测定结果以中和10g粮食试样中酸性物质用去碱液体积表示。因此必须按规定在0.1mol/L的浓度下进行比较。如果实际浓度为c则参加计算的浓度应为校正浓度K($K=c/0.1$)。

参 考 文 献

[1] 王肇慈．粮油食品品质分析．北京：中国轻工业出版社，2000.
[2] 马莺．粮油检验与储藏．哈尔滨：黑龙江科学技术出版社，2001.
[3] 刘忠明．粮油检验．成都：电子科技大学出版社，2003.
[4] 张水华．食品分析．北京：中国轻工业出版社，2004.
[5] 李桂华．粮食及其制品检验．成都：西南交通大学出版社，2005.
[6] 国家粮食局人事司编．粮油质量检验员．北京：中国轻工业出版社，2007.
[7] 宋玉卿，王立琦．粮油检验与分析．北京：中国轻工业出版社，2007.
[8] 中国标准出版社第一编辑室．粮油标准汇编测定方法卷（上册）．北京：中国标准出版社，2009.
[9] 潘宁，杜克生．食品生物化学．第2版．北京：化学工业出版社，2010.
[10] GB 1350—2009 稻谷.
[11] GB 1353—2009 玉米.
[12] GB 1352—2009 大豆.
[13] GB 1354—2009 大米.
[14] GB/T 5527—2010 动植物油脂 折光指数的测定.
[15] GB/T 5571—2010 粮油检验 粮食及制品酸度测定.